农业全程无人化作业试验系列成果

U0344470

智能农机

技 术 路 线 图 1.0 版

庞春霖 ◎主编

电子科技大学出版社
University of Electronic Science and Technology of China Press

·成都·

图书在版编目（CIP）数据

智能农机技术路线图：1.0 版 / 庞春霖主编 . — 成都：电子科技大学出版社，2022.6（2023.2 重印）
ISBN 978-7-5647-9245-9

Ⅰ . ①智… Ⅱ . ①庞… Ⅲ . ①智能技术－应用－农业机械化 Ⅳ . ① S23

中国版本图书馆 CIP 数据核字（2021）第 195247 号

智能农机技术路线图 1.0 版
ZHINENG NONGJI JISHU LUXIANTU 1.0 BAN

庞春霖　主编

总 策 划	周　涛　杜　倩
执行策划	段　勇　杨雅薇
责任编辑	段　勇
助理编辑	杨雅薇

出版发行　电子科技大学出版社
　　　　　成都市一环路东一段 159 号电子信息产业大厦九楼　邮编 610051
主　　页　www.uestcp.com.cn
服务电话　028-83203399
邮购电话　028-83201495

印　　刷　四川煤田地质制图印务有限责任公司
成品尺寸　170 mm×240 mm
印　　张　23.5
字　　数　365 千字
版　　次　2022 年 6 月第 1 版
印　　次　2023 年 2 月第 2 次印刷
书　　号　ISBN 978-7-5647-9245-9
定　　价　108.00 元

i

黄胜操

国家农机装备创新中心（洛阳智能农业装备研究院有限公司）副总经理，国家智能农机装备产业技术创新战略联盟副秘书长，洛阳现代农机装备制造业集群促进服务中心主任。主编本书绪论、第一章。

张　楠

兵器地面无人平台研发中心高级工程师，南京理工大学在读博士。长期从事智能车辆研发与相关管理工作。主编本书第二章。

王国业

中国农业大学教授、博士生导师，中国农业大学车辆工程研究所所长，车辆动力学与智能控制创新中心主任。主编本书第三章。

傅秀清

南京农业大学副教授，专注于田间移动表型舱、人工智能气候舱、多源表型传感器等高通量作物表型精准获取装备的研发工作。主编本书第四章。

冯雪松

电子科技大学博士后，从事电池系统集成科研和技术转化相关工作，承担多项国家及省部级以上科研项目，获多项国家及省部级奖项。主编本书第五章。

胡　炼

华南农业大学教授，从事智能农机装备和无人农场基础与关键技术研究，主持"十四五"国家重点研发计划项目，2020年获"第七届中国农业机械学会青年科技奖"。主编本书第六章。

康　陈

中国信息通信研究院车联网与智慧交通研究员、C-ITS联盟测试认证工作组副组长，长期从事5G、智能网联、智慧交通等政策研究，牵头或参与多项国际、国家、行业标准制定，参与编写《车联网白皮书》《5G矿山自动驾驶白皮书》《智能网联汽车蓝皮书》等，承担多项省部级科研专项研究工作。主编本书第七章。

胡耀光

北京理工大学工学博士、工业与智能系统工程研究所所长、智能制造工程专业责任教授、北京市高等学校教学名师，主要研究方向为智能制造与装备运维，曾获农业机械科学技术奖二等奖。主编本书第八章。

邱惠君

高级工程师、国家工业信息安全发展研究中心副总工程师、中国电子商会数据要素专委会副理事长，长期从事信息技术领域产业与政策研究。近年来，对大数据、人工智能产业发展与安全治理有一定的研究积累。主编本书第九章。

孙　坤

车载信息服务产业应用联盟（TIAA）常务副秘书长。参与农业全程无人化作业试验、基于移动宽带物联网的智能汽车和智慧交通应用示范、商用车主（被）动安全一体化方案研究、车联网身份认证和安全信任试点等国家重点委托项目。协助本书主编统稿、编辑。

于合龙	于志威	王 帅	王 伟	王 进	王 林	王 恒
王 辉	王 淼	王 儒	王升升	王兴伟	王晓鹏	王景立
王蓬勃	尤 杨	毛黎明	叶 聪	叶大鹏	田大永	冯绍晰
龙翔宇	许 旻	刘 亮	刘 超	刘永东	刘军帅	刘雨童
刘贵敬	刘继凯	江发潮	安华明	齐江涛	阮炜涛	任哲平
孙卫东	孙战胜	吴 华	李 由	李 杨	李永胜	李向前
李政平	李保忠	李恒欣	李晓宇	李家坤	李德芳	张 昆
张 博	张 瑶	张胜利	张振乾	张德晖	陈 星	陈 胜
陈 磊	陈伟元	陈芸芳	陈洪涛	陈露瑶	杨大芳	杨国来
贡 军	吴 琼	宋 琦	沈 超	肖建峰	何晓龙	周 全
周 君	周 祥	苗 霖	郑书河	屈龙涛	范永豪	明书聪
季 山	季宇杰	金时超	周朋朋	郑思仪	周彩云	姚 坤
俞 轶	赵 杨	赵凯旋	赵润茂	钟贵华	姚轶溥	闻敬谦
高一平	袁发骏	黄 川	黄 亮	龚 奚	鹿 斌	梁冬晗
崔红杰	逯益夏	韩 帅	韩玉玺	谢 勇	谢 斌	谢瑞华
葛 畅	温长吉	董光阳	曾宇斐	雷治国	翁海勇	解晓琳
甄晓阳	翟 艺					

序 一

XUYI

　　农业是人类繁衍发展的基础。中国作为人口大国，农业稳则大局稳，粮食安则天下安。"工欲善其事，必先利其器。"农业生产离不开人，也离不开农机等生产工具。习近平指出：农业要振兴，就要插上科技的翅膀。连续18年，中央一号文件聚焦"三农"工作，对农机工作也进行了深入部署。当前，随着卫星导航、人工智能、物联网、大数据等新兴技术的渗透融合，信息化、网联化、智能化已经成为农机发展的必然趋势。国际上，发达国家纷纷加快战略布局，积极提升农机的智能化水平，助力农业生产的质量、效率、效益和规模不断提升。

　　2018年，在工业和信息化部、农业农村部等有关部门指导下，车载信息服务产业应用联盟（TIAA）在江苏省兴化市率先开展了以农机信息化、网联化、智能化为目标的农业全程无人化作业试验，目前已在全国15个省市自治区拓展了26个试验区。2021年17家骨干参试单位累计销售各类智能农机、系统47 042台（套）。通过自动驾驶、无人作业、智能决策、精准管理等手段，减少了农业作业用工量、提升了质量和效率、减少了能耗和农资使用，为解决我国农业劳动力不足、疫情防控期间人员流动限制等实际困难提供了有效途径，得到了广大农民的热烈欢迎和社会各界的积极评价。在前期工作的基础上，车载信息服务产业应用联盟（TIAA）牵头组织编制了智能农机技术路线图、无人作业工程路线图，以此构成农业全程无人化作业试验推进路线图。路线图广泛借鉴智能网联汽车、智慧工程机械、地面无人战术平台等其他领域经验，首次划分了灵巧整机架构，新型动力系统，通用数字底盘，数据融合感知和信息采集系统，新型能源，一体化作业机具，总线、接口和数据传递，多模协同作业，智能农机网络信息安全九个智能农机新兴技术板块；明确了新兴技术领域的相关概念和定义，构建了智能农机技术和产品的结构，研判了未来发展态势和关键技术节点，从部分到全局明确了未来发展的技术路线和应用态势。

本书可为智能农机的研发、生产、使用、服务、维护提供最新资料，对科研、教学、试验、科普等工作也有积极的借鉴。该书对于推广智能农机装备和无人作业体系，加快我国无人农场建设，培养未来农业新型生产力具有积极的指导价值和实践意义。

中国工程院院士

2021 年 7 月于北京

序 二

XUER

伴随着我国经济社会的快速发展，农业生产呈现出诸多新的特点。"谁来种地、怎么种地、怎么种好地"成为当前全社会高度关注的问题。在工业和信息化部、农业农村部、财政部、国家标准化管理委员会、国家自然科学基金委员会、中国工程院等部门的指导下，车载信息服务产业应用联盟（TIAA）于 2018 年联合江苏大学、南京农业大学、电子科技大学、扬州大学、同济大学、兵器地面无人平台研发中心、中国一拖集团有限公司、潍柴雷沃重工股份有限公司、中联农业机械股份有限公司、东风井关农业机械有限公司、玖富数科集团等 100 多家高校、科研机构和龙头企业，以构建信息化、网联化、智能化的农场体系为目标，立足无人驾驶和无人作业的农业机械领域，开始全国性的农业全程无人化作业试验工作。

作为我国最早系统开展农机教育的重点高校，江苏大学受邀担任农业全程无人化作业试验的执行理事长单位，深度参与了国家首轮全程无人作业春耕实验和秋收、秋种实验，完成了多项无人作业任务。我有幸见证并亲自参与了这项对我国农业现代化极具探索意义的开创性工作。

令人欣慰的是，目前该项试验取得了丰硕的阶段性成果。试验团队已在江苏、黑龙江、山东、河南等国内 15 个省市自治区建立了占地近百万亩面积的 26 个试验区，涵盖了 14 种主要粮食和经济作物以及我国代表性的地形和土质。2021 年 17 家骨干参试单位销售具备自动行走能力（1.0）的农机装备、系统 46 066 台（套），高度自主行走能力（2.0）的农机装备、系统 713 台（套），完全自主行走能力（3.0）的农机装备、系统 263 台（套）；无人驾驶纯电动拖拉机、声光电波驱虫系统、毫米波雷达虫害监测系统、动态智能测重系统等一大批新型装备投入工程化和商业化应用。这些产品不但有效解决了我国农业劳动力不足、作业标准参差不齐等实际问题，在减少人力投入、提升作业质量、提高作业效率、降低作业成本、减少农药化肥和油料使用、提升环境友好度等方面也作用明显、效果突出，受到广大农民和用户单位的热烈欢迎，人民日报社、新华社、中央电视台、学习强国等主流媒体多次报道并给予了积极评价。与此同时，该项试验还积极推动了一批新兴产业、科研、金融资源进入农业领域，营造了农机数字化、网联化和智能化的创新创业浪潮，为新时期的现代化农业生产提供了前景广阔的发展路线图。

  本次出版的《智能农机技术路线图 1.0 版》是根据工业和信息化部装备工业一司 2019 年向车载信息服务产业应用联盟（TIAA）下达的《关于委托承担农业无人作业试验相关任务的函》（工装函 [2019]357 号）的任务要求，由 TIAA 组织参试企事业单位立足试验，总结、凝练的成果之一。本书由国家农机装备创新中心、兵器地面无人平台研发中心、中国农业大学、南京农业大学、华南农业大学、电子科技大学、北京理工大学、中国信息通信研究院、国家工业信息安全发展研究中心等高校和科研机构作为章节主编单位，组织相关企事业单位参与撰写；江苏省兴化市人民政府作为试验创始地、电子科技大学出版社作为出版单位对本书出版给予了大力支持。本书首次划分的灵巧整机架构，新型动力系统，通用数字底盘，数据融合感知和信息决策系统，新型能源，一体化作业机具，总线、接口和数据传递，多模协同作业，智能农机网络信息安全九个智能农机新兴技术板块具备较强的独创性、前瞻性。本书的出版，对于政府编制相关规划和产业政策、企业开展技术创新和产品研发、用户单位建设无人农场和实施无人作业、高校和科研单位开展前瞻性的协同创新都可以提供信息参考、经验借鉴和技术索引，对于进一步推动试验向商业化转移，普及智能农机装备和无人作业农业体系，加快无人农场建设，培养我国农业未来的新型生产力，都具有重要的理论和实践价值。

新时代赋予新使命，新征程呼唤新作为。当前，我国已经开启全面建设社会主义现代化国家新征程，正向第二个百年奋斗目标奋勇前进。百年未有之大变局和新冠肺炎疫情叠加的复杂形势要求我们在保障国家粮食安全和推进农业农村现代化方面迈出更快的步伐、开展更加积极有效的探索。新的征程中，希望更多的力量加入到农业全程无人化作业试验中来，共同为我国农业现代化插上科技的翅膀，携手奔向更加美好的未来！

江苏大学将进一步深入贯彻落实习近平关于大力推进农业机械化、智能化的重要论述，给全国涉农高校的书记、校长和专家代表的回信精神以及对江苏大学的重要批示精神，努力把学校建设成为培养高素质创新型现代农业装备人才的重要基地、研发高端智能农业装备的重要平台、服务乡村振兴和推进农业机械化智能化的重要力量、传承创新中国特色农机文化的重要窗口，为我国乡村全面振兴、加快推进农业农村现代化作出新的更大的贡献！

江苏大学校长

颜晓红

2021 年 7 月于南京

CONTENT **目录**

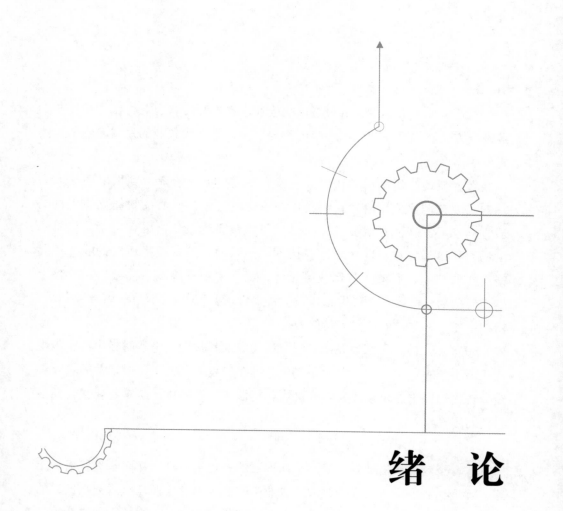

绪　论

1. 农机产业概况

（1）农机产业背景

农业是保障人类生存的最基础的产业，农机装备和农业机械化是转变农业发展方式、提高农业生产效率的重要手段，对现代农业的发展起到了至关重要的作用。

农机装备经历了从替代"人＋畜力"的机械化阶段，到以电控技术为基础实现自动化应用阶段，再到现在以信息技术为核心的智能化与先进制造方向发展。智能农机显著特点是以机械装备为载体，融合电子、信息、生物、环境、材料、现代制造等技术，不断增强装备技术适应性能、拓展精准作业功能、保障季节作业可靠性、提升复杂结构制造高效性、改善土壤－动植物－机器－人－生态环境的协调性，实现"安全多能、自动高效、精准智能"，支撑农业的可持续发展。

2018年，习近平在黑龙江建三江国家农业科技园区考察时指出，中国现代化离不开农业现代化，农业现代化关键在科技、在人才。要把发展农业科技放在更加突出的位置，大力推进农业机械化、智能化，给农业现代化插上科技的翅膀。

（2）产业起源与内涵

从古至今，从播种到收获，不同地域的农业生产都同样面临着气候、土壤、灌溉、病虫害等因素的挑战，农业生产的可控性较弱，"看天吃饭"的情况一直存在。随着农业生产力（农业机械化）、农业生产技术和农业生产管理能力不断发展和提升，农业生产得到了大幅的发展，农业生产面临的气候、土壤、病虫害、杂草、农药施用、灌溉和排水等问题得到了有效的控制和管理，但仍无法完全解决。

近二十年来，从全面推动农业机械化开始，全球农业实现了从"资源主导增长型"向"生产力主导增长型"的关键转变。2001年到2015年，农业全要素生产率的提高，规模化、机械化率高的新型农场的增加、农场机械化率的提升以及科技型农业从业人员的加入等，推动了全球农业生产份额快速增长。

目前，农业发展仍面临艰巨的挑战，到 2050 年世界人口预计达到 97 亿，对粮食的需求仍将持续增长。城市化进程仍然在持续推进，预计到 2050 年城镇人口将占世界人口的 68%，从事农业活动的劳动力数量将进一步下降。同时人类还要面临水资源短缺、耕地减少、生态环境恶化、全球气候变化等严峻威胁。实现农业持续稳定发展、确保农业增产增收的根本出路在于科技进步。

近 50 年，农业机械发展代表了农业生产领域的发展。农业机械的发展和投入，体现了各个国家在农业生产方式、农业生产技术以及农业资源（资金、人力、土地整合、农业基础改造、水利建设）等方面投入的发展和变化。当前，农业生产过程中的流程越分越细，以数据为驱动的生产组织管理模式逐步得到认可，农业生产的组织方式初步具备了工业化流程生产的特点，农业的机械化、信息化已成为促进农业生产力和生产率不断提升的重要手段和因素。尤其是近 10 年，智能化农业机械的发展加快了农业生产由"工业化农业"向"精准农业"和"智慧农业"发展的速度，农业机械成为农业发展和变革的主要驱动力和制约因素。

与工业生产类似，贯穿农业生产上、下游的核心是"装备"和"信息"，尤其是两者融合而成的"智能农机装备"，其应具有信息数据处理与智能作业能力。智能农机装备既可以指一种新的装备技术，也可以泛指一类全新的农业生产系统，其超越了传统的农业机械化工程、农业信息化工程的范畴，展示了一个多学科交叉融合的新天地。狭义的智能农机装备是指安装有中央处理器（CPU）的，具有各类传感器、无线通信系统的农业生产装备；广义的智能农机装备则是指基于卫星导航、集成电子、工业传感器、信息软件等技术手段，建立农机卫星定位检测系统和信息平台，在农机上安装连接互联网的智能控制终端设备，各项农机作业信息显示在信息平台上，各相关部门和人员可通过智能客户端对农机作业状态实时监测、统计、管理的一套复杂系统。

相比于传统农业机械，智能农机有智能、自动、安全可靠、多能通用等诸多优势。其中，"智能"满足了农业的发展需求，通过众多智能系统的融合，智能农机能够应用到整地、播种、施肥、灌溉、收获等所有环节之中，实现对生产资源的节约和对土地的最大化利用，带来显著的经济效益和环境效益。"自动"是"机器换人"的重要保障，在自动控制系统的配备下，智能农机可以独自完成农业任务，代替传统人为操作，一方面降低农业人员的工作强度，另一方面也提高了农业工作效率，为农业规模化发展打下基础。此外，传感器技术的应用让智能农机装备实现对自身状况、作业环境和作业状态的监控，为安全作业提供保障，增强了农机装备的适用性和功能性。

（3）产业特征与价值

现阶段，全球农业面临生产率增长放缓、新增耕地有限、气候变化剧烈、农业成本高、城市化导致农村劳动力供给不足等不利情况，现有的农业生产技术、普通的农机装备技术的发展已支撑不起快速发展的全球农业生产需求。全球农业需要建立更加可持续发展的生产系统，需要采用最新的技术解决方案，更加高效、低耗的智能农业装备和规模化农业生产，以此提升农业生产力、农业生产效率、农业资源利用效率。

目前，农业生产方式正在发生重大变化：从无差异的定速率方式向精准农业转变，从整个农田接收同等水平的资源投入向高精准定制方式转变，使单个作物也能接收到它所需要的确切资源数量。

精准农业将引起农业价值链的转变（如图0-1）。一是农业实践变得更依赖数据和数据驱动，信息获取系统和数据分析将发展并占据整体价值链的大部分；二是农机装备向可移动的、自主的数据获取平台发展，从单台重型拖拉机逐步过渡为集群、小型、低速、廉价、无人驾驶机器人；三是机器人作为服务（RaaS），它在智能农机装备发展初期（可靠性不绝对、用户信任不足、技术成本高的情况下）将成为智能农机装备产业商业化初期发展的商业模式。

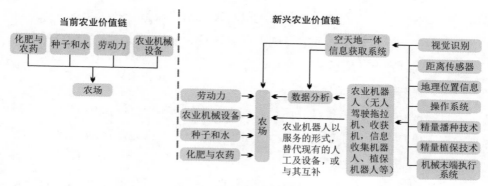

图 0-1　农业价值链的转变

　　在此基础上，在场景中构建"状态感知—实时分析—自主决策—精准执行—学习提升"的认知计算和机器智能将成为产业发展主要方向。智能农机与技术将进一步与现代信息通信技术、互联网技术、卫星导航技术、检测技术、计算机技术、电控技术和人工智能等装备与技术深度集成，进入"机械、控制、通信、计算"融合的新阶段；带来农机行业一次全流程、端到端的转型、变革，带动研发、制造、销售、使用、管理等整条生态链变动，催生新技术、新产品、新产业、新业态、新模式，实现传统农机行业转型升级。农业产业将进一步进行专业化分工，设计、制造、服务等工作将以独立存在的形态加速发展；农业产业在规模化、标准化、自动化的基础上被赋予柔性化、定制化、可视化、低碳化的新特性；商业模式将逐步从"生产者影响消费者的模式"向"消费者需求决定产品生产的模式"转变。

　　应用现代信息技术提高农机装备的智能化水平，是实施智慧农业、实现农机农艺融合、提高农业发展质量和效益的重要手段。近年来，各国围绕物联网、大数据、智能控制、卫星导航定位在农机装备和农机作业上的应用进行了有效探索，在大田精准作业、设施农业智慧管理、畜禽智慧养殖等方面涌现出很多成功案例。智能农机装备能够实现高效、标准、舒适、人机交互等农机作业，能独自完成耕作、播种、移栽、施肥、施药、投饲、灌溉、采摘、收获等作业，还能采集土壤、水、农作物和水产品等的信息，为实施精准农业、健康养殖等提供技术支撑。智能农机能使装备始终在最佳技术状态下工作，不仅采用低能耗、精准作业的方式，而且能让化肥、农药、水产饲料的利用率提高，同时减少环境污染，节本增效。

（4）产业问题与挑战

目前，农业机械装备产业已经发展为一个高度整合的全球化产业，市场规模在1700亿美元到1750亿美元之间。近年来，亚太地区成为这一产业增长最快的市场。我国农业装备制造的数字化、信息化、智能化技术仍处于起步阶段，高端农机装备仍有进口需求。推进农机化与信息化、智能化的深度融合发展，还需要政府、行业协会、企业等方方面面共同努力，来搭建农机智能化生态圈。农机产业面临的主要问题如下。

一是农机技术人才短缺制约着智能农机装备的推广应用。根据国家统计局农业普查数据显示，中国农业经营人员受教育程度在初中及以下的占比为91.8%，远高于全国初中及以下教育人数占比，因此高水平专业技术人员数量急需增加。农机行业在信息系统、大数据服务、精准农业服务、人机结合服务等软硬件方面的人才严重欠缺。

二是农机智能化系统成本高，用户购买意愿降低。目前，新型农业机器人等智能农机装备成本效益较低，无人驾驶系统（地理定位和防碰撞技术）和精准测量（如光谱和高清摄像设备）技术成本较高，该产业目前还处于市场培育阶段。

三是目前智能化农机应用场景较少。农业作业种类多且环境复杂，作物布局区域差异性大、不同品种生物特性差异大，各应用场景之间的智能技术相关度存在一定的差异，导致智能化农机应用场景有限。同时，中国农场数量少，规模化耕地少，还不足以支撑机械应用的智能化。

（5）产业机遇与出路

目前，世界范围内，智能农机装备正处在将农业机器人和无人设备推向市场的初级阶段。从长远来看，自主和智能机器设备将进一步降低农业生产中的人工干预和成本，解决目前在发达国家和即将在发展中国家农业生产中将面临的结构性人口挑战。智能农机装备将进一步帮助传统农业向精准农业方向发展，测量并分析每种作物的需求，管理每种作物需求，在优化投入的同时提高作物的产量。这种趋势将彻底地改变农业价值链，将对作物保护化学品、种子供应商以及农机装备制造商产生重大的影响，产业链中将会涌现出新的竞争对手、新兴的技术和完全不同的农机装备产品。

在我国土地流转、农业结构调整的背景下，农业机械装备市场需求将逐步由传统装备转向智能化装备，中国农机产业正经历从低端产品向多样、智能、高效、节能、环保高端产品的演变过程。国外农机业多年的发展经验表明，采用智能化、自动化的作业方式是农业发展的必然趋势，是发展高效节本农业的有效途径。近年来，随着我国改革开放政策的不断深入，我国科学技术方面也取得了突飞猛进的发展，这为我国实现农业生产自动化、智能化打下了基础。随着农机科技含量不断提高，农业机械正向机电一体化、专业化程度很高的复式机械发展，这一切使得操作驾驶农业机械更加简便。

2. 拖拉机

（1）拖拉机发展现状

新中国成立以来，我国拖拉机制造业经历了从无到有、从小到大，从产品仿制到自主设计、产品系列化的发展历程，建成了相对完整的拖拉机制造体系，产品品种和产量基本能满足国内农、林、牧、副、渔生产需要，但品种和主要技术性能、质量还存在一定差距，特别是搭载动力换挡的大功率拖拉机可靠性需进一步提高。目前国内外拖拉机传动系统关键技术对比见表 0-1 所列。

表 0-1　国内外传动系统关键技术对比

关键技术	国内状况	欧美状况
啮合套	成熟技术，主流配置	基本淘汰
同步器	生产厂家少，品种、系列不全	成熟技术，专业生产，已有单锥、双锥、三锥系列
动力换向	尚未有成熟专业厂家，控制上以液控为主	专业生产，电子控制，平顺性可调

关键技术	国内状况	欧美状况
动力换挡	尚未有成熟专业厂家，控制功能少，可靠性较差	技术成熟，已实现自动化，开始向电动及智能方向发展
双离合器（DCT）	无	开始系列化应用
无级变速（CVT）	单个样机，尚未有成熟产品	技术成熟，成系列，开始与电动技术结合
电动及混动	小功率电动概念机	从关键部件到整机进行研究，商品化前期

①机械换挡：换挡方式上以啮合套为主，同步器为辅，梭式换挡成为主流。

国内大中功率拖拉机传动系统基本上已淘汰了滑动齿轮换挡，以啮合套换挡为主，部分机型采用同步器换挡，变速杆侧置，以梭式换挡取代倒挡成为主流。

②HiLo（高低档）动力换挡及动力换向：开始批量应用。

国内中国一拖集团有限公司（以下简称"中国一拖"），潍柴雷沃重工股份有限公司（以下简称"雷沃重工"）等厂家已批量推出 HiLo（高低档）动力换挡及动力换向产品。中联重科股份有限公司（以下简称"中联重科"）、常州东风农机集团有限公司（以下简称"东风农机"）、山东时风（集团）有限责任公司、山东五征集团有限公司（以下简称"五征集团"）等多家企业展出或小批量推出动力换挡或动力换向产品。

③多速动力换挡：成为研发热点，部分机型开始批量应用。

中国一拖、雷沃重工等主机企业，海天机械集团有限公司（以下简称"海天机械"）、杭州前进齿轮箱集团股份有限公司（以下简称"杭齿前进"）等部件企业已开发出多速动力换挡产品。中国一拖已批量生产两款多速动力换挡产品分别是：LF2204 型，可 8 速动力换挡、自动换挡、4 同步区段、自动换段、动力换向、爬行挡，48F+25R（F 代表前进挡，R 代表倒挡）、最高速度 50 千米/时；LF1504 型，可 4 速动力换挡、自动换挡、4 同步区段、动力换向、爬行挡，32F+24R，最高速度 40 千米/时。雷沃重工推出了 191 千瓦（260 马力）4 速动力换挡产品，可 4 速动力换挡、5 速同步换挡、2 个区段挡，爬行挡，动力换向、60F+15R，最高速度 50 千米/时。海天机械推出了HT2404 动力换挡产品，可 6 速动力换挡、4 速同步换段、爬行挡、动力换向、48F+16R，最高速度 50 千米/时。杭齿前进推出了 PTL220 动力换挡产品，可 4 速动力换挡、6 速同步换段、爬行挡、动力换向、40F+40R，最高速度50 千米/时。

④无级变速（CVT）：国内已有企业研究，完成样机。

中国一拖依据国家科技支撑计划，进行了无级变速关键技术研究，成功研制了国内第一台 294 千瓦（400 马力）无级变速拖拉机 LW4004（如图 0-2），并亮相"砥砺奋进的五年"大型成就展。潍柴动力股份有限公司（以下简称"潍柴动力"）与雷沃重工等联合开发了 177 千瓦（240 马力）无级变速（CVT）产品。

⑤无人驾驶及新能源：持续推动农机智能化发展。

2018 年国家农机装备创新中心与中国一拖联合研发了国内首台纯电动无人驾驶超级拖拉机 1 号（如图 0-3），并于 2020 年发布了"5G+氢燃料"超级拖拉机 ET504-H 和 74 千瓦（100 马力）无人驾驶轮边电机拖拉机（如图 0-4）。2019 年湖南大学与湖南田野智能科技有限公司展示了一款电动无人概念拖拉机 FISON01。2020 年山东中科智能农业机械装备技术创新中心发布了纯电动的无人驾驶拖拉机鸿鹄 T30。

图 0-2　国内第一台 294 千瓦（400 马力）无级变速拖拉机

图 0-3　国内首台纯电动无人驾驶超级拖拉机 1 号

图 0-4　国内首台 74 千瓦（100 马力）无人驾驶轮边电机拖拉机

（2）拖拉机发展趋势

欧美国家经过多次洗牌，拖拉机产业已经高度集中，拖拉机的种类是有增无减。目前，拖拉机的尺寸、功率、智能化程度都在增加，操作便捷，安全性、舒适性、环保性不断完善，以提升农机作业性能，提高操作员的生产率。

自动驾驶方面：通过导航系统、环境感知系统、遥控干预系统、远程监控大数据平台系统、路径规划系统、决策控制系统、安全系统等实现拖拉机一键启动、远程急停，拖拉机的左右转向、前后换向、刹车、发动机转速、车辆挡位、悬挂升降、后动力输出、液压输出等状态的自动控制，同时通过总线通信控制旋耕机、整地机、翻转犁、播种机等多种农具，在规定区域内自动规划路径和导航定位，满足精准农业的要求，能够 24 小时全天候自动识别并避让各种动态和静态障碍物。

产品动力功率方面：欧洲主力机型在 37.5～132.4 千瓦，美国主力机型动力分级主要是 29～96.50 千瓦以及 147.1 千瓦以上。

传动技术方面：欧美地区拖拉机以动力换挡和无级变速器为主，并且无级变速器产品逐年增加。同时，由于精准农业推进，VRT（可变速率技术）将在未来十年迅速增长，带动动力换挡（包括部分动力换挡、全动力换挡）和无级变速器产品的搭载率提升。其中采用全动力换挡技术的产品在 50% 以上，配套功率覆盖 51.5～191.2 千瓦；147.1 千瓦以上机型传动系统将逐步被无级变速器代替。无级变速是现代智能拖拉机的绝佳搭配，它可以与电控发动机充分配合，轻松而精确地实现精细农业所要求的自动驾驶、恒传动比、恒发动机转速、定速巡航、自动全功率控制等现代智能拖拉机功能。

新型能源应用方面：随着能源的紧缺和排放法规的严格要求，很多企业开始开发新能源拖拉机。在国外市场上，配备电驱动装置的大型农业机械装备已经逐步商品化，例如 Massey Ferguson 9280 Delta 联合收获机，Fendt X 收获机，CASE IH ProHybrid EECVT 拖拉机，Caterpilar D7WE 履带式拖拉机。

2016 年年底，美国约翰·迪尔（John Deere）公司推出了全电动拖拉机的原型机"SESAM"（农业机械的可持续能源供应），拖拉机以美国约翰·迪尔公司的 6R 系列拖拉机为蓝本。两台电动机采用的变速箱功率为 127.9 千瓦。一台电机为动力传动系统提供动力，另一台电机用于 PTO（动力输出装置）和辅助设备。如有必要，两个电机相连，为驱动 PTO 和液压工作提供全功率。2017 年，德国芬特（Fendt）公司发布第一台 e100 Vario 紧凑型全电动拖拉机，并在 2018 年投入生产，输出功率为 50 千瓦，在正常工作条件下具有 5 小时的电池续航能力。2019 年，奥地利李斯特（AVL）公司展示了

e-tractor 电动拖拉机底盘解决方案，可提供 75 千瓦的功率，具有自动驾驶功能和协同控制技术。2019 年 11 月，意大利卡拉罗（Carraro）公司推出了具备 74.57 千瓦动力性能的轻度混合动力系统，具有纯电动、纯柴油、混合动力三种模式。

另外，电控多功能集成操纵杆及控制台、自动驾驶技术、液压悬浮式/多连杆独立式、大转向角桥、电控电液耕深提升控制器、电控智能差速锁、浮动式驾驶室以及增强现实驾驶控制系统等高新技术越来越多地应用到拖拉机上，尤其是电子和信息技术的应用，不仅使拖拉机的经济性得到提升，同时也改善了拖拉机的驾驶操纵舒适性和监控性能。

随着技术的发展，自动智能机器人技术的出现可能会颠覆现在拖拉机"越大越好"的发展理念。无人驾驶、负荷变载控制等技术出现，可以逐步取代驾驶员作用。未来，一辆大型、重型、快速、昂贵的有人驾驶拖拉机可能会被许多小型、轻型、慢速、廉价且无人驾驶的机器人取代。

在未来，无人农业生产车队将在农场周围巡逻，根据需要对每块农田进行精确测量和照料。装备的轻质意味着减轻土壤压实以及减少农作物损坏。装备的自主操作意味着农机可接近全天候工作（如果是电力机械，则需要剔除充电时间）。低速机械的发展意味着农机对每株植物的照顾时间更长，农业活动将实现更好的测量和更好的校准。这是一种变化的方式，将影响全球所有拖拉机和农业机械供应商的产品阵容。

（3）拖拉机发展预测

1）1～3 年发展预测

机械平均功率逐年增大，拖拉机能效等级稳步推进，拖拉机自动辅助驾驶系统得到推广应用，动力换挡技术进一步发展及应用，新能源成为拖拉机技术研究的重要方向，部分高校和企业参与到新能源拖拉机的研制工作。

2）3～5 年发展预测

拖拉机的舒适性和安全性进一步提高，诸多操纵功能集中在右侧操纵台便于操纵，隔音降噪得到明显改善，无人驾驶系统技术逐步发展并进行试点应用，动力换挡技术进一步成熟及应用，新能源拖拉机小批量在市场推广应用。

3）5～10年发展预测

无级变速智能拖拉机完成研发及验证，大功率智能电动拖拉机研发及集群驾驶功能得到验证，氢燃料电池拖拉机小批量在市场推广应用，无级变速传动系统的应用更加广泛，动力换挡依旧保持活力，并向自动换挡方向发展。

3. 收获机

（1）收获机发展现状

农作物的收获工况较为复杂，因此收获机械的调整环节较多，劳动强度较大。这些因素直接影响着收获机械的工作效率。近年来，国外联合收获机技术进入快速发展车道，国外先进联合收获机已经配备无人驾驶控制系统，并结合GPS（全球定位系统），采集监测联合收获机作业状态下的运行参数，运用了大量的电子传感器对所收获的作物质量进行在线监控，并成功大量采用了智能监测显示器、自动化技术，研究了各类联合故障诊断算法，取得了好的效果。

美国约翰·迪尔公司开发出了适合水稻、小麦、玉米、甘蔗、大豆、油菜、棉花等多种作物的收获机械，代表机型C440联合收获机拥有独有的切流式脱粒滚筒专利CTS（切流滚筒加板齿分离滚筒）技术，可增强机器分离、脱离效果，降低粮食破碎率。代表机型R230型谷物联合收获机配备卓越可靠的约翰·迪尔发动机，采用全新的双全轴滚筒脱离分离机构，很好地解决了破碎率高、分离不彻底、分离损失大和效率低的问题；在实现高速精准播种的同时，可以自动计算并优化产量计量，同时也可利用GPS信号自动实现同步控制，进行精准卸粮。

德国对联合收获机上的智能化研究也比较成熟，可以对作业区中的联合收获机进行不间断的监控，及时地获取机械工作时的状态信息和位置，并通过远程诊断系统来确定农业机械是否需要维修或更换零配件，从而提高了联合收获机的工作效率。其中，克拉斯联合收获机使用GPS定位，来精确地指导农民进行播种、施肥、收获等，从而获得单位土地面积最大产量和经济效益。

日本对联合收获机进行了适应当地情形的改进，在联合收获机各工作部位装有监测器，并能够显示联合收获机的工作状态，并以此让联合收获机的作业变得更加智能。同时还给它们配备了定位系统装置、自动控制系统等。日本久保田株式会社使用复杂传感技术和信息化监测技术设计的联合收获机智能监测系统，实现对联合收获机脱粒滚筒、零部件温度、转速等进行监测并实现故障诊断、发出预警信号。

与发达国家相比，我国对农业机械的研究起步较晚，但在联合收获机智能化的研究方面已取得了一定的成果。中国农业机械化科学研究院研发的联合收获机搭载了测产系统和自动计量装置，能够有效监测粮食的流量和粮食产量信息。中国农业大学等高等院校对联合收获机故障监测与诊断系统也做了相关的研究，设计了CAN（控制器局域网络）总线挂载多个传感器的联合收获机监测系统，传感器采集联合收获机状态信息，通过CAN总线传输到核心板并进行界面显示，能够掌握联合收获机田间工作的实时状态。江苏大学的魏新华等，将一套智能化的系统应用在联合收获机上，该系统由模块化的分布系统、CAN总线和显示模块组成，不仅能够监测到联合收获机的故障，还能够进行一些故障诊断。

国外收获机产品已经全面实现了智能化控制，使农作物的收获作业更加简单，使用的先进复杂传感器电子监测技术、自动化技术提高了联合收获机的作业效率，使联合收获机的使用效益达到当下的最优。在国内，随着控制技术和传感器技术的发展，近年来智能化控制技术正逐步应用到收获机上，尤其是国内大型收获机械生产制造企业更是在收获机械的智能化研究方面投入了大量人力、物力，收获机械的智能化控制在整机的各个部分都有了不同程度的体现。

（2）联合收获机发展趋势

联合收获机是农业机械的重要门类之一，在某种程度上，联合收获机的发展水平，代表了世界农机行业的发展水平。全球联合收获机市场（2017—2026 年）预计可实现 2.9% 的复合年增长率。到 2026 年年底，世界各地的联合收获机销量将超过 181 000 辆，北美地区仍是引领全球联合收获机的主要市场。另外基于 GPS、引导和转向系统、产量监视器和传感器的精准收获技术和产品将是全球联合收获机新的突破点，同时推动精准收获市场增长的主要因素是东欧地区、亚太地区和非洲发展中国家农业机械化的发展。

从精准收获方面来看，精准收获市场在 2018 年价值 104 亿美元，预计到 2023 年将达到 175 亿美元，2018—2023 年的复合年增长率为 10.94%。其中欧洲市场将是主力市场。

现阶段，玉米等大田作物的收获已经高度机械化并且越来越自动化、智能化，作业过程的多机主从控制系统也开始进入市场，只是主机还是需要人工操作，从机则会自动跟随。另外柑橘、葡萄、棉花、土豆等作物也已经逐步实现大规模机械化（半自动或全自动）收获。在柑橘类水果的机械化收获中，水果损伤不可避免，因此此种收获方式仅用于生产果汁的水果采摘。在不损害水果的情况下识别、定位和采摘，同时保证农业生产成本的可控、方便与灵巧，其技术挑战依旧巨大。

1）谷物收获技术发展趋势

从动力功率来看，预计 300～450 千瓦联合收获机仍将占据市场主导地位。其中具备与全自动和半自动液压控制系统的电子集成产品将成为市场首选。

从脱分技术发展来看，国外各企业脱分技术各具特色，并均已成熟，且商品化多年；切流横轴流产品在小麦收获中占主流，纵轴流在多作物收获中更具有优势。强制分离产品是近几年的发展趋势。

同时，多功能割台、计算机远程通信、诊断及服务系统、自适应坡地收获系统、均布抛洒系统，电控多功能集成操纵杆及控制台、悬浮式驾驶室等也在目前的产品中实现广泛应用。

目前，基于变量静压驱动技术的 VRT 在欧美已实现底盘驱动及作业系统驱动的全面应用，可实现最大喂入量、最高籽粒质量和籽粒清洁率、最低燃油消耗三种作业选项，设定收获策略后收获机可实现全自动运行。基于VRT，智能收获机采用人工智能（AI）技术，实现对内、外环境识别，从而实现收获智能抛洒技术、脱粒清选智能监测、收获自动对行、自动驾驶系统、避障等智能功能。

2019年，美国约翰·迪尔公司也推出了优化智能收获系统后的联合收获机，实现了检测谷壳水平或谷物破碎情况，配置了谷物湿度传感器进行产量校准。实现了整机前进速度自动调整，可实现最大的收获效率。

2）花生、土豆收获技术发展趋势

国外花生、土豆机械化收获从20世纪初开始发展，到80年代初产品技术基本成熟。

现阶段花生、土豆联合收获机，分为牵引式和自走式两类，均可采用振动和液压技术进行仿形挖掘，在传感技术基础上，实现土壤喂入量控制、土豆传运量控制以及分级装载。并采用了气压、气流和光电技术进行碎土及分离清选，并搭载了基于PDA（掌上电脑）、GPS、GPRS（通用无线分组业务）、GIS（地理信息系统）等技术的农机终端操作系统，可利用微机完成相关的监控、控制和调度等操作功能。

产品已实现完全模块化装配和驾驶补偿，挖掘幅宽以及分离清选装置栅杆间隙等均可更换，更好地适应田间作业环境；驾驶补偿机制可根据田间土壤湿度自动控制轮胎的选择，田间水多时可自动更换轮胎，避免了因走偏造成挖掘装置伤薯情况的发生。另外，产品还实现了自动驾驶和自动对行功能。

3）水果和蔬菜收获技术发展趋势

20世纪60年代中期自走式番茄收获机开发成功，蔬菜、瓜果也陆续开发并商品化。2000年，美国有75%的蔬菜、甜瓜，以及55%的水果生产采用自动收获机收获。当然，该类收获主要针对需要进行深加工的农产品，而不是新鲜、无损伤的即食水果。

现阶段鲜果、鲜蔬的收获多采用机械设备来辅助收获。国际上正在开发机器人采摘装置，旨在达到与人工采摘新鲜水果相同质量的机械采摘。手工采摘水果和蔬菜占总生产成本的30%～60%，产品最终价格中的净份额较高。因此，鲜果、鲜蔬的收获的机械化具有很高价值。

（3）收获机发展预测

1）1～3年发展预测

机械结构的优化设计。在满足机械性能的前提下，设计结构简单、紧凑、通用性好的机型，以满足广大的市场需求。

收获机械的通用性。寻找作物的共性，设计合理的结构，通过更换部分零部件或者调整工作参数的方法来实现一机多用，提高蔬菜收获机械的通用性。

2）3～5年发展预测

改变传统的种植模式，促进农机与农艺融合。在现代农业的发展中，农业机械化的实现越来越离不开农艺的支持，农机与农艺相辅相成，共同服务于农业生产的综合效益。通过相关学科专家的定期交流，协同研究，培育适宜于机械化收获的作物品种，制定符合机械化收获的栽培模式，如行距、垄作、平作等，研发与农艺相融合的收获机械。

3）5～10年发展预测

高新技术应用于收获机械。随着各种新兴技术的出现，收获机械化已经不只是简单的实现机械化了，还要向着信息化、精确化、智能化发展，要进一步研制智能农业装备、智能传感与控制系统，建立田间作业自主系统、信息遥感监测网络、大数据智能决策分析系统，开展智能农场集成应用与示范，实现智能农业与精确农业。

4. 精密播种机

（1）精密播种机发展现状

播种是农业生产中关键的作业环节，由于受季节限制，必须在规定时间内将种子播到土壤里，播种质量将直接影响到农作物的生长及产量。传统的穴播和条播，不仅用种量大、田间间苗用工多，而且间苗前苗间争水、争光、争肥，间苗后破坏了留苗根系和土壤环境，缓苗又影响了作物的正常生长。

精密播种是将精确数量的种子播到土壤中的适当位置，包括播种的行距、株距和深度精确。精密播种可以达到出苗早、苗齐、苗全、苗壮，并且可免除间苗和缓苗。精密播种技术是通往现代化农业的必经之路，也是降低粮食生产成本的重要手段。

实行精密播种的关键是播种机能满足精播要求。目前在一些发达国家，精播技术已经相当完善。美国约翰·迪尔公司生产的 1795 型气吸式免耕播种机播种行数为 16、31 或 32 行，作业幅宽 9.1 米。意大利马斯奇奥（MASCHIO）公司 MAXIMETRO 系列气力式精密播种机可以折叠，作业行数为 24 行，行距为 0.7～0.75 米，种箱容积 60 升，圆盘式开沟器直径 3.55 米，采用 0.25 米×0.355 米镇压轮，拥有自动平行转向系统，通过空气弹簧对播种装置的负载进行统一调节。法国库恩（KUHN）公司 MAXIMA2 TRX 精量点播机采用气力式播种，播种行数 16 或 18 行，作业幅宽可达 12 米，作业速度可达 12 千米/时，每天作业面积可达 66.7 平方千米，机具可折叠，运输幅宽 3.5 米。可选装 HECTOR 3000、KMS 412、KMD 112 等电子控制装置，适合任何工况下播种作业。挪威格兰（Kvemeland）公司的 Optima 重载型精量点播机采用真空气吸式播种系统，播种行数最大为 12 行，作业幅宽 12 行，最高作业速度不低于 10 千米/时；免耕播种单元配装压力可调节强压入土装置，免耕播种开沟盘加压最大 100 公斤/行，播种单体独立仿形，无级可调限深轮浮动仿形，确保播种深度均匀一致；辅助强压断茬入土功能可以在地表土壤坚硬时辅助强压入土播种，提高播种深度一致性，该播种机还配备有 ISOBUS 接口。

我国的精密播种机械的开发与研究则开始于 20 世纪 80 年代末。20 世纪 90 年代我国开始逐步推广多行大型精密播种机。目前，对精密播种机整机的设计要求分为两个方面：一是在满足精密播种的条件下，尽量提高作业速度，增大工作幅宽；二是广泛采用联合作业。随着我国整机研制的不断突破，新式精密播种机也不断出现。2011 年，刘立晶等设计研制了 2BMG-24Q 型气流输送式小麦免耕播种机，采用高压气流输送种子，实现精密少量排种，破茬开沟和种肥分施。试验表明，该精播机的播深合格率为 88.3%。2015 年，中机美诺科技有限公司的杨薇等设计并研制了一种用于免耕土地作业的精密播种机的播种单体，试验表明，该精播机播种合格率 ≥ 87%，漏播率 ≤ 3%，重播率 ≤ 2.5%。2016 年，石河子大学基于新疆农作物及农艺特征，将精量播种技术与旋耕技术相结合，设计出一种适合新疆地区的机械式免耕精量播种机。2017 年，八一农垦大学设计研制了高速、宽幅、大功率且对作业条件适应性强的 2BJM-12 型气吸式免耕精密播种机。近几年，黑龙江省农业机械化科学研究院和佳木斯联合收获机械有限公司等单位研制了多种型号的高速气动式精密播种机；黑龙江省勃农兴达机械有限公司和吉林省康达农业机械有限公司也研制出了多种型号的免耕精密播种机。这几种播种机是目前国内精密播种机械的较高技术水平的代表。

精密播种技术在欧美发达国家发展较早，精量播种机较为成熟，作业精度高、速度快，效果好。排种器多采用气动式，排种器驱动已经逐步由机械传动向电驱控制升级，机型幅宽大，作业效率高，智能检测控制系统完备，多配备有排种检测控制、下压力检测控制等技术和装备，能实现播深和播量的精准控制。国内播种机发展较晚，目前气动播种模式与传统机械播种模式并存，机械式为主。但随着耕地经营模式的转变，土地经营主体对于播种的需求不仅限于实现基本播种功能，对播量和播深精准控制的需求越来越高。所以精确的播量控制和稳定的播深控制是精密播种机发展的方向之一。

（2）精密播种机发展趋势

近年来全球农业对免耕农业的需求不断增长，免耕播种和精密播种产品将是未来发展的趋势。

现阶段，国际主流播种机采用气动技术为主，同时，为获得更加精准的播种控制，驱动动力正在逐步地采用电驱模式，并实现了 VRT 控制。

VRT 播种农机，可以基于农场土壤特征的空间图数据，实现最佳的播种模式。作为一种超精细农业技术，是未来机器人技术的基础，并将成为未来十年的主流。

（3）精密播种机发展预测

1）1～3年发展预测

①排种智能监测系统的研究与应用。通过驾驶室内的智能终端监测播种机的实时作业状态，包括播种量、株距合格指数、下压力等，解放人力，大大提升播种精度，减少故障发生率。

②基础理论研究的发展。掌握蔬菜种子物理特性，建立多种蔬菜种子数据库，为播种机的研发及关键部件的设计提供基础理论支撑，设计制造出适合各类种子特点的精密播种器。

2）3～5年发展预测

①播种机通用性的发展。一台播种机可以精量播种多种作物，能够根据作物的农艺要求来调整播量、粒距、行距和播深等参数，实现一机多用，提升机器的利用率，降低机械购买的成本。

②新型材料和工艺的应用。播种机对排种器的精度和质量要求高，新型材料的研发和加工工艺的使用，进一步降低整机质量和结构尺寸，减少动力消耗，提升外观质量，提高作业速度、播种精度及机具使用寿命，全面提升播种机械的工作能力。

3）5～10年发展预测

①精密播种处方图的获取。目前，变量播种处方图主要基于产量图和土壤养分图生成，考虑的因素尚不充分，变量播种技术的价值仍然需要未来实践的验证，其发展也依赖于各方面技术的进步。长期的、大范围的试验，在众多因素交互作用下，将为精密播种提供足够的数据支撑。

②多功能联合播种机的发展。结合播种进行整地、施肥施药、浇水、铺地膜和附土镇压等多项作业，减少人工、设备等下地次数，降低机具对土壤的破坏，有效防止土壤风蚀和水蚀，控制作业成本，提高工作效率。

5. 无人机植保装备

（1）无人机植保装备发展现状

无人机在农业中有多种用途，包括对病虫害的勘测评定、对病虫害进行航空施药防治以及森林火情勘察等。无人机可以适应不同的工作环境，工作效率高，可在一些高危险或人类活动难以到达的区域进行作业。例如，在病虫害勘察方面，结合先进的传感器对病虫害进行准确评价，利用计算机对数据进行处理，获得最佳的防治策略；森林火情观察方面，无人机具有较远的视野和准确的探测能力；在航空施药方面，无人机能够适应不同的施药环境，作业效率高，不受作物长势限制，适应性广，用药液量少，有利于节省药液，保护环境。

近年来植保无人机在亚洲的快速发展吸引了大量国外无人机公司的关注。如美国一家公司研制了一款四轴八旋翼植保无人机 Carrier Hx8。该机具有 23 升的载药量，喷幅为 7.3 ～ 10.7 米，可进行农业喷洒作业，植株体侧化学修剪等作业项目。其特点是在机体后方伸出一根独立喷杆，在喷杆末端安装两个喷头侧向喷洒形成水平扇面。

我国农业航空喷洒作业始于 20 世纪 50 年代初，当时作业机型只有固定翼飞机。主流飞机型号有 Y5-B、Y-11、蓝鹰 AD200N 等。到目前，我国拥有农用固定翼飞机 1400 架，农用直升机 60 多架，农林病虫害防治面积 200 万公顷以上。据统计，航空植保作业占我国农业航空作业量的 95%。我国农业航空作业主要集中于黑龙江、内蒙古、新疆、河南等主要粮食产区，虽然近年来农业航空植保发展迅速，但农业航空植保作业面积仍不足总耕地面积的 3%，农业航空技术水平与发达国家仍有很大差距。

我国关于无人机的研究起步较晚，是在军事领域无人机技术成熟的基础上，逐渐推广到民用领域。如今，随着电子技术的飞速发展，性能稳定、成本低廉的多旋翼无人机及单旋翼无人直升机自动控制系统得以实现并得到广泛应用，使无人机可以精准稳定地悬停在空中，大大降低了操作难度。随着无人机机体结构变大和螺旋桨动力的增加，无人机具有了更大的载重能力，使无人机在农业领域的应用得以实现。自 2000 年以后我国植保无人机技术进入了探索发展阶段。我国农用无人机自重一般在 5 公斤到 50 公斤之间，针对不同作业对象，飞行高度为 1 ～ 15 米，飞行速度小于 8 米/秒。

我国植保无人机按动力结构分为单旋翼和多旋翼两种类型。根据能量来源，其动力系统可分为电动机和燃油发动机两种类型。多旋翼无人机通常为电力驱动，特点是操作灵活，升降迅速，但飞行时间较短，通常在 25 分钟以内。无人机的续航时间与起飞重量成反比，通常多旋翼无人机载重量较小，在 15 升以内。国内主要的植保无人机代表机型有广州极飞电子科技有限公司研发生产的极飞农业 P30 植保无人机，该机采用四旋翼布局，带有四个旋转离心式电动喷头。还有深圳市大疆创新科技有限公司（以下简称"大疆"）生产的 T-16 型植保无人机，该机采用六旋翼布局，搭配四组 X 型双喷头喷洒结构。单旋翼植保无人机多为油动，其特点是续航时间长，且载重量大，但灵活性差，机身结构复杂，不易于修理和日常维护，代表机型有汉和 CD-15 植保无人机、全丰 3WQF120-12 植保无人机。

植保无人机近年来在我国发展迅速。2016 年，我国新兴无人机制造企业超过两百家，有百余种机型在市场应用，无人机市场保有量超过 10 000 架，作业面积超过 670 万公顷。我国植保无人机的作业对象从最初的水稻、玉米、小麦、大豆等常规粮食作物逐渐扩展应用到棉花、果园、茶园等，且都取得了不错的应用效果。2018 年，大疆植保无人机在全国范围内累计作业面积达到 667 万公顷，其中作业面积最多的三个省区为黑龙江、新疆和江苏，作业面积分别达到 180 万公顷、47 万公顷和 44 万公顷。由此可见无人机农药应用符合实用水平的要求，植保无人机越来越被我国农业市场所接受，被广大农民认可，处于快速发展阶段。

（2）无人机植保装备发展趋势

无人机技术及产品在农业应用越来越广泛，无人机本身只是搭载平台，搭载不同作业装置，与安装在其上的其他传感器融合在一起工作。例如搭载标准相机、多光谱传感器的无人机，凭借图像捕获、处理和分析的遥感技术，可用于土壤中的水分含量监测、作物健康监测、灌溉设备监测、杂草鉴定、牧群和野生动植物监测以及灾害管理。

在精密农业中，无人机通常适用于农业作业，例如土壤和田间分析、作物监测、作物高度估计、农药喷涂等。

2015 年，美国农场局联合会发布了一项研究，发现农民使用无人机作为服务，平均投资回报率为"玉米每英亩（1 英亩 =0.4047 公顷）12 美元，大豆每英亩 2.60 美元，小麦每英亩 2.30 美元"。美国调研机构 "WinterGreen Research"将目前的农业无人机市场定为 4.94 亿美元，预计到 2022 年它将增加到 36.9 亿美元，农业无人机市场将增长 38% 以上。

一些新兴的初创企业和现有的农业企业，正在大力投资农业无人机领域以及投资分析原始数据所需的软件领域。例如，美国约翰·迪尔公司与美国明尼苏达州一家无人机公司合作，为其消费者提供 AgVault 软件和农业侦察无人机的访问权限。

2019 年 11 月，美国约翰·迪尔公司和德国电动飞行出租车（Volocopter）研发公司展示首款适用于农业的大型无人机"VoloDrone"，它的潜在有效载荷为 200 公斤，覆盖面积广阔，尤其是在操作条件困难的环境下。可以用作喷药、施肥和运输。

大疆已开展农业无人机服务，并在 2019 年实现 133 万公顷新疆棉花脱叶作业，大疆在全国 1567 个县市有了飞防作业，最高单日植保无人机作业数量突破 10 000 台，最高单日作业面积突破 23 万公顷，中国区累计作业面积突破 1533 万公顷，全球突破 3333 万公顷。

（3）无人机植保装备发展预测

1）1 ～ 3 年发展预测

①操控智能化。无人机操控系统越来越智能化，用户不需要进行特殊训练，就能很快学会如何操控。

②作业精准化。实现定高定速、仿地形飞行、轨迹记录、断点记忆、自动避障、自动返航、电子围栏等功能，实现精准高效作业。

③功能更优化。进一步提高载荷量和续航时间，使得植保无人机的时间利用率进一步提高。

④喷施装备更优化。研发与优化雾滴谱窄、低飘移的专用航空压力雾化

系列喷嘴，防药液浪涌且空气阻力小的异形流线型药箱，轻型、高强度喷杆喷雾系统和小体积、轻质量、自吸力强、运转平稳可靠的航空施药系列化轻型隔膜泵等与航空施药相关的关键部件和设备。

2）3～5年发展预测

精准作业体系化。针对我国无人机施药现状和农药防治效果要求，通过试验测量和计算机模拟仿真的办法，研究无人机飞控参数、喷雾参数和气象因子等因素对喷幅、农药雾滴沉积和飘移特征的影响，建立参数优化方程，确定最佳的作业参数，制定农业航空精准施药的测试方法和技术规范，形成植保无人机精准施药评价方法体系。

3）5～10年发展预测

为满足不同尺度的高效率监测和实现农业用水精准动态管理的需求，无人机遥感需要结合卫星遥感和地面监测系统。实现天空地一体化农业水信息监测网络优化布局方法与智能组网技术、多源信息时空融合与同化技术、农业灌溉大数据等的研究。

6. 农业机器人

农业机器人以完成农业生产任务为目的，隶属于特种机器人范畴，是一种兼有四肢行动、信息感知能力及可重复编程功能的柔性自动化或半自动化智能农业装备，集传感技术、监测技术、通信技术及精密机械技术等多种前沿科学技术于一身。1984年，京都大学近藤直首次成功将机器人引入农业工程领域。随着农业生产的日趋工业化、规模化和精准化，农业机器人研发已经成为农业工程领域的科研重点之一，其在育苗、移苗、嫁接和农产品收获等方面均得到了初步应用。农业机器人在提高农业生产力、改变农业生产模式、解决劳动力不足以及实现农业的规模化、多样化和精准化等方面显示出了极大的优越性。受技术水平、从农劳动力市场以及经济现状等多方面因素的制约，农业机器人在各国均未得到广泛应用。

（1）农业机器人的特点

①作业季节性较强。农产品生产的季节性较强，并且农业机器人的针对

性较强、功能单一。因此，农业机器人的使用也具有较强的季节性，从而造成农业机器人的利用率低，增加了使用成本。

②作业环境复杂多变。工业机器人作业环境比较固定，而农业机器人的作业环境一般难以预知。因此，农田作业的机器人需要有较强的环境识别能力，且还要对不同环境有不同的动作反应。

③作业对象的娇嫩和复杂。农业机器人的作业对象是农作物，而农作物的娇嫩性对农业机器人的动作提出了更高的要求：农业机器人的执行末端与作业对象接触时需要进行柔性处理。农业机器人的作业对象形状复杂，农作物的生长发育受周围环境的影响较大，因此农作物的空间形态具有很大的不确定性，从而要求农业机器人对不同的空间形态进行判断，以实现不同的动作。

④使用对象的特殊性。农业机器人的使用对象是农民。随着人口老龄化程度的提高，从事农业生产的人口也将步入老龄化时代。因此，需要农业机器人必须具有高可靠性和操作简单等特点。

⑤价格昂贵。农业机器人的前期研发投入大，结构复杂，制造成本高，导致其价格昂贵，超出了一般农民的承受能力。

（2）农业机器人国内外发展概况

我国的农业机器人的研发起步晚、投资少、发展慢，与发达国家相比差距还很大，目前还处于起步阶段。我国对农业机器人的研究起步于20世纪90年代，中国农业大学首先对农业机器人进行了研究。目前，在我国已得到初步应用的农业机器人有嫁接机器人、黄瓜采摘机器人、草莓采摘机器人和喷药机器人等。1998年，中国农业大学完成了2JSZ-600型蔬菜自动嫁接机器人的研发，该机器人采用计算机控制，实现了砧木和穗木的取苗、切苗、接合、塑料夹固定和排苗等嫁接作业的自动化操作；2005年，中国农业大学针对套管式嫁接的作业特点，在原有蔬菜自动嫁接技术的基础上研制出了套管式蔬菜嫁接机器人；2009年，东北农业大学对果实采摘机械手及其控制系统进行了研究；2009年，华南农业大学进行了荔枝采摘机械手的研究；2011年，中国农业大学完成了黄瓜采摘机器人的研究，该黄瓜采摘机器人可以根据黄瓜的外形识别黄瓜的成熟度，一次采摘动作可以在 15 秒内完成；2016 年，上海交通大学刘成良等为提高番茄采摘作业效率，研发番茄采摘双臂移动机器人，通过试验初步验证机器人的采摘功能，为后续的改进提供参考；2017 年，北京工业大学王丽丽等研制出具有较高容错性和环境适应性的温室番茄收获机器人，该机器人采摘一个番茄所需要时间约 15 秒，成功率约为 86%。我国农业机器人的研究开发以高等院校为主，虽然在某些技术方面取得很大的突破，但是整体发展速度仍然不及发达国家。

日本从事农业的劳动力匮乏，为缓解劳动力压力，日本较早地开始了农业机器人的研究，并且始终处于世界领先地位。日本首先将农业机器人应用于果蔬采摘。目前在日本得到应用的农业机器人有果蔬采摘机器人、耕作机器人、植保机器人、移栽机器人和嫁接机器人等。2009 年，日本宇都宫大学工学院尾崎功一氏研制出一种在不同光照条件下均可进行作业的草莓采摘机器人。其视觉部由 3 台彩色摄像机、偏振滤光片以及 5 盏照明灯组成；两侧摄像机对红色果实进行识别，并用立体图像法对果实的位置进行识别；中央摄像机对果实位置进行误差修正，从而精确确定果实的位置。日本大阪府立大学研制了一台樱桃采摘机器人。该樱桃采摘机器人主要由一个 4 自由度的机械手、三维视觉传感器、末端执行机构、一台电脑和移动装置构成。通过处理三维视觉传感器来识别果实和障碍物的位置，由此决定末端执行机构的运动轨迹；果实被末端执行机构拾起，同时避免与障碍物碰撞。2008 年，日本冈山大学的门田充司开发出了一种新型番茄收获机器人。该番茄采摘机器人主要由视觉部分、机械手、控制部分和转臂四部分组成。工作时，该机器人需要在钢轨上行走。当视觉部分发现成熟的番茄时，控制部分就会对手臂发出指令，使四指式机械手张开并采摘番茄。该机器人从发现目标到采摘完成花费时间在 15 秒以内，对成熟番茄的采摘率在 50% ～ 70%。

美国是对农业机器人开发比较早的国家之一，自走式农业机器人理论技术发展得比较成熟。美国伊利诺伊大学开发出了一种太阳能除草机器人。该机器人装有超声波探测器、全球定位系统、小型摄像机和一台微型计算机，可以精确判断出杂草，并用刀切断杂草，然后在杂草切口处喷上除草剂。

2009 年，在美国加利福尼亚州几个葡萄园投资，由视觉机器人公司完成了葡萄修剪机器人的开发。美国明尼苏达州一家农业机械公司的研究人员推出了一种施肥机器人，它可以从不同土壤的实际情况出发，适量施肥。在美国得到应用的还有采摘机器人以及大田作业的耕作机器人等。

（3）农业机器人发展趋势

未来，小型、智能、互联的轻型机器人技术将是发展趋势。农业机器人以各种方式提高了农业生产力和生产效率，从无人机到无人驾驶拖拉机再到机器人，在过去的几十年中，包括美国花卉移动机器人（Harvest Automation）公司的 HV-100、富兰克林机器人（Franklin Robotics）公司的 Tertill、FarmBot（世界上第一台开源农业机械）等，农业机器人在不断地创新和应用部署。农业机器人应用主要包括采摘、杂草防治、自主修剪、播种、喷涂和疏化、表型、分类和包装等。

①通用化机器人。此类产品主要应用在现有拖拉机及机具、收获机、青储机等车辆型装备上，在智能化基础上，增加环境感知和数据互联（人机、机机交互），以及人机交互功能；在现有农业生产模式下，完成特定工作的装备。例如：2016 年 8 月 30 日，凯斯纽荷兰公司在美国农场展推出了用于自动拖拉机的 NH Drive 概念。其他自动和手动拖拉机可以与基于此概念的拖拉机一起工作。它可以在地图区域上行驶，并配备了障碍检测技术（视觉、激光雷达、无人机作业环境监测、360 度环视等），该技术可在遇到障碍物时将其停止，并可以使用高级耕作系统（AFS）进行重定向，并收集数据以在下个季节提高作物的收成。

②专业化机器人。专业化机器人目前主要是指固定场景、半固定或固定作业类机械，如水果采摘机器人、挤奶机器人、动物饲养、谷仓、设施农业和水产养殖场或养鱼场中。美国蓝河科技公司（以下简称"蓝河科技"）目前为 10% 的美国生菜农场提供服务技术，包括用于检测的机器人视觉、用于精确稀释生菜肥料的机器人、除草剂喷洒设备。

目前，新鲜水果收获技术仍在探索过程中，现阶段已上市的是草莓收获机。苹果、柑橘类水果是下一步的突破目标。农业机器人需要面对执行机构快速、温和、便宜、准确的挑战，解决视觉识别在背景下的色差及果实隐藏在树冠后等视觉识别和采摘的问题。日本洋马株式会社在 2020 年 4 月提出了的可持续农业机器人概念，在葡萄园中采用移动平台、搭载通用机械臂配合不同作业模块实现剪枝、喷药、作物监测、采摘等功能。

机器人在农业生产中的应用实例如图 0-5 ～图 0-8 所示

图 0-5　Naio Technologies 除草机器人

图 0-6　Energid 柑橘采摘系统，每 2 ～ 3 秒采摘一次水果

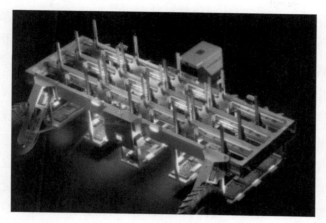

图 0-7　Agrobot E 草莓采摘系列，具有 24 个无线操作的机械臂和先进的 AI 系统，可快速采摘草莓

图 0-8　蓝河科技生产的机器人，有精确肥料、除草剂喷洒设备

7. 中国农机未来发展思路、建议和路线图

《中国制造 2025》将农机装备列入十大领域，并明确要求提高农机装备信息收集、智能决策和精准作业能力，推进形成面向农业生产的信息化整体解决方案。习近平指出，要"大力推进农业机械化、智能化，给农业现代化插上科技的翅膀"，为我国农机装备智能化、信息化发展指明了方向。

（1）中国农机未来发展思路"3—2—3"

2018年7月13日，2018智慧农业创新发展国际研讨会在京召开，针对新一代人工智能技术、大数据与区块链技术、智慧农业技术、智慧农业创新发展与全球化战略、智慧农业协同创新与关键技术、装备以及智能农业产品研发与产业提升等进行开放式研讨，为人工智能在现代农业的深度应用、智能装备研发提供技术支撑。

中国工程院院士罗锡文认为，智慧农业和生物机器人技术是现代农业的发展方向，发展智慧农业和生物机器人技术的基础是农业机械化和现代农业装备技术。据罗锡文透露，我国农业机械化未来将按照"3—2—3"的思路发展，也就是开发应用农业机器人等现代农业装备技术，促进智慧农业的发展。

第一个"3"是明确"三步走"的发展战略。我国到2025年，基本实现农业机械化，农机科技创新能力显著增强，实现农业机械化"从无到有"和"从有到全"的目标；到2035年，全面实现农业机械化，农机科技创新能力基本达到发达国家水平，实现农业机械化"从全到好"的目标；到2050年，农业机械化达到更高水平，农机科技创新能力与发达国家"并跑"，部分领域"领跑"，实现农业机械化"从好到强"的目标。

"2"是坚持全程全面机械化同步推进和农机1.0至农机4.0并行发展的原则。全程机械化主要包括产前、产中和产后各个环节的生产机械化，全面机械化主要指"作物"生产全面机械化、"产业"发展全面机械化和"区域"发展全面机械化。农机1.0指"从无到有"，是以机器代替人力和畜力；农机2.0指"从有到全"，是全程全面机械化；农机3.0是"从全到好"，是用信息技术提升农业机械化水平；农机4.0指"从好到强"，即实现农机自动化和智能化。

第二个"3"是落实三项重点任务。一是薄弱环节农业机械化科技创新，包括应用基础研究，粮食、经济作物和饲草料薄弱环节技术研发，福利设施养殖工程，区域、水果蔬菜饲草料与畜禽水产机械化技术体系集成研究示范，农村生活废弃物处理与综合利用。二是现代农机装备关键核心技术科技创新，当前亟须在共性关键技术、重大装备、传感器与智能化技术、基础零部件以及材料和制造工艺方面尽早取得突破。三是农业装备智能化科技创新，主要包括传感器、农机导航、精准作业和农机作业工况监控。

（2）中国农机未来发展建议

建设现代化经济体系、增强国际竞争力，迫切要求科技创新发挥更直接、更强劲的驱动作用。面向世界农业装备与信息科技前沿，我国以构建全产业链的信息感知、定量决策、智能控制、精准投入、智慧管理的智能农业生产方式，显著提高农业劳动生产率、资源利用率和土地产出率为目标；研发以大数据、跨媒体、人机和群体协同及智能自主为主要特征的新一代智能农业装备；构建田间种植机械化、畜牧养殖智能化、产地加工精细化、剩余物利用资源化装备体系，实现"机器替代人力""电脑替代人脑""自主可控替代技术进口"三大转变，支撑我国成为农业装备制造强国、科技强国。

一是以关键环节重大装备为突破口和主攻方向。围绕耕、种、管、收、贮、运、加工等环节高效生产的需求，以土壤、动植物、环境、机器等全生命周期、全链条智能感知为核心，推进实现种子高质繁育、高效耕整地、高速栽植、精量播施、智能收获，以及精细饲养、水产品和畜产品自动采集，农林产品智能储运加工等；应用基础技术实现技术引领，在智能设计、智能控制、智能作业与管理等关键共性技术上实现自主化，在智能作业装备上实现产业化，构建智能化、网联化的新一代智能农业装备技术和产品体系，促进农业装备产品结构优化、转型升级，支撑高质量现代农业发展。

二是以实现农业生产智能、农业农村智慧为重点。以推进农业生产经营和农村管理服务的信息化、数字化、精准化为目标，以获取和运用农业农村生产生活中人、土地、动植物、投入品（农机、水肥种药）、环境、农产品等数据为核心，在农业"土壤—作物"养分运转、动植物生长发育过程的数字化模拟和生长模型构建、农业地物遥感及环境构建等应用基础技术上实现技术引领，在农业跨媒体数据智能分析、农业动植物智能设计、农业群体智能决策等关键共性技术上实现突破，在智能农业生产系统、农业农村监测平台、农业农村综合信息服务等实现广泛应用，全面提升农业农村生产、管理服务能力和水平。

三是以全程全面全链统筹、提高产业质量效益为重点。构建农业生产全过程智能系统平台，研发智能植物工厂、智能牧场、智能渔场、智能果园等产业应用系统，部署实施一批面向主要农业产区的集成示范工程，努力实现农业生产、物流、服务的数据化、在线化和智能化，支撑现代农业发展，变革我国农业传统生产经营方式，大幅提升现代农业水平和国际竞争力，重塑世界农业发展的新格局。

四是以自主突破、引领发展和提高国际竞争力为重点。持续强化基础研发能力，加快建立完善新型创新体系。新建一批人工智能、互联网、大数据、云计算、区块链等高新技术运用与农机装备研发、设计、制造、流通等领域交叉的国家重点实验室、国家工程技术研究中心、国家技术创新中心、产业技术创新战略联盟，进一步夯实、补充和完善现有平台基地建设；着眼于提升企业创新主体地位，支持农业高新技术企业建立高水平研发机构。建设一批专业化技术转移服务机构，建立一批研发设计、中试熟化、创业孵化、检验检测认证、知识产权等的科技服务平台，打通科技创新"最后一公里"，推动农机装备和农业机械化高质量发展。

（3）前沿和共性关键技术主要技术路线图

前沿和共性关键技术主要技术路线图如图0-9，图0-10所示。

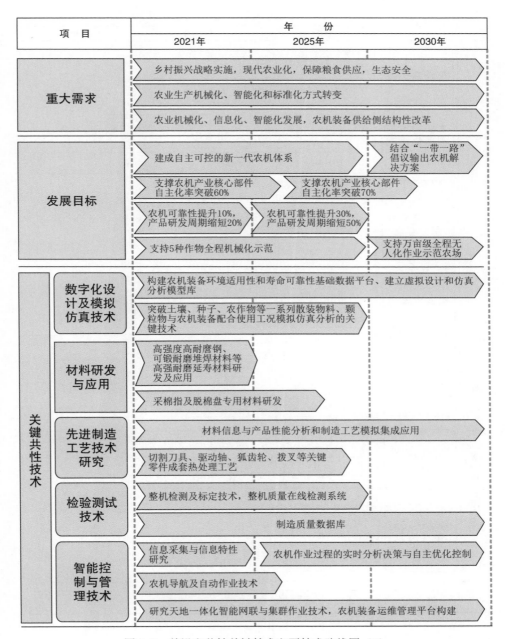

图 0-9　前沿和共性关键技术主要技术路线图（1）

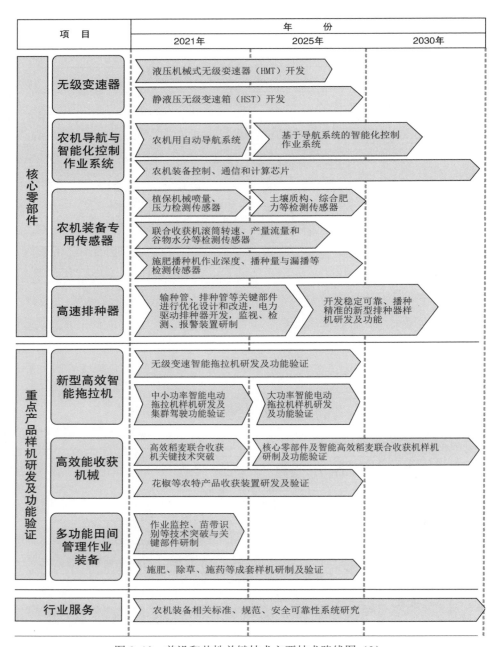

图 0-10　前沿和共性关键技术主要技术路线图（2）

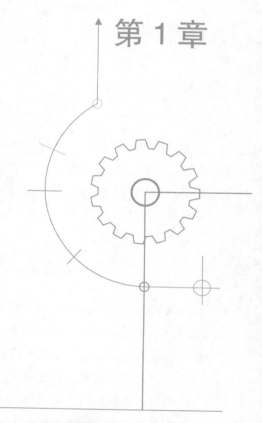

第1章

灵巧整机架构

1.1 导　言

灵巧整机架构，是从先进地面作战平台和系统衍生而来的一种新的设计思路，是未来智能汽车、智能农机、工程机械、战术平台等工程系统实现功能自组、一机多能设计目标的基本方法，同时也可以极大地缩短开发时间、提升设计效率，最大限度发挥产业协同的作用。

1.1.1 灵巧整机架构的定义

灵巧整机架构最早出现在外军先进地面平台和武器系统的设计当中，但是迄今为止没有官方、一致的定义和标准。综合这几年军事和民用领域智能系统的发展，特别是智能农业机械、智慧工程机械等野外作业装备的信息化、网联化、智能化实践，在未来全域智能系统（FGIS）前沿技术沙龙活动中车载信息服务产业应用联盟（TIAA）秘书长庞春霖的报告中提出的灵巧整机架构的定义是：通过标准、一致的机械、信息接口和交互性设计将多种功能灵活进行自组、融合的整机架构。

按照庞春霖的解释，标准、一致的机械、信息接口是指不同功能模块可实现有效的机械连接和信息连接，通俗的说，就是机械部分可以实现无障碍组装，信息和数据可以实现无障碍的流动。这里关键的是铰接接口、信息接口、通信协议等；交互性设计则指不同模块在功能组合或作用耦合中具备合理、可靠、有效的相互作用和关系。通俗的讲就是不同功能模块的组合无论在物理空间还是效能空间，都是合理的、相互支持的，由此形成一个完整的作用系统，不会出现头重脚轻的结构性错误或者大马拉小车的功能性错误。

1.1.2　灵巧整机架构的组成

灵巧整机架构的基本组成是机械本体、上装建筑、外挂系统三个部分。例如智能农业机械，分别对应的是通用数字底盘、电子信息系统、机具载具，其中底盘是搭载基础，机具和载具是作业模块，电子信息系统是功能或者赋能模块。三个部分通过协议化、模块化、一体化的连接和互换，实现完整的平台或系统功能。

1.1.3　灵巧整机架构的作用

灵巧整机架构是一种全新的设计思路，在人工智能和模拟仿真技术的支持下，车辆、农机、工程机械、战车等产品的灵巧整机架构设计能力得到极大地提升，在美国、俄罗斯、欧盟、日本等先进战术平台、农业机械等领域的开发和应用上已经凸显良好的经济效益和实战功能。

对于智能农机、智慧工程机械而言，灵巧整机架构是实现这些智能野外作业装备功能自组、一机多能的基础。未来，灵巧整机架构的设计将推动农机由此前复杂的多门类专用工具向简要的大门类通用工具的转变，减少农机种类数量，强化农机协同开发能力，降低农机开发成本，缩短农机开发时间，提升智能农机适应多样性农业作业任务的需求。

1.2　灵巧整机架构类型

1.2.1　灵巧整机架构底盘

底盘技术是移动机械的核心，直接决定了机械的工作能力。面对不同的耕地条件、种植模式以及复杂生产条件的影响，底盘性能决定了农机的适应能力。在农业生产不断转型升级的形势下，研究和推广拖拉机的灵巧型底盘技术具有显著的实用意义，且有利于提升农机的作业质量，保证农业生产不同作业的顺利实施。在进行农机灵巧型底盘设计和功能研发的过程中，应重视自动化技术的应用，保证农机驾驶员在需要调整拖拉机底盘状态的情况下获得底盘调整参数，以及完成全部的底盘调整过程，使工作过程极度简化。另外通过现代化的监测技术，设计多种传感器用以检测农机底盘的实际状态，以提高拖拉机驾驶人员对整机工作情况的掌控程度，有利于农业生产的高效、顺利、安全实施。现阶段的农机灵巧型底盘功能实施仍主要依靠机械和液压技术来实现，这导致底盘的可调整结构相对复杂，很多功能不容易实现。电力技术、气动技术与机械液压技术结合能很大程度地优化灵巧型底盘的设计过程，帮助灵巧型底盘技术向多功能方向发展，使农机的适应能力得到快速提升。

1.2.2 灵巧整机架构模块

采用模块化设计的方法，开发不同种类、多功能的农机，可以提升农机的设计和研发速度，对加速农业机械化有着重要的意义。模块化设计可降低产品结构的复杂性，提高农机研发过程复杂性的"可控"范围，使研发过程成功性增加，耗时更短，产出质量提高。通过将产品的共性和个性部分相分离，将共性部分进行预先的批量制造，将个性部分在获得客户准确需求信息后完成制造或成品组装，以缩短提前期，提高制造和物流系统的柔性和效率。农机产品结构的模块化使各模块可进行事后的选择，因而具有选择权效应价值，将不同领域的模块组合规则综合应用可使系统发生崭新变化，进而创造出新系统，实现"创造性地破坏旧的组合，实现新的组合"。农机产品零部件的模块化外包使制造商和供应商重新分工，各自专注于自己核心竞争力的发展和提升，发挥各自专业化的特长，降低了企业之间的交易费用，形成具有"横向一体化"性质的战略联盟，符合当今企业组织的演化发展趋势。

1.2.3 灵巧整机架构接口

接口技术是用硬件和软件相组合的方法来处理主机与外部世界的通信和数据交换，使其达到最佳匹配，实现高效、可靠的信息交换的一门技术。接口具备的功能为：信息格式转换，各种信息类型和电平的转换，缓冲输入、输出数据，接收和执行各种命令，传递各种状态信息，选择设备，对外设进行中断管理等。随着智能技术的发展，人工智能将是 21 世纪农业工程发展的重点，各种农业机器人或智能化系统将在农业自动化控制中不断应用，推动和实现农业自动化，向农机检测提出更高的要求。目前农机检测普遍使用单一设备进行检测和数据处理，而集成通用接口的数据采集检测系统很少。通用型农机检测接口的信号处理系统就可以连接不同的传感器，从而达到同时、高效地完成农机的检测。因此，利用微电子技术、信息技术、控制技术、计算机技术、传感器技术、接口技术等进行优化和技术性能的融合，研制可以处理农机检测数据不同类型信号的数据信号处理器，是现代检测技术发展的必然趋势，也是提升农机检测水平的关键技术保证。

1.2.4 灵巧整机架构机具

拖拉机牵引各种作业机具可以用较高速度作业，工作效率高，作业质量好，是现代农业装备发展的必然趋势。但国内拖拉机和相配套农机具的研究和生产各成体系，基本上处于相互分离的状态；重视动力拖拉机，轻视配套农机具，大功率拖拉机通常拖挂中小型拖拉机配套机具，"大马拉小车"的现象非常严重。另外，匹配机具品种少，功能单一，不仅使拖拉机功能受限，也影响了农业机械化的发展进程。农业机具向自动化方向发展，提升配套农机具的自动化程度，有利于作业过程的简化；向全程机械化方向发展，有针对性的丰富机具产品线，其对提升农机具的技术含量，实现一机多功能具有实际意义；向模块化发展，针对我国不同地区对农业生产要求的细微差异，配套农机具功能上的增减与调整对于提升其适应能力有重要作用，模块化的产品服务有利于农机具适应能力的大幅提升。

1.3　发展趋势

随着我国经济的发展，传统农机难以满足市场的多样化需求，需要对传统农机进行智能化、无人化改造，并且随着模块化设计理念的不断实施，智能农机装备的形态和产品结构将发生重大变化，因此智能农机形态演变与作业模式的创新将相辅相成、相互促进，并将以新的形态和作业模式来促进智慧农业和数字农业的快速发展。今后农机作业平台发展趋势主要分为三个方向：第一，传统农机无人化适应改造（将现有产品的技术升级）；第二，一体化可重构智能农机作业平台的发展；第三，各类农业机器人研究探索。

1.3.1 农机无人化适应改造

我国现有农机多使用机械结构控制，如转向系统，采用手动阀进行液压分配实现转向驱动，且保有量巨大。根据国家统计局发布的数据，2018年我国农机总动力为10.04亿千瓦，原值近万亿元，总量近2亿台套，拖拉机保有量2240万台，联合收获机206万台。前瞻产业研究院曾估计2019年我国农业机械总动力保持在10亿千瓦左右。针对传统农机的无人化改造，上海华测导航科技股份有限公司推出了领航员系列自动驾驶系统。该系列产品可实现对传统的拖拉机（含轮式、履带式、铰接式）、插秧机、自走式喷药机及收获机的无人化改造。改造方案同样可沿用至新型农机的设计中，从而实现农业机械按步骤的无人化改造。通过无人化改造实现标准化作业，提高土地利用率并降低作业损耗，管理农机行驶轨迹、作业面积、质量等作业信息。

插秧机作业场景如图 1-3-1 所示。拖拉机改造示意图如图 1-3-2 所示。

图 1-3-1　插秧机作业场景

显示器

北斗接收机

摄像头

方向盘

角度传感器

图 1-3-2　拖拉机改造示意图

1. 拖拉机无人化液压转向系统

方案一：在传统的全液压助力转向器的基础上，串联或并联能够用电比例信号驱动的电液比例转向阀组,校准之后该阀组可以对拖拉机的转向轮转动角度进行精确的控制。

工作原理:用于转向的压力油源,通过优先阀优先供给原车全液压转向机使用,使得原车转向具有优先权。如图1-3-3所示,原车液压转向泵出来的转向压力油,经过过滤器之后,进入电液比例转向阀组(液压阀)。手动驾驶的时候,电液比例转向阀组不工作,用于转向的压力油源经过电液比例转向阀组中的逻辑阀处理之后,将转向动力油源直接提供给原车转向器,实现原车手动转向。当自动驾驶的时候,电比例信号控制液压阀中电液比例阀工作,原来通过转向器的转向动力油经过电液比例阀组的处理之后直接进入转向油缸,实现自动驾驶。电液比例方向阀随着控制信号的方向及大小来控制转向轮转动方向及转动角度,回油直接回油箱或作他用。

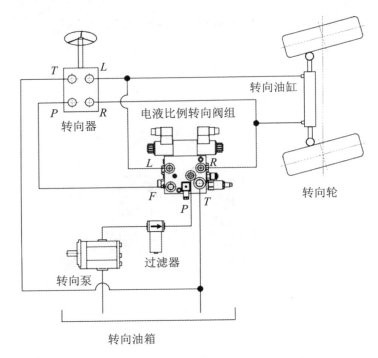

图 1-3-3 电液比例转向阀组液压油路示意图

综上，导航控制器转向控制系统，可以根据车辆的种类及其作业需要，自动地控制行走机械的转向轮进行精确的转向，进而控制车辆的行进姿态（直线或曲线行驶）。

方案二：在传统转向器的基础上，使用电动方向盘取代传统方向盘。电动方向盘由电机和握把等部分组成，电机可实现对转向机的精准控制，从而实现对拖拉机的转向轮转角度的精确控制。工作原理：通过电机的转动，取代人转方向盘的操作，通过转向机实现车辆转向。在电机不工作时，人仍可通过转动电动方向盘的握把来实现车辆的转向操作。电动方向盘可自动感应阻力大小，在人工干预转向的时候停止自动控制，确保人工操作优先实施。电动方向盘示意图如图 1-3-4 所示。

图 1-3-4 电动方向盘示意图

2. 拖拉机无人化动力系统

①发动机：发动机采用电喷柴油机，电喷柴油系统由 ECU（电子控制单元）、传感器和电磁阀组成。ECU 能够根据设定的工况或电子油门踏板的控制信号，精确控发动机的喷油量、喷油时间、喷油压力和喷油率，进而控制发动机的输出功率。同时 ECU 支持故障诊断功能。导航车速控制系统，可以根据车辆的作业类型需求，通过产生模拟车辆电子油门的控制信号，控制电喷发动机的 ECU，进而控制车辆电喷柴油机的功率输出大小，适应后挂农具工作的动力需求和车辆的行走驱动需求。这样可以根据农机具的工作状态，

合理的利用发动机功率：负载需要多大功率，发动机就输出多少功率，避免发动机多余的燃油消耗。

②变速箱：变速箱采用电子动力换挡变速箱或电比例无极换挡变速箱。电子动力换挡变速箱通过电子控制信号可以使车辆负荷工作的同时进行挡位切换，以获得工况的扭矩和转速输出；电比例无极换挡变速箱可以由具有控制车辆进退方向及进退速度大小的电比例信号进行控制。导航挡位控制系统，能够根据车辆的作业类型、地况等信息设定相应的变速箱挡位，同时在车辆作业的过程中，可以在发动机功率恒定的情况下，根据行进速度的大小，下发电子换向指令控制车辆输出力矩，使车辆和农机具可以适应同一地块的不同类型的地况。

③PTO（动力输出装置）：拖拉机尾部电子控制的两档转速动力输出轴，每分钟转动次数分别为540、1000，PTO输出转速恒定与油门大小无关，PTO可以驱动旋耕机等农机具工作或者直接驱动安装在PTO上的液压泵。导航PTO控制系统，能够根据后挂旋耕机等的转速需要，下发电子控制指令，选择两档转速动力输出轴输出转速中的某一转速，也可以下发电子控制指令停止车辆尾部PTO输出。

④拖拉机液压输出：液压阀组，全部采用电控液压阀，导航控制器可以发出电子信号控制电控液压阀组工作，进而控制农机具的多个液压执行机构的往返运动。比如，控制翻转犁地抬起和翻转动作、控制液压重耙的大架抬起和释放动作、控制旋耕机的抬升和下降动作。

3. 拖拉机无人化功能模块

整机无人化需要配备两个功能模块：网联通信模块和自动驾驶模块。

网联通信模块实现远程控制指令的接收与处理，并将整车必要的状态信息返回远程控制中心。该网联通信模块需支持4G或5G通信以确保实时性。

自动驾驶模块根据输入的作业信息，自动规划出行驶路径，完成出库、作业、回库整个过程。作业时，自动驾驶模块需能保证整机按规定路线行驶，可识别固定障碍物并作出相应动作（如驻车、鸣笛等）。

通过以上途径，基本可实现农机单机的无人化作业，如果想实现农机集群无人化作业，还需部署云端中控系统，协调所有农机的作业。

集群作业时，由云端中控系统统计规划目标田地的作业路径，并下发给各台农机。农机作业时会将自己的状态信息如经纬度坐标、速度等数据回传至云端中控系统，由该系统实时计算、调整各台农机的作业指令，以此达到集群作业的效果。

1.3.2 一体化可重构智能农机作业平台

1. 传统农业机械智能化、灵巧型底盘改造

随着我国经济的发展，一些农用机械的智能化程度以及传统结构难以满足市场多样化的要求。例如在山地、丘陵、果园等狭窄地块地形，可以对传统手扶微耕机、手扶拖拉机等进行智能化、灵巧型底盘改造，以满足种植结构的需要。

在现有手扶微耕机的基础上可采用"H"型传动系统及平衡摇臂悬架，保证其极强的地面适应性及稳定性。链式传动可实现根据农作物高度调整离地间隙，满足多种作业场景。因此通过灵巧型底盘改造，安装不同的作业属具模块，可以一体化解决耕地、播种、覆膜、揭膜、除草、喷药等作业需求，实现一机多用。

4×4×4 农业机器人底盘如图 1-3-5 所示。

图 1-3-5 　4×4×4 农业机器人底盘

2. 新型模块化、共享化智能拖拉机设计

在国内外专业化机型的基础上，结合我国不同地区作业条件和作物特点，可以采用模块化设计的形式，改变传统的单一产品设计的思路，按照系统工程的概念进行设计，化繁为简。系统＝模块＋接口，即系统主要由动力主模块、功能模块、属具模块和标准接口组成。通过上述不同模块和接口的优选组合实现不同功能。

①动力主模块。作为整机系列化的单一动力源，模块主体集成了动力、操纵、控制、传动和电器等通用的功能。

②功能模块。可以通过特定的接口与动力主模块进行连接，接口按照使用需求可以使用螺纹连接、锁紧、液压、电器、控制快速接头等，可满足用户定制功能。功能模块具有多样性、专用性、结构简单、成本低、可靠性高的特点，使用户在购买单一动力单元的情况下实现一机多用，提高使用率。

③属具模块。根据不同的作业可以灵活配置。该属具模块是在传统属具上的拓展，除涵盖一般三点悬挂农机具外，还在长轴距拖拉机上拓展了背负式农具。背负式农具所需液压动力可以通过 PTO 搭载液压泵进行驱动。

模块化设计理念如图 1-3-6 所示。

④标准接口。动力主模块、功能模块和属具模块之间具有液压、机械、传动、信号和电器等标准接口，实现快速连接。

针对丘陵山区全程机械化问题，可以采用"动力主模块＋功能模块＋标

动力主模块
及功能模块

属具模块　　　　　　　　　整机

图 1-3-6　模块化设计理念

准接口"的模块化设计,用户可根据所需功能对现有模块进行快速组合。各模块汇集了差速转向、驱动选择、自适应地形和差速锁等先进技术,实现了从单机制造为主向成套装备集成的转变。使用单一动力主模块后,可通过共享模式获得功能模块或属具模块,通过组合达到多用途的目的,提高机器利用率，满足丘陵山地作物全生命周期的全程机械化。

其特点是采用单履带及双侧车轮形成稳定的三角形结构，保证行驶稳定性。在行走机构中间增加类似人类脚踝部位的柔顺关节，利用该柔顺机构的主动调节特性，提高其自身在复杂环境下的姿态控制能力以及地面环境适应能力。同时该机型可匹配多种农具模块（旋耕、培土、开沟施肥、起垄、运输等）进行相应作业，为解决丘陵山区全程机械化提供良好的一体化解决方案（如图1-3-7）。

3. 新型一体化可重构动力平台设计

在拖拉机与农机装备"智能化、互联化、共享化、电气化"的发展趋势下，农机用户对智能农机的需求呈现新变化和新趋势，尤其体现在使用成本、利用率、适用性以及机动性和作业效率等方面。拖拉机与农机装备可重构模块化一体化设计，借此改变传统拖拉机与农机装备牵拉式结构组合形式，并以一体化设计理念满足市场用户日益多元化的需求。

动力主模块

开沟施肥机　　　　　　　植保喷药机　　　　　　　旋耕培土机

图1-3-7　智能仿生拱腰式移动机器人底盘及其拓展应用

智能农机底盘将作为动力主模块与可重构农机具功能模块进行一体化设

计，通过标准化接口一体化、智能化匹配组装，突破以往传动机具只是一种专用机具的情况。新型一体化可重构动力平台具有构型重建、一机多用的特点。可实现功能转换，实现最合理的作业方式；可降低成本，提升利用率，提高适用性以及增加了机动性并提高作业效率；将充分挖掘了农业机具的效能。通过一体化智能匹配快速生产组装，农机具将实现多种场景使用。同时，将发挥智能农机具一体化产业链、产品种类齐全的优势，通过一体化形成合力，降低内部交易成本，提高运行效率，增强盈利能力。

面对客户的多种功能需求，北京履坦科技有限公司设计了一种新型一体化可重构动力平台（如图 1-3-8），该动力平台由许多结构、功能不同的模块构成，每个模块具有独立且完整的结构功能，且往往集成了通讯、控制、驱动和传感等功能，并且各个模块配置了通用的连接接口，可以根据环境和作业需求有机地组合，改变动力平台的配置构型，通过若干个模块的相互连接、相互操作和协调运动打破传统农业机械的固定构型，拓展农业机械的运动形式，从而提高农业机械的适应性和通用性。通过底盘与机具一体化设计实现机体重构，从而完成功能转换，让一个平台实现从种植到收获作业的全流程。

正视图

侧视图

图 1-3-8　新型一体化可重构动力平台

该类平台有以下几个特点：

① M 型多功能底盘，三轨（三排轮子）行走机构，动力布置在中下方，

与其他高秆作物作业的自走式农机相比重心底，稳定性和安全性好；

②摆翼式结构，可变轮距，方便底盘从作物的行间行走，不伤害作物；

③在翼下装备农业机具，容易实现底盘与农机具浑然一体的结合，可同时兼顾两行作物作业；

④可装备不同模块化的农机具，实现一机多能，是高秆作物从种植到收获作业的通用平台。

基于此平台设计的甘蔗收获机（如图1-3-9）包含动力模块、收获模块、输送模块等。

4. 发展趋势及方向

近些年来市场对于智能农机的需求日益多样和多变，智能农机装备的形态和产品结构也将发生全面深刻的变化。

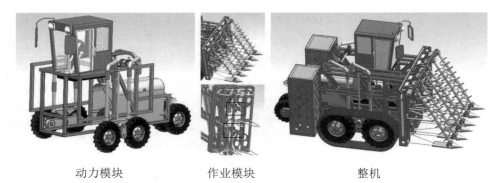

动力模块　　　　　　作业模块　　　　　　整机

图 1-3-9　可重构甘蔗收获机模型

（1）需求多样化驱动农机形态加速演变

当前国内外主要农机企业在农机的形态和产品结构上面临结构固化、功能单一、产品创新力度不足的困境。加之我国复杂的国情和地理条件，特别是在马铃薯种植和收获、甘蔗收获、化肥深施和粮食产地烘干等薄弱环节，在水产养殖、水果和茶叶等薄弱产业，以及丘陵、山地、果园等薄弱区域，机械化水平普遍不高，机械化率很低。在此环境条件下，使用成本和适用性限制了传统农机装备进一步推广和普及。面对薄弱环节、产业及区域复杂的市场需求和特殊的功能要求，智能农机的形态和产品结构将加速演变。

智能农机的形态、产品结构和作业方式不再拘泥于传统农机的作业模式，新型智能农机呈现如下发展趋势：智能网联条件下拖拉机和农机装备智能化形态得到进一步进化，统一调度协同管理条件下新形态小型无人农机的群体式作业模式、无人拖拉机与农机装备的动力传动系统都将发生变化使得作业时农作物通道更为通畅。智能农机形态演变与作业模式的创新将相辅相成、相互促进，将会以新的形态和作业模式来促进智慧农业和数字农业的快速发展。

（2）可重构模块化智能农机更贴近市场用户心理需求

从细分市场和农机利用率的角度来看，传统农机已无法满足市场用户可低成本快速灵活组合实现不同作业功能的需求。农机的可重构模块，将以零部件的标准化、通用化、系列化为前提，以市场用户的特定的应用需求为导向，针对性定制重构，确保农机具模块与之匹配，以进行快速组合实现市场用户对农机多功能多用途的使用。节约用户成本、提高农机利用率将促进可重构模块化智能农机成为新一代农机形态变革的标志性、引领性产品，成为新一代信息技术、高端装备制造、新材料、新能源等战略新型产业的创新集成载体。

（3）智能农机结构形式向可重构模块化转型

可重构模块化设计可快速实现对新的需求与期望的快速响应，获取市场竞争优势，增强竞争的核心能力。可重构模块化农机将主要分为动力模块、功能模块以及辅具模块。动力模块作为主体模块，集成了动力、操纵、控制和传动等通用的功能；功能模块具有多样性、专用性，结构简单、成本低、可靠性高等特点；属具模块根据不同的作业可以灵活配置。动力模块和功能模块之间具有液压、机械、传动、信号、电器和智能模块等标准接口，可实现快速连接、智能化匹配。接口的标准化设计将成为技术攻关的主要方向。可重构模块化是实现农机多功能多用途的前提条件，也将催生出智能农机产业的产品、技术、用户体验、商业模式和应用场景的新机遇。

（4）农机多功能化与集约化创新设计

通过各种模块的灵活快速组合实现不同的作业功能，满足一机多用、提高机器利用率，满足不同地域、地形用户的多用途使用需求。首先，农机功能的集约化需要通过全程机械化的集成配套技术体系，提升装备水平。其次，需要解决方案的研究及运作集约化，实现从单一技术到技术互享，从结构固化到可重构。例如：拖拉机同时牵引犁和耙两种模块化机具，同时完成两种作业，以提高劳动效率。智能农机技术多用途呈现如下发展趋势：智能农机从单机单用到可重构模块化一机多用；由传统单机制造向成套装备集成转化；智能农机的功能模块和属具模块多用途集约化创新设计将带来租赁共享等商业运营模式新机遇。

（5）基于可重构模块化的拖拉机与农机装备一体化设计

在拖拉机与农机装备"智能化、互联化、共享化、电气化"的发展趋势下，农机用户对智能农机的需求呈现新变化和新趋势，尤其体现在使用成本、利用率、适用性以及机动性和作业效率等方面。拖拉机与农机装备可重构模块化一体化设计，将改变传统拖拉机与农机装备牵拉式结构组合形式，将以一体化设计理念满足市场用户日益多元化的需求。

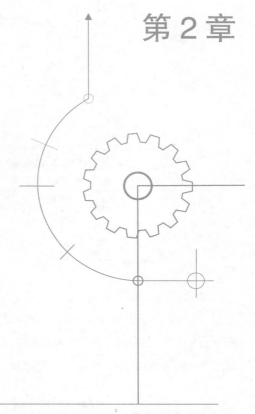

第 2 章

新型动力系统

2.1 导　言

2.1.1 新型农机动力系统基本定义

新型农机动力系统由农机相关主机部件、动力组件和农机作业系统构成。

2.1.2 技术范畴

本章围绕新型农机动力系统"十四五"发展路线图开展研究，主要从动力系统环保节能新技术，包括内燃机新技术、动力电池、电机和电控等几方面进行阐述。包括的关键技术有以下几方面：发动机排放控制、动力换挡、无级变速、动力电池、电机、电控系统、悬浮前桥、驾驶室、电液悬挂等技术。

2.1.3 新能源动力行业现状

1. 行业情况

2016 年，农业农村部、工业和信息化部、国家发展和改革委员会委联合印发了《农机装备发展行动方案（2016—2025）》，明确了 10 年内农机工业发展的指导思想、基本原则和行动目标。其已将"清洁燃料与新能源农用动力、电控喷射与新能源拖拉机"列为重点发展主机产品。

从世界范围来看，以"约翰·迪尔""芬特""纽荷兰""斯太尔"等欧美的主流品牌拖拉机为代表的高端拖拉机供应商纷纷在国际农机展上推出新能源拖拉机样品或概念样机，还有德国弗里德里西港 ZF 股份公司（以下简称"ZF 公司"）、意大利卡拉罗公司等农机核心部件供应商也推出了混合驱

054

动变速箱产品。这说明在当前能源变革的时代，拖拉机电驱动已是大势所趋。

目前世界上主流的新能源拖拉机的动力核心主要来自动力电池、电机和电机控制器，其中动力电池提供动力来源，而电机控制器则作为主要的驱动控制系统。根据新能源拖拉机的驱动方式不同，新能源核心部件的成本占拖拉机成本的比例也不相同。纯电动拖拉机的成本中，电池、电机构成的动力总成预计超过整机的50%；其中电池占成本比重接近40%，电机及控制系统占成本比重10%～15%；混合驱动拖拉机中，根据混合驱动的比例不同和驱动方式不同，电池、电机构成的动力总成预计占整机成本的15%～40%（轻度混合～高度混合）。虽然，近年来随着我国新能源技术不断地发展创新，电池材料、电池制造以及电机电控等价格均出现不同程度下滑，但仍将是整机的主要成本部分。电池的能量密度和带电量将会影响拖拉机的续航里程和工作性能，而电机控制器的性能和稳定性则会影响电池的转换效率、使用寿命、安全性以及整机行驶过程中的稳定性、反应速度等，因此电机控制器的地位不容小觑。

2. 新能源动力部件市场情况

动力电池根据正极材料不同，可分为三元材料电池、磷酸铁锂电池、锰酸锂电池、钴酸锂电池等。由于国家环保政策的实行以及消费者对高续航里程、高安全性能、快充新能源汽车的需求，又因为许多动力电池企业对三元材料电池研发的突破和生产工艺的优化，三元材料电池已超过磷酸铁锂电池，成为装机量占比第一的动力电池类型。目前，动力锂电池主要为三元材料电池及磷酸铁锂电池。

全球动力电池市场份额快速集中，宁德时代新能源科技股份有限公司（以下简称"宁德时代"）与 LG 化学公司（以下简称"LG 化学"）保持强势。2020 年宁德时代、LG 化学、松下电器产业株式会社（以下简称"松下"）的动力电池装机量分别为 3.4×10^7 千瓦·时、3.1×10^7 千瓦·时、2.5×10^7 千瓦·时，占比 24.8%、22.6%、18.2%，位居全球市场规模前三位，遥遥领先于其他二线企业，且全球份额持续向头部企业集中。宁德时代为国内大多数一线车企供货，2020 年出货有显著增量贡献，海外尤其欧洲市场也有大幅放量。

国内多强格局稳固，新势力崭露头角。2020 年宁德时代、比亚迪集团在国内动力电池装机量分别为 3.18×10^7 千瓦·时和 9.48×10^6 千瓦·时，占比 50.0%、14.9%，位居国内市场规模前两位。LG 化学和松下通过供货国产特斯拉电动汽车，其市占率也进入前 10，分别装机 4.13×10^6 千瓦·时和 2.24×10^6 千瓦·时，排名第三和第六。中航锂电（洛阳）有限公司、国轩高科动力能源有限公司和惠州亿纬锂能股份有限公司市场占率持续提升，分别装机 3.55×10^6 千瓦·时、3.52×10^6 千瓦·时和 1.18×10^6 千瓦·时。

我国作为传统的制造大国，电机制造方面拥有较为深厚的生产基础，从家电使用的微电机到新能源汽车电机到大型电机，不同的行业我国均有相应的代表企业。电机按照电流性质可以分为交流电机和直流电机，而按照工作原理则可以分为同步电机和异步电机，通常所说的新能源汽车大多是交流电机。

永磁同步电机是新能源拖拉机驱动的主流选择。新能源整机对驱动电机要求较高，包括拥有高转矩、高驱动效率、转矩控制灵活以及稳固性和可靠性高等特点，目前市场上主要有交流异步电机和永磁同步电机两种类型电机。交流异步电机虽然成本低、结构简单，但是外形过大、重量过重，目前不太适用于拖拉机整机布置和使用目前国际上的主流新能源拖拉机样品出于驱动效率以及对电机体积等因素考量大多选用永磁同步电机。据统计，2018 年新能源电机市场中永磁同步电机占比高达 91.4%，而交流异步电机及其他电机占比不足 10%。

电机控制系统是整个电驱动系统安全高效运行的关键。电驱动控制主要是对包括电机、DC/DC 直流转换器等在内的电机及其部件的控制，包括驱动电机控制器、辅助控制器等。电控系统的优劣一方面会影响新能源拖拉机运行的安全性，因为其控制着整个电机的运转以及电池的热管理系统等，一旦这些核心部件出现问题则会极大影响整机的安全；另一方面还会影响拖拉机的工作效率，包括操作的反应速度、精度等。

电机控制器的主要部件为 IGBT 模块（功率半导体模块）。IGBT 国内市场被国外企业垄断，未来国产化替代有望进一步降低生产成本。IGBT 的主要功能是实现能源的变换与传输，作为连接电池与电机之间的开关（功率开关），其占电控成本的比重在 30% ～ 40%。我国目前在 IGBT 领域与国外厂家存在一定差距，尤其是在芯片设计和制造上。目前我国 70% 以上的 IGBT 模块依赖于进口，市场主要被英飞凌科技公司、富士电机控股公司、三菱等企业占据，而国内主要以株洲时代电气、比亚迪集团为代表。目前国内电控企业进口 IGBT 成本仍然较高，市场竞争力弱，但未来随着 IGBT 国产化的持续推进，电控生产成本有望进一步降低。

3. 应用情况

国外以"约翰·迪尔""芬特""斯太尔""明斯克"等拖拉机品牌的生产商为代表，国内以中国一拖东方红为代表的拖拉机生产商开始研发或推出不同种类的新能源拖拉机样机、概念机或新能源拖拉机动力总成。

约翰·迪尔 SESAM 纯电动拖拉机（如图 2-1-1）是由原 6R 系列拖拉机改进而来，电动机驱动原 6R 拖拉机后桥总成形成动力总成，整机能满足 128 千瓦功率作业要求。拖拉机采用两套电池组，安装在拖拉机车架上，分别提供 130 千瓦的电量。一组用于牵引作业，一组为动力输出供电，遇到大负荷作业时可实现两组电池共同供电，短时间提高整机功率，电池组可满足整机连续 4 小时田间作业或者 55 千米的运输作业，充电时间为 3 小时，电池可充电约 3100 次。目前仅为试验样机，尚无成熟产品。

图 2-1-1 约翰·迪尔 SESAM 纯电动拖拉机

约翰·迪尔 8R 混合动力拖拉机采用并联结构传动系统，采用无刷高速电机替代原无级变速传动系统的液压马达，实现无级变速驱动。该传动效率高于原机械液压式无级变速传动系统，可靠性和耐久度也大幅度提高。该混合驱动传动系统是将原机械液压无级变速传动系统的液压泵和液压马达换成了两个电机，一个负责发电，另一个负责电驱动，省去了液压马达、液压泵及相关液压管路，通过动力管理系统可实现传动系统智能化自动控制，提升牵引效率。此外整机还可以向机具或拖车提供高达 100 千瓦的电力，可提供 700 伏直流电或 480 伏变频三项交流电。（如图 2-1-2）。

图 2-1-2 约翰·迪尔 8R 混合动力拖拉机外形及电驱动总成

美国约翰·迪尔公司和乔斯金公司联合开发了一种特殊的拖拉机和泥浆罐车组合。25.5 立方米泥浆罐车配有两个驱动轴，由 100 千瓦电机驱动，通过 AEF 标准插座操作。驱动桥显著增加牵引力，减少车轮打滑，有助于避免土壤损坏。这种额外的驱动能力也可用于其他机具和拖车。例如，这项技术允许更小、更轻的拖拉机牵引更宽的机具和喷油器，从而提高生产率，同时降低投资成本。

德国农业机械制造商芬特公司于 2018 年推出新型电动小型拖拉机。e100 Vario 纯电动拖拉机（如图 2-1-3）是一款电动小型拖拉机，输出功率为 50 千瓦，充满一次充电可持续行驶 5 小时。e100 Vario 搭载容量为 100 千瓦·时的 650 伏锂离子电池，可以使用 IEC 62196 Type2 插头（欧洲电动车充电标准）在 40 分钟内充好 80% 的电量，还可以使用标准的 CEE 室外插座为电池充电。e100 Vario 与现有的液压设备完全兼容，并且还具有两个符合 AEF 标准的电气设备电源接口，可短时间提供高达 150 千瓦的功率。拖拉机驾驶室的空调通过高效节能的电子热泵实现，而且由于 e100 Vario 可与智能手机连接，因此驾驶室温度可预先加热或冷却，充电状态可以被远程监控。

图 2-1-3　芬特 e100 Vario 纯电动拖拉机

斯太尔电驱动概念机（如图 2-1-4）首次在 2019 年汉诺威 Agritecha 国际农机展亮相，由凯斯纽荷兰（CNH）公司工业设计中心设计，以模块化混合动力驱动为中心，由 1 台高效柴油机、1 台发电机和 5 台电机组成，单独控制。创新的车辆架构提供了一系列的好处，包括增强的操作灵活性和舒适性。它使用 4 个轮毂电机轮驱动，额定功率为 147 千瓦，最大输出 246 千瓦的功率。

此概念拖拉机可以使用不同的动力装置：新型 FPT N67 甲烷发动机、氢燃料电池或纯电动电池，也可以使用传统发动机形成柴电混合驱动。柴电混合动力结构为串联结构，发动机驱动发电机发电，由控制模块根据每个车轮的实际需要提供电力。

图 2-1-4　斯太尔电驱动概念机

此概念车可以通过标准充电插座轻松充电。拖拉机液压系统和动力输出都是电动的。带电工具也可以由高压（700伏）或低压（48伏）接头供电。4个独立的电动轮毂电机根据其实时性要求，由蓄电池或发电机提供精确的能量，提供卓越的牵引力和精确的转向。

意大利卡拉罗公司2019年推出了采用并联方式的中度混合动力拖拉机动力总成3E22如图2-1-5所示。该总成采用3缸55千瓦的柴油机驱动，排放满足"T3B"标准、欧洲汽车尾气排放第五代标准和中国《非道路移动机械用柴油机排气污染排放量限值及测量方法（中国第三、四阶段）》（以下简称"非道路国四排放标准"）；电动机提供20千瓦的动力，整机达到73.6千瓦的拖拉机性能，。

图 2-1-5　柴电混合动力拖拉机底盘 3E22

3E22 动力总成在纯电动模式下可满足封闭空间内的作业需要，例如温室大棚或市政清洁等应用环境；在柴油机驱动模式下可用于公路运输或轻负荷机具的牵引作业；混合驱动模式下可应用于田间重负荷牵引作业或 PTO 作业。拖拉机污染物排放水平较低，可降低燃油消耗和整机噪声，工作效率较高。但是，该动力总成结构复杂，控制策略和控制系统设计难度较大，不利于大功率拖拉机应用。

明斯克 3523（261 千瓦）混合动力拖拉机（如图 2-1-6）是白俄罗斯明斯克拖拉机厂与中国中车大连电牵公司合作开发的产品。拖拉机采用串联式混合动力传动系统，电驱动系统采用大连电牵的三项交流电机和控制器，机械传动部分在原动力换挡传动系统的基础上进行局部改进设计，形成 4 区段换挡，区段内无级变速。整机实现 0 ～ 40 千米/时无级变速行驶，具有电机转速控制和扭矩控制的自动转换功能。电驱动系统与发动机共用冷却液水冷系统。整机噪声低，牵引效率较高，经过田间试验，最高能节省 30% 的燃油，整机驾驶操纵简单舒适。目前该整机已初步完成了田间可靠性试验，进入了后期上市前定型改进阶段，预计很快会上市销售。

图 2-1-6　明斯克 3523 柴电混合动力拖拉机

但明斯克 3523 拖拉机采用了三相异步电机，整机受环境因素影响较大，空气湿度大会引起电器故障频发，可靠性较低。同时电机外形和重量过大，影响整机结构强度和其他部件的布置。该整机采用了 4 区段变速，造成控制系统较为复杂。

ZF 公司已经推出了 Terra+ 系列拖拉机用机电混合驱动传动系统（如图 2-1-7）。该系列传动系统是在原 TERRAMATIC 无级变速传动系统的基础上在前端增加发电机构成。该系列传动系统共分为 TMT16、TMT20、TMT25、TMT27、TMT32 五种型号，满足 125 ～ 272 千瓦拖拉机的配套需求。

图 2-1-7　Terra+ 系列拖拉机用机电混合驱动传动系统

该系列传动系统可以实现拖拉机在 0 ～ 50 千米/时内无级变速行驶的同时提供 48 ～ 650 伏的电源输出，电源输出功率为 18 ～ 80 千瓦。输出电源可用于电驱动机具或拖拉机本身的需要。配套电驱动拖车或机具，可使拖拉机牵引更大的机具，提高整机工作效率，提升整机的经济性。

4. 标准现状

近年来，工业和信息化部发布多项政策，鼓励、支持重点企业、行业专家等积极参与标准制修订工作，共同推进农机装备标准体系建设，我国拖拉机制造行业标准化建设不断加快。2020 年 10 月 22 日，工业和信息化部在对中华人民共和国第十三届全国人民代表大会第三次会议第 3263 号建议的答复中指出，目前，工业和信息化部正在组织行业制订电动拖拉机、电动拖拉机电动动力系效率测定方法、拖拉机动力换挡传动系统试验方法等标准。

工业和信息化部鼓励、支持重点企业、行业专家等积极参与标准制修订工作，共同推进农机装备标准体系建设。下一步，工业和信息化部将充分发挥制造业高质量发展等专项政策引导作用，推动行业加强新能源农机产品、关键零部件和核心技术攻关，不断提升新能源农机研发生产水平、测试检验能力。

同时，组织行业企业加强新能源农机急需标准的制订和修订，支持参与国际标准法规的制定，充分发挥行业组织、检测机构、龙头企业、科研机构、高等院校等作用，着力构建结构合理、衔接配套、覆盖全面、适应新能源农机发展需求的新型标准体系，推动农机装备转型升级发展。

2.2　电机与电控关键技术

电力是可再生能源，使用成本比燃油低得多，发展电动农机能够保障能源安全，并且可以使用多种可再生能源，如热能、核能、水能、潮汐能、风能、地热能、太阳能、化学能、生物能等。无论从能耗的成本来看，还是从未来的能源取向来看，以电能作为最终利用形式的新能源取代一次性能源是未来的发展趋势。电动农机可以实现农机作业的零排放，即使考虑到为提供电力排放出来的废气，使用电动装备仍然可以提升综合效益。此外，电动农机的能量利用率高，节能效果明显，能源费用低。

近几年，随着国家对电动农业机械的关注以及各级政府在政策上的引导，国内电动农业机械技术如雨后春笋般涌现，国内外各大企业也都开始进行电动农机的研发，但是目前还没有真正规模化应用。

2.2.1　电动机技术类型

电机驱动及其控制技术是电动农业机械的心脏，主要包括电动机、功率转换器和控制器。由于电动农业机械特殊的工作环境，对电动机性能要求比较高。因此电动农业机械用电动机必须具有以下特点：①起动转矩大、过载能力强（过载系数应达到 3～4），以满足工作载荷突变；②宽广的调速范围，既能适应缓慢的犁耕作业又能做快速运输；③具有再生制动能力，回收制动能量；④具有较强的防尘防水能力，以适应田间复杂、恶劣的作业环境。目前，电动机主要技术类型有以下四种：直流电动机（DCM）、感应电动机（IM）、永磁无刷电动机（PMBLM）和开关磁阻电动机（SRM）。

直流电动机控制简单、技术成熟，具有优良的电磁转矩控制特性，而且启动转矩大，很适合应用在工况复杂的电动农业机械上。但直流电动机机械换向易产生火花，不宜在多尘、潮湿的环境下工作。

感应电动机因结构简单、成本低、体积小、免维护等优点在工业上得到广泛应用。而且，感应电动机还具有功率覆盖面广，转速高，对环境适应性好等优点。但是它没有独立的励磁绕组，其电枢绕组既是励磁绕组又是转矩绕组，使得其控制装置比较复杂。随着电力电子技术进步和控制理论的发展，新的控制技术不断采用。常用来控制感应电动机的变频控制技术主要有电压频率变换（V/F）控制、转差频率控制、矢量控制等。

永磁无刷电动机通常采用稀土永磁材料，具有效率高、功率密度大等优点。根据磁铁所处位置不同，永磁无刷电动机可分为：表面式、镶嵌式和深埋式。永磁无刷电动机根据其控制方式不同，又可分为方波驱动的永磁无刷直流电动机（BDCM）和正弦波驱动的永磁无刷直流电动机（通常称为永磁同步电动机，PMSM）。这两种电动机均需要变频器供电，但是前者需要正弦波型逆变器，而后者只需要方波型逆变器。因此永磁无刷直流电动机的控制器成本低、结构较简单、更易实现，成为电动农业机械的首选。

开关磁阻电动机具有简单的结构：定子采用集中绕组结构，转子无任何绕组。它利用在磁场作用下不同介质之间的磁拉力产生电磁转矩，具有简单可靠、在较宽转速和转矩范围内高效运行、控制灵活、可四象限运行、响应速度快、成本较低等优点。目前，开关磁阻电动机已投入实际使用，如菲亚特集团研制的电动车就采用了这种电机。

开关磁阻电机的主要问题是噪声和转矩脉动，如何减小电机在低转速运行时转矩的脉动，降低噪声，是开关磁阻电动机技术的关键。

目前在电动农业机械中应用比较多的是直流电动机，如早期西门子公司生产的 2.9 ~ 36.8 千瓦系列电动农业机械，近期有格瑞拉（Gorilla Vehicles）汽车公司生产的 e-ATV 系列电动农业机械等。而美国通过电气公司生产的 Elec-Trak 系列电动农业机械用的则是永磁无刷直流电动机。由于感应电动机控制系统复杂、成本高，开关磁阻电动机还存在一定技术难题，到目前为止还没有应用到电动农业机械的驱动系统中。以上四种电动机的性能对比见表 2-2-1 所列。

表 2-2-1　四种电机性能对比

参数	直流电刷式	感应式	永磁式	开关式
峰值效率 / %	85 ~ 89	94 ~ 95	95 ~ 97	< 90
负荷效率 / %	80 ~ 87	90 ~ 92	79 ~ 85	78 ~ 86
最大转速 / r	4000 ~ 6000	12 000 ~ 15 000	4000 ~ 10 000	> 15 000
可控性	中等	优良	好	好
成本 / 美元	10	8 ~ 12	10 ~ 15	6 ~ 10

2.2.2　电动农机电控技术

高性能电动农业机械控制系统作为电动农业机械的关键部分，是电动农业机械的"大脑"，控制着整机的工作，国内对于该类技术的研究主要集中在实验室阶段。电动农业机械控制的重点技术主要有功率平衡和能量管理控制策略、驱动控制策略等。

南京农业大学研究提出了功率平衡系统的控制策略，通过建立仿真模型对策略进行了试验验证。河南科技大学对并联式混合动力拖拉机能量管理策略进行了研究，选定特定的混合动力系统配置，在拖拉机动力学特性分析的基础上，对高级车辆仿真器（ADVISOR）2003软件进行二次开发，建立了混合动力拖拉机整机机构模型和四驱结构控制模型，制定出一套并联式混合动力拖拉机模糊控制策略。

已有较多学者、专家对驱动控制策略进行了研究。

江苏大学基于履带式大棚电动农业机械驱动系统，以驱动控制系统模型为研究对象，根据犁耕作业模式的力学计算及力学模型，建立了合适有效的控制策略。

中国农业大学充分考虑拖拉机低速行驶工况，制定了4层次电动农业机械驱动控制系统，包括输入层、识别层、决策层和执行层，该控制策略可实现对不适宜进行制动能量的回收，同时在外源对电池进行充电的情况下，可提高电机的能量利用率，有效降低了动力系统损失功率。该校编写了控制程序开发软件，解决了驱动控制器开发难的问题。后续研究中又提出了一种电动农业机械双电机驱动单元控制结构，这种控制系统解决了单一动力源在需求功率较大时，驱动电机的体积过大造成的布置困难；该控制单元既可以单电机独立控制动力输出，也可以双电机协同工作，确保在效率方面的最优控制，达到较好的节能效果。

南京大学研制了一种基于直流电动机的小四轮电动农业机械驱动系统，为小四轮电动农业机械的电驱动系统研究开发提供了一定的理论基础支持。对电驱动系统设计理论及计算方法进行了详细地研究，并给出了电驱动系统性能和经济性能评价指标以及主要参数的设计计算方法；基于ADVISOR仿真对驱动特性进行了仿真研究；对驱动系统试验台进行了研究，开发了试验台测控系统，建立了模块化的驱动系统试验台，并对试验台所用传感器进行了标定。同时还对驱动轮驱动特性、功率特性、蓄电池电压、电流特性、电驱动系统传动效率、电机控制效率以及最高行驶速度、最大爬坡度等进行了试验验证。

山东科技大学基于Simulink仿真软件对纯电动农业机械传动系统进行了

研究，为电动农业机械仿真测试提供了一种算法和测试方案。

山西农业大学张宇等基于 SRM 对电动农业机械驱动系统进行了设计，给出了一种纯电动农业机械顶层设计模型，并在 MATLAB5（一款数学软件）、Simulink 8.7 环境下对驱动系统进行了仿真验证。

天津科技大学的杨金哲在硕士论文中设计提出了一种双电机独立驱动电驱动系统方案，并在此基础上提出了电动农业机械驱动系统参数设计理论及计算方法，应用 ADVISOR 二次开发，针对 18 千瓦双电机驱动电动农业机械进行仿真建模以及仿真研究，为电动农业机械驱动系统的设计提供了一种设计方案和理论分析方法。

天津职业技术师范大学张小飞基于 18 千瓦电动农业机械设计其驱动系统。对电动农业机械电气系统和机械系统的设计理论和计算方法深入研究，完成了对驱动电机、变速器、动力电池组的参数设计和选型、基于 ADVISOR 建立了电动农业机械驱动系统仿真模型，对驱动系统的运输作业和犁耕作业两种工况进行了仿真分析。

中国一拖的赵静慧等以东方红 132.3 千瓦拖拉机为实例，对增程式电动农业机械的驱动系统进行了研究与设计。同时基于 AVL-Cruise（一款燃油经济性以及排放性能的仿真软件），对其动力性和经济性进行了仿真分析。该研究为设计较大功率段电动农业机械提供一定的理论参考。

电动农机结构简单紧凑，能耗低，符合我国节能减排的环保趋势，在国家政策和财政的扶持下，农业机械电动化必将是未来的发展主流。农业机械的使用范围广，覆盖功率宽，作业环境复杂，要想实现电动农业机械产业化，还有以下几个问题需要重点研究：不同作业工况需求的电机外特性与作业负载的匹配规律、各耗能部件的能量消耗规律与耗散特性技术；不同工况下动力匹配机制与能量管理技术；整机功率优化分配，模块化、轻量化集成技术。

农机作为生产工具，耗电量快，多备电池成本增加，频繁更换电池也会导致作业效率降低；电动农机需要满足复杂的田间作业要求，需要加强对田间应用及作业规律方面的研究，解决动力性能较差、作业性能偏弱的问题。

现阶段电动农机性能研究还主要以仿真实验为主，在设定条件下对车速、电池荷电状态（SOC）变化情况、驱动电机转速与扭矩输出、驱动电机功率与效率输出进行研究，但实际作业工况复杂且仿真模拟数据有限，还需进一步优化参数匹配。因此，要对非道路行驶以及机组田间作业载荷变化规律进一步研究，为电动农机研究提供基本参数依据。

电池作为纯电动农业机械唯一的能量源，其性能的优劣直接决定了电动农业机械动力性、经济性、安全性的好坏。因此，对纯电动农业机械电池进行研究具有重要意义。目前广泛应用于市场的动力电池主要有铅酸蓄电池、镍氢电池、锂离子电池、锂聚合物电池，四种电池在能量、安全性、成本等方面的比较如图 2-2-1 所示。

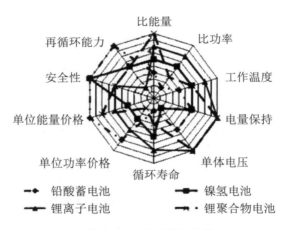

图 2-2-1　电池性能比较

锂离子电池作为新一代的化学电源，具有比能量高、质量轻、无污染、充放电时间短等优点，但其缺点也非常明显，主要集中在再循环能力方面。目前，新电池技术的研发也主要集中在锂离子电池技术方面的突破。德国迪比思能源（DBM Energy）公司研制的"KOLIBRI"锂聚合物电池组比能量可达 340 瓦·时/千克，可提供 55 千瓦的功率；美国锡安力量（SionPower）公司的产品，比能量可达 350 瓦·时/千克。就电动农业机械作业要求可以选择锂离子电池和超级电容器搭配，得到新型的锂超级电容器提供动力电源，这种电池安全性能好、比能量高、节能环保，适合作为电动农业机械的动力来源。

目前氢燃料电池是大功率装备电动化可行的储能形式，具有以下优势：

①发电效率高，氢燃料电池发电不受卡诺循环的限制。理论上，它的发电效率可达到 85% ～ 90%，但由于工作时各种极化的限制，目前氢燃料电池的能量转化效率为 40% ～ 60%。

②环境污染小，氢燃料电池可实现零污染、零排放。

③比能量高，氢燃料电池的比能量比锂离子电池量高很多。

④噪声低，氢燃料电池结构简单，运动部件少，工作时噪声很低。

⑤可靠性高，寿命长。

氢燃料电池的缺点：成本高、技术门槛高，需要基础设施的配合。

鉴于锂离子电池和氢燃料电池的特点，锂离子电池和氢燃料电池电电混合动力系统是合理的技术方案，它弥补了锂离子电池能量密度低、寿命短等缺点，电电混合电控系统将实现能量管理、负载适应性和实时驱动力分配等优化控制。

2.2.3 电动农机电机电控技术发展趋势

农机的电机作业工况一般较差，受到的地面阻力较大且不均衡，往往对驱动电机的要求比较高。永磁直流电机控制系统较为简单，其调速范围较宽，目前广泛应用于小功率的电动农机；鼠笼式异步交流电机功率大，适合应用于较大功率的电动农机。但是，这些电机对绝缘防尘的工艺要求较高，难以适应复杂的田间作业需求，有待改进。

未来电机必向着轻量化、高效率、自动化、小型化、数字化和智能化方向发展。只有实现自动化生产才能提高生产效率、降低事故率、降低产品质量控制成本，提高生产线的数字化、信息化水平、实现自动化生产，是电机企业未来不可逆转的趋势。在整车制造领域，电机将在多个工作场景进行复杂的运行，为了提高新能源车辆的续航里程、减少耗电量，驱动电机逐渐向着高效率方向发展。驱动电机作为新能源车辆的核心零部件，是驱动系统中主要的动力来源，电机系统轻量化与集成化有利于提高电机系统效率，降低能耗损失。电机小型化是许多行业持续关注的问题，也是近年来的主要趋势之一。电驱动控制系统在高性能高速处理器的基础上，可以实现复杂、多变的控制算法，进一步提升电机效率。新能源车辆电机系统的数字化是机电一体化的延伸发展，目前国际先进的电机系统已集成了诊断、保护、控制、通信等功能，可实现电机系统的自我诊断、自我保护、自我调速、远程控制等，还可以面向客户进行可视化编程，通过代码转化和下载直接进入微处理，提高编程效率和可调试性。

电动农机是未来农业机械发展的主流方向，有着广阔的发展空间。当前我国的电动农业机械的研究处于一个快速发展的阶段，在短期内也不可能广泛替代传统农机。但随着相关基础研究的深入，我国的电动农机将逐渐往小型化、自动化、智能化方向上发展，成为更符合当下国情和农民需求的优良设备。

2.3 主要问题

我国能源发展面临着六个方面问题：一是能源供需时空分布不均匀；二是能源消费结构不合理；三是缺乏支撑新能源消纳的灵活性资源；四是新能源发电成本仍然高于火电；五是新技术仍然不够成熟，如风能、太阳能所依赖的储能技术和氢能、燃料电池的成本还是偏高；六是能源与信息领域新技术融合不够，体制机制尚需完善。

作为一个农业大国，我国农业机械化近些年得到了迅速发展，农业机械的保有量和应用率显著提高，解放了农业生产力，促进了农业现代化的发展。农业机械化的发展也带来了一个不可忽视的问题，即能源消耗及污染物排放量增加，对能源节约和生态环境造成了较大的影响。为充分改善资源消耗和环境污染的问题，新能源产业应运而生，在一定程度上缓解资源和环境压力。新能源农机仍处于发展前期，当前还存在一些问题。

2.3.1 政策方面

政策体系不完善，产业发展缺乏规范。目前，部分省份已出台新能源农机补贴、工作方案和试验考核方案等相关政策，但在全国范围内适应性不高。

比如 2016 年山西省出台了《山西省人民政府办公厅关于推进电动农机发展的实施意见》，提出加快发展和推广应用电动农业机械，实现农业电气化，构建"煤-电-农机"产业链，鼓励企业对电动农机进行研发、生产。在全国率先把电动农机新产品奖补列入山西省强农惠农富农的补贴政策。相继出台了电动农机新产品奖补工作实施方案、电动农机新产品奖补名录和电动农机新产品试验考核方案等一系列配套政策。

政策的出台应涉及制度制定到具体实施的全过程，通过政策财政奖补资金替农户承担不成熟机械的使用风险，调动和促进生产企业的研发和用户使用的积极性，为完善丘陵山区农机化和农产品加工机械提供了发展动力，推动了全国绿色农机、环保农机的研发推广。山西省作为新能源推广示范省，出台了奖补政策，发布了工作实施方案和试验考核方案，为新能源农机推广应用提供了成功案例，可供其他省份学习借鉴。但各省农村周边环境不同，需充分考虑当地特色因地制宜。电动农机是适应小农生产、丘陵山区的中小型农机装备，山西省、湖北省试点补贴智能化农机新产品，涉及电动采摘机、田间轨道运输机、水稻侧深施肥机等多种小型农机。

2.3.2 产品方面

1. 新能源农机动力驱动方式受地理环境和资源影响

新能源农机只有拥有较为稳定的充足供能能源，才能实现高效作业的目标。完善新能源农机装备要加强对农村周边环境的调查。动力装置燃烧情况的检测仍需加强，以确保燃料的充分燃烧。玉米秸秆、花生植株等可转化成新能源农机动力源，但目前秸秆造粒设备等机械还不发达，限制了废物利用和循环利用的发展。

2. 基础数据待完善

部分农机出厂时缺乏必要的产品说明书和详细的操作使用说明，这给农民使用带来了不便，并存在安全隐患。

3. 销售价格待商榷

许多农户购买电动农机新产品的初衷是因为产品节能、使用便利和奖补后价格低廉。农机发展初级阶段可借力政府补贴，但要开拓市场，提高占有率，做好产品性能降低成本提高性能和效率才是关键。

4. 产品质量待提高

电动农机新产品质量问题较为突出，配套蓄电池存在质量一般，辅件质量差、寿命短，一些机械的啮合部位缺少必要油脂加注的问题。

5. 创新特色不足，科技含量低

当前电动农机产品主要以粗放型为主，仅仅把动力源由传统的油动改为电动，在产品性能和创新方面，没有明显提升。

6. 适用性仍待加强

农民购买机械在经济上有着一定限制，希望农机具可通过简单的拆卸及安装原机械所带配件，完成更多的功能性作业。

2.3.3 电池容量有限

当前国内电动农业机械的研究主要是通过提高生产的效率保证足够的动能输出，忽略了电池的耐用性和安全性问题。近 5 年来，电动农业机械的电池容量并未取得一定的突破。柴电混合动力机械应用比较少，农业机械的安全防护技术不足，智能化操作及废旧的设备的污染等问题仍有待改善。同时，电动农业机械的操作环境比较复杂，工作时间比较长，这种条件下现有农机具较常出现电路问题。

目前电动农业机械蓄电池的容量有限，并且高能的蓄电池成本非常高。如何用电源管理技术让农机高效节能，如何让电机驱动技术能够更加成熟，将是我国电动农业机械未来发展的关键技术。

2.3.4 销售价格高

我国经济水平发展并不均衡，地区与地区之间的贫富差距大，这种差距同样体现在电动农机的市场选择上。就电动拖拉机来说，一台 5.5 千瓦电动拖拉机价格高达 2 万多元，20 千瓦电动拖拉机价格更是高达 21 万元。高昂的价格成为用户望而却步的重要因素。

2.3.5 科研人才短缺，技术不够健全，产品产业化能力弱

现阶段，我国新能源行业的发展落后于发达国家，新能源发展过程中许多关键设备和原材料需要从国外引进，对国外市场依赖性较高。新能源农机发展的专项人才十分稀缺，研究成果转化为生产力的比例较低。

国外对于电动农机的研究较早，在 20 世纪初就已经展开了相关研究。美国的 Elec-Trak 系列电动拖拉机，采用铅酸蓄电池供电和永磁无刷电机作为动力源，推出市场后便取得了极大反响。2017 年，美国约翰·迪尔公司在

法国的 SIMA 展上，发布了世界首款纯电动拖拉机样机；同年，德国公司推出了中功率纯电动拖拉机 e100 Vario。国外电动割草机的开发研制相对国内来说较成熟，电动割草机在研制上更趋于商业化和市场化。国外微小型电动农机的发展满足了许多果园作业、家庭日常庭院整理的需求，在很多家庭，电动农机就像家用电器一样成为日常生活必不可少的工具，而电动微耕机就是其中的典型代表。

我国电动农业机械起步较晚。1972 年，我国从英国引进了手持式电动喷雾机械，并开始进行技术消化和吸收，逐渐开始了电动农业机械的研发。近些年，安徽农业大学研发了一款微型电动采茶机，中棉种业科技股份有限公司研制了一款电动棉花采粉器，华南农业大学研制了一款步进式两行电动插秧机，河北农业大学崔保健等设计了一种温室大棚用电动旋平机，中国农业大学张波等在此基础上，设计了一种电动遥控式绿篱修剪机。电动产品研制以高校科研院所为代表，电动产品研制以科研为主，大多产品还未具备产业化能力。

2020 年，国家农机装备创新中心成功研发国内首台无人驾驶大功率电动拖拉机 ET1004-W，轮边驱动技术在国产农机上的首次应用，该款拖拉机操作精度以厘米为单位，达到国际先进水平，并创下同等功率拖拉机转弯半径国内最小纪录。与此前该中心发布的多款拖拉机相比，ET1004-W 保留了原有创新基础，并在操作精度上实现较大提升。该款拖拉机可搭载动力电池系统，机身装载的 5G 网联与自动驾驶模块，使 ET1004-W 具备遥控驾驶、无人驾驶及网联集群功能，为下一步集群化作业打下了基础。

2.3.6 加强控制系统方面的研究

智能化控制与网络化操作已成为电动农机从事农业生产的基本要求。现有的控制系统还较为复杂，未能实现对农业生产过程的全面智能分析，未能实现有效的自动化生产，对人力的要求也相对较高，从而制约了电动农机的推广。未来，要参考电动汽车整车控制系统，建立电动农机的整车控制系统，不断提高电动农机的自动化控制水平，满足田间作业需求，真正达到全面有效控制的目标。

2.4 创新团队

国外对新能源大型农用机械的研究起步较早，最初研究的是纯电动拖拉机。早期的电动拖拉机，例如由西门子（Siemens）公司、瑞士戈蓝（Grunder）公司、德国博格斯（Bungartz）公司生产的电动拖拉机均采用外供电源供电，因此其作业时间不受限制，但限制了其作业范围。20 世纪 70 年代美国通用电气公司推出了 Elec-Trak 系列电动拖拉机，采用永磁无刷直流电机，配以铅酸电池，输出功率 5.9 ~ 11.0 千瓦，行走速度 4.8 ~ 14.4 千米/时。

随着新型动力电池技术的不断提升，电动拖拉机也有了质的改变。2011 年，纽荷兰推出了氢燃料电池拖拉机 NH2TM，输出功率达到 78.0 千瓦，一次充电可实现 1.5 ~ 2.0 小时持续作业。2012 年，德累斯顿工业大学研发的 Rigitrac EWD120 则创新采用模块化轮毂电机，配备了 85 千瓦发电机，具有四轮转向、液压气动、独立悬架等特点。2017 年，美国约翰·迪尔公司发布的 SESAM（可持续能源供应农业机械）采用了 2 块 130 千瓦锂离子电池，提供 279.3 千瓦标准动力，可持续作业 4 小时或 55 千米，充电时间 3 小时。紧接着德国农业机械制造商芬特推出了新型电动小型拖拉机 e100 Vario，其搭载容量为 100 千瓦·时的 650 伏锂离子电池，输出功率为 50 千瓦，充满一次充电可持续行驶 5 小时。

随着我国农业机械化技术水平的不断提升，目前已经成功自行研制了电动拖拉机。2018 年，由河南省智能农机创新中心牵头，中国一拖集团有限公司、中国科学院计算技术研究所、清华高端装备洛阳基地、中联重机股份有限公司等联合研发出超级拖拉机Ⅰ号（如图 2-4-1（a））。该机由无人驾驶系统、动力电池系统、智能控制系统、中置电机及驱动系统，智能网联系统等五大核心系统构成。随后，在"超级拖拉机Ⅰ号"基础上，由国家农机装备创新中心牵头发起，清华大学天津高端装备研究院洛阳先进制造产业研发基地联合打造了中国首台"5G+氢燃料"电动拖拉机（如图 2-4-1（b）），是基于移动 5G，以氢燃料电池为动力的无人驾驶电动拖拉机。

 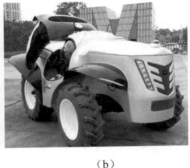

（a） （b）

图 2-4-1 国内首款纯电动超级拖拉机Ⅰ号和首台 5G+ 氢燃料电动拖拉机

此外，我国南京农业大学对电动拖拉机的设计方法及驱动系统参数匹配进行了研究；中国农业大学的谢斌等针对双轮驱动电动拖拉机传动性能进行了研究；江苏大学的蔡高奎等对电动拖拉机电动悬挂系统进行了设计与性能仿真；西北农林科技大学卢毅等针对温室大棚下犁耕作业的微型电动拖拉机提出了设计理论；河南科技大学周志立教授团队对纯电动拖拉机和混合动力拖拉机驱动系统设计理论及性能分析进行了研究。

美国约翰·迪尔公司也一直致力于研发混合动力农用机械，近年来相继推出 944K 混合动力轮式装载机和 7500E 混合动力球道剪草机等。美国德州仪器（Texas）公司和英国工业显微镜（Vision Engineering）公司于 2010 年共同发布了两款混合动力拖拉机：插电式混合动力（PHETT）拖拉机和燃料电池混合动力（ZETT）拖拉机。其中 PHETT 驱动系统由康明斯 29.4 千瓦四缸发动机和 Vision 动力电池、氢燃系统组成，可节省 60% 的燃料消耗；ZETT 驱动系统由 165 千瓦电动发电机、钾离子电池和氢燃料电池系统组成，可实现零排放、无污染，无油耗。电池系统可输出约 16.5 千瓦功率，一次充氢即可实现 8 小时连续工作。

凯斯纽荷兰工业集团旗下品牌——菲亚特动力科技，与斯太尔 - 曼利彻尔（Steyr）公司共同研发了新型混合动力概念拖拉机，该混合动力概念拖拉机搭载的是 NEF45 发动机，该发动机可提供 150 千瓦的峰值功率，而在混合动力增压模式下则可确保 250 千瓦的峰值功率，与某些特定的拖拉机任务中所使用的纯柴油发动机相比，可节省 10% 的燃油。

自 20 世纪 80 年代起，国内部分学者和企业针对混合动力农用机械开展了大量研发工作。潍坊华夏制造有限公司推出了华夏 2204 轮式拖拉机，山东双力集团股份有限公司推出了 SL1804 轮式拖拉机，中国一拖也自行开发了东方红 LX604 四轮驱动轮式拖拉机等。2020 年，由中国机械工业集团有限公司和中国一拖牵头组建的国家农机装备创新中心成功研制国内首台无人驾驶轮边驱动大功率电动拖拉机概念样机。此次研发的新产品为 73.6 千瓦无人驾驶轮边电机拖拉机正式名称为"ET1004-W"，是轮边驱动技术在国产农机上的首次应用。

在新型动力电池关键技术方面，宁德时代首创的无模组电池（CTP）技术，通过简化模组结构，使得电池包体积利用率提高 15% ～ 20%，零部件数量减少 40%，生产效率提升 50%。而比亚迪集团所研发的磷酸铁锂刀片电池不仅将磷酸铁锂电池的高安全性特点进一步加强，同时提供了媲美三元锂电池的能量密度。

在燃料电池方面，巴拉德动力系统公司目前已经成为质子交换膜燃料电池（PEMFC）技术的全球领导者，是世界上最大的集设计、开发、生产、销售、服务为一体的质子交换膜燃料电池企业。虽然我国在燃料电池方面起步较晚，仍出现了例如上海重塑能源集团股份有限公司、新源动力股份有限公司、潍柴集团、北京亿华通科技股份有限公司、苏州氢重通联技术有限公司等燃料电池的核心企业。

综上，国内外研究机构及相关农用机械公司针对新型动力农用机械开展了大量的研发工作，其关键技术和产品相关创新团队见表2-4-1所列。

表2-4-1 关键技术及创新团队

新型农机动力系统关键技术和产品	国内外核心企业
三元锂电池	宁德时代新能源科技股份有限公司
磷酸铁锂电池	比亚迪集团
燃料电池	巴拉德动力系统公司、上海重塑能源集团股份有限公司、新源动力股份有限公司 潍柴集团、北京亿华通科技股份有限公司、苏州氢重通联技术有限公司
锂离子电池组和太阳能电池板的组合供电	日本久保田株式会社
锂离子电池组	德国芬特公司
集成式新型动力总成	美国约翰·迪尔公司、德国芬特公司、凯斯纽荷兰工业集团、国家农机装备创新中心、中国一拖集团有限公司、广西玉柴机器股份有限公司、潍柴集团
创新研究团队	国家农机装备创新中心、中国一拖集团有限公司、中国农业大学、南京农业大学、南京大学、江苏大学、西北农林科技大学、河南科技大学

2.5 技术路线图

1. 高效驱动方向关键技术

高效驱动方向关键技术有发动机排放控制、动力换挡、无级变速等。以柴油机为例，其排放控制技术主要有机内净化与机外排气后处理两种方式，其中机内净化包括电控共轨、增压中冷、废气再循环等；机外排气后处理包括氧化催化转化、颗粒捕捉、选择性催化还原等。发动机辅助节能技术有低转速发动机、电控硅油风扇、液压驱动式冷却风扇等。

动力换挡技术路线有三类，即与国外合作研发自己的动力换挡、直接配套进口德国采埃孚集团拖拉机底盘，以及利用国内技术研发半动力换挡。目前，国内对动力换挡的机械、电控、液压基础研究不足，离合器等关键零部件制造工艺落后。

无级变速分为机械式、电动式、流体式等。流体式无级变速分为液力机械式、静液压式、液压机械式，其中液压机械式可实现高效率、大功率的无级变速。以金属带式无级变速器为代表的机械式无级传动形式，因自身结构限制，尚难在大功率拖拉机中取得应用；电动式无级变速质量增加较多，行驶平顺性和乘坐舒适性较差，仅用于矿用自卸车、大型铲运机械等。

2. 舒适性方向关键技术

舒适性方向关键技术有悬浮前桥、驾驶室、电液悬挂等技术。悬挂前桥有液压空气悬浮式、双摆臂独立轮式、油缸中置整体式等，芬特的多种机型采用了液压空气悬浮前桥。

驾驶室发展集中在安全性、舒适性、操控性三方面。在安全性方面，采用框架式结构的驾驶室；在舒适性方面，座椅悬浮可旋转、驾驶室内噪声低、内饰与操纵按键等布局方便；在操控性方面，一般将手柄和按钮功能分区集中布置。

液压技术从液压悬挂扩展到负载换挡、液压输出、离合器、差速锁、前悬挂等部件的技术，还有电控液压悬挂，以及带有滑转率控制的电液悬挂技术。液压系统也包含定量开心系统、变量压力反馈闭心系统、轴向柱塞变量泵闭心负载传感液压系统。

3. 未来技术展望

未来农机技术在节能环保方面，将通过发动机排放控制，使农机的排放符合国家规定；针对高效作业，动力换挡、悬挂、电控部件等部件将不断升级；

在信息化与智能化方面，智能控制模块将得到普及；最后可根据实际情况发展混合动力及新能源拖拉机。

①生物甲烷动力拖拉机。生物甲烷动力拖拉机仅换装甲烷燃料发动机即可，其他部件可保持不变。将农场的生物废物产生并提纯的甲烷燃料加到拖拉机气罐中，与柴油拖拉机相比，节省燃料25%，污染排放量下降80%。

②纯电动拖拉机。纯电动拖拉机关键技术包括电池与能量分配技术、传动系统、助力转向、电动悬挂技术、自动控制等。

能量分配技术根据电机电池特性设计算法，并采用超级电容的能量回收；传动系统采用双电机耦合、轮毂电机等多电机方式，在传动系统采用耦合传动箱；电动悬挂可采用扭矩调节法、压力调节法、滑转率调节法等。通过整车控制器可以很好地实现无级变速与无人驾驶等自动控制。

在电机不能提供足够动力与电池不能提供充足能量时，可以先发展甲烷等能源作为动力的拖拉机或者混合动力拖拉机，以实现低排放、高效节能的目标，后续再开发纯电动拖拉机。

4. 辅助电控技术

辅助电控技术包含智能胎压调节、驾驶员增视、自学习地头管理、配重快速匹配等。

目前我国农业机械化进入高速发展阶段，将促进农业生产率大幅提高，对农业环境和生态产生重要影响。国家将发展智能、清洁、安全高效的新型农业机械装备作为重要发展战略。农业机械动力系统作为新型农机的核心部件，其安全性、能量密度、寿命，以及成本等直接影响着现代农业机械的发展。根据能源分布和技术发展，我国"十四五"期间发展新型农机动力系统的技术路线如图2-5-1所示。

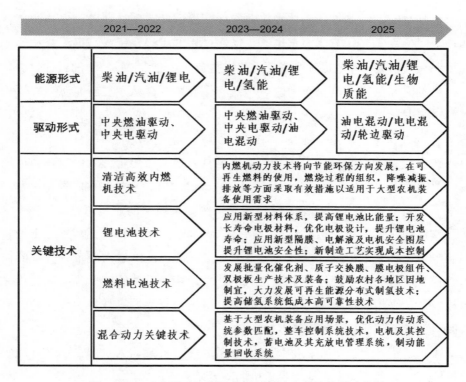

图 2-5-1 "十四五"期间农机新型动力系统技术路线图

2.5.1 1 ~ 2 年技术路线图

在能源形式上，由于内燃机具有功率范围宽广、机动性强、启动迅速、操作简易、技术成熟等优点，未来 1 ~ 2 年内燃机仍然是农用机械的主要动力源，但农业机械电动化也将得到快速发展。以柴油机为代表的农用内燃机常与田间作业机械、排灌机械、农副产品加工机械、植保机械、场上作业机械以及农田基本建设机械等配套使用。近年来，内燃机高效清洁燃烧技术得到了大力发展，如优化燃油喷射系统、废气再循环技术（EGR）、多气门技术和可变涡轮增压技术（VGT）等。就农用内燃机而言，未来技术层面仍有很大提升空间，内燃机动力技术将向节能环保方向发展，在可再生能源燃料的使用（例如氢气、沼气内燃机）、燃烧过程的组织、降噪减振、排放等方面采取有效措施，有效提升可靠性并寻求排放、动力性和经济性的最佳折中。

另一方面，动力电池作为能量转换和储存装置，是发展新能源型农用机械的核心技术之一，电动机具有尺寸小、无排放污染、噪声小、易维护等优势。新型锂离子动力电池技术在汽车领域已得到广泛应用，且技术不断完善，在小型智能农业机械上，电动化也已具有商业应用价值。目前，锂电池发展关键技术主要从提高比能量、提升使用寿命以及安全性和成本控制出发，未来五年将通过大力发展新型材料体系，例如采用磷酸铁锂材料＋石墨烯＋磷酸铁锰锂高比能量正极材料以及新体系锂离子电池（富锂锰基固态电池、锂硫电池、锂空气电池、全固态电池），是提高电池能量密度较为有效的技术途径，面临的锂电池结构更加复杂，其寿命和安全性能的提升将通过优化电极设计、采用新型隔膜、新型电解液、电机安全涂层等技术实现，同时通过新型制造工艺和装备实现成本控制。

在驱动形式上，近期仍然将以中央燃油发动机驱动为主，在小型智能农业机械上，锂离子动力电池中央电机驱动开始推广应用。

2.5.2 3~4年技术路线图

考虑锂离子动力电池技术条件、农村地区基础设施和经济性等因素，短期内锂离子动力电池仍然无法完全取代以柴油机为代表的农用内燃机。但随着锂离子动力电池技术的发展与完善，以锂电池为代表的新型动力电池技术将在农业机械中得到广泛应用，纯电动技术将迎来快速增长期。以氢气为主要燃料来源的燃料电池技术也将在农业机械上逐步得到推广应用。另一方面，由于大型农用机械，例如拖拉机机组的需求转矩很大，电动拖拉机受到电池技术的短板限制，无法保持长时间生产作业。通过借鉴混合动力汽车的先进技术，将其应用到大型农机装备上，将是解决目前传统拖拉机所带来的一系列问题的有效方法。混合动力系统设计关键技术包括动力传动系统参数的匹配设计、控制策略的制定、蓄电池及能量管理技术等，超级电容器作为电动及混合动力电动驱动方式中的常用辅助功率源，也将在农机装备中得到广泛的应用。

在驱动形式上，中期以燃油发动机、纯电动、油电混合作为动力源的中央驱动为主，此外，轮边驱动也将在小型智能农业机械和机器人上得到应用。

2.5.3 5 年及以上技术路线图

为解决能源安全、环境污染和气候变化问题，我国当前在加速能源变革。我国氢能产业的发展起步较晚，研发基础薄弱，与美、日等国家燃料电池技术已逐步成熟的国家相比，我国仍处于初步发展阶段。但近年来，我国加速氢能产业布局和投入，燃料电池核心技术，制氢、运氢、加氢等产业链取得了显著进展。传统化石燃料制氢技术发展相对成熟，然而受到资源储量限制，且在制取过程中仍会引起温室效应、严重污染环境；生物质原料气化制氢技术具有原料获取来源广泛、节能环保、成本低廉等优点，并且适宜于在农村地区就近收集原料，就地加工转换，分布式开发利用，以带动与氢燃料电池等相关的新型动力技术在现代化清洁高效、绿色环保农业装备上的快速发展。随着氢能产业与氢燃料电池技术不断提升，政策以及相关配套设施不断完善，在"十四五"中后期氢燃料电池有望在农用机械上得到广泛应用。内燃机、纯电动、燃料电池和锂电池混合动力农用机械仍将长期并存，但在小型智能农业机械和机器人上，纯电动将成为主要能源形式；在大中型农业机械上，油电混动、燃料电池和锂电池电电混合动力将逐步成为主流。

在驱动形式上，驱动系统正向着轻量化、高效化和节能化的方向发展，而轮边驱动正以这样的优势逐渐取代中央直驱，成为未来行业的发展方向和关键技术。

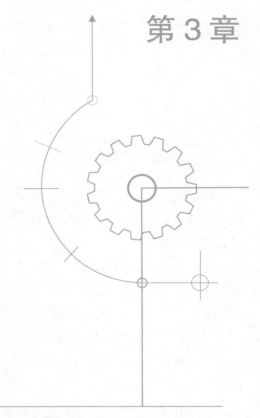

第 3 章

通用数字底盘

3.1 导　言

3.1.1 目的和意义

随着我国工业化、信息化、城镇化的快速发展，农业信息化和现代化也进入快速发展时期，成为加快传统农业改造、发展中国特色现代农业的必然选择和迫切需要。

农业农村部的数据显示，2019 年我国综合机械化率为 69%，机耕率、机播率、机收率分别为 84%、56% 和 61%，而发达国家农业机械化水平普遍在 90% 以上，其中美国、日本和韩国更是达到 99% 以上。

目前，我国传统的农业作业方式正逐渐发生转变，农业装备机械化智能化的程度不断提高，按照《中国制造 2025》的总体规划，应大力推进"互联网＋"现代农业，用物联网、云计算、大数据等现代信息技术，推动农业全产业链改造升级。因此，农业机械产品进行积极转型，发展通用数字化底盘技术，对于推动农业机械现代化具有重要意义。

第一，通用数字底盘技术是智能农机装备的基础，提高数字底盘技术水平可以有效减轻劳动强度，提高农业生产效率，降低生产成本，实现农业资源的优化配置。

第二，通用数字底盘相比传统底盘具有功能多样、智能化程度高、安全性高等优点，能适应复杂多变的农业生产环境，可提高自动化生产水平和作业质量。

第三，传统农业机械在工作过程中会对环境造成严重污染，采用数字底盘可以优化系统控制，减少污染排放，在确保农业生产效益提升、农民收入增加的同时实现我国农村农业的可持续发展和乡村振兴。

3.1.2 通用数字底盘的定义和涵盖领域

底盘按技术发展可分为机械底盘、电气底盘、数字底盘三个阶段。机械底盘以机械传动与控制、液压传动与控制为主；电气底盘在机械底盘上引入了电控系统，并增加了电机传动与控制；数字底盘指区别于机械、电气化底盘，开始逐步引入总线、接口、协议等技术，以数据和信息驱动为特点的底盘，以实现更加精准的作业目的。而通用数字底盘则强调适应多种地形、载荷、作业的通用型底盘。

3.1.3 通用数字底盘国内外发展现状

农业机械所用底盘主要有两类：轮式和履带式。

轮式底盘速度快、效率高、机动性好、用途广，但越野能力、通过性差。轮式底盘可以采用后轮驱动或四轮驱动。四轮驱动通过性好，适用于较繁重的作业，对松软、潮湿土壤适应性较好。

履带式底盘广泛应用于复杂地况、设施环境、工程建设等。由于履带底盘特殊的结构，履带与地面接触面积大，土壤附着力强，有较好的行走及越障能力。履带具有橡胶履带和钢制履带两种。橡胶履带承载能力、牵引力强、噪声低、对土壤破坏性小，具有良好的行驶性能。钢制履带强度和刚度大，使用寿命长、重量大、效率低。

1. 美国

美国农业机械化很高，不但其大田作物的耕作及收获均已全部实现机械化，而且在一些难度较大的生产作业中也基本实现了机械化，智能农机装备的应用具备相当高的水平。近年来美国在谷物播种机、喷雾机、联合收获机等农业机械与装备上采用卫星全球定位系统来监控作业，向精准化方向发展。其农机底盘操作简单，噪声小，效率高，环境适应性好，正在向全面实现数字化、智能化和机电液一体化方向发展。美国大中型农场大都应用自动导航驾驶系统来实现拖拉机、联合收获机等自动化作业。美国主要农机底盘代表企业如下。

①美国约翰·迪尔公司，成立于1837年。该公司在2016年推出了无人化概念拖拉机及配套农具（如图3-1-1），这种拖拉机配备全方位感应和探测装置，能够侦测并避开障碍物，具备远程配置、监测及操作功能，在生产平台的管理和调度下可实现全天候无人作业。

图 3-1-1　美国约翰·迪尔公司无人化概念拖拉机

②凯斯纽荷兰公司，由凯斯公司和纽荷兰公司在1999年合并而成，是全球最大的农业机械制造商之一，在2016年推出无人驾驶拖拉机及配套农具（如图3-1-2）。

图 3-1-2　凯斯纽荷兰公司无人驾驶拖拉机

③爱科（AGCO）公司，成立于 1990 年，致力于向全球用户提供全方位的现代化农业机械。

2. 欧洲

欧洲农业以旱地作物为主，在小麦、玉米等作物的各生产环节已全面实现了机械化，农机底盘技术也在迅速朝着全面自动化、通用化、数字化方向发展。其中，意大利的高地隙自走底盘技术走在了世界前列。欧洲主要农机底盘代表企业如下。

①德国克拉斯农机（CLAAS KGaA mbH）公司，成立于 1913 年，是欧洲第一、世界第四大农业机械制造商。

②沙姆道依兹法尔集团，以意大利的沙姆公司和德国的道依兹法尔公司为主体，于 1995 年成立。

3. 日本

日本农田作业从耕、种、管到收获等均已实现机械化，同时大力推动农业机械与装备的科技创新，向自动化、精准化的方向发展。日本久保田株式会社（以下简称"久保田"）、日本洋马株式会社（以下简称"洋马"）、日本井关农机株式会社（以下简称"井关"）、三菱集团（以下简称"三菱"）几家公司共占据了日本农机底盘市场的 85%～90%，在彼此竞争的同时也推动了日本农机底盘技术的迅猛发展。日本主要农机底盘代表企业如下：

①日本久保田株式会社，成立于 1890 年，是全球农业机械巨头。久保田拖拉机在美国 29.4 千瓦以下拖拉机市场占有率 40%，29.4～73.5 千瓦拖拉机的市场占有率也达到了 25%，在泰国拖拉机市场的占有率高达 80%，是全球最大的都市型小型建设机械的生产厂家之一，在专业小型挖掘机生产领域更是独占鳌头，全球市场占有率高达 20%。

②日本洋马株式会社，成立于 1912 年，是日本的四大农机生产厂家之一，通过与江苏省农机推广站合作，设立洋马农机（中国）有限公司，主要从事生产、销售农业机械业务。此外，还设立了上海、山东两个发动机生产基地，辅助生产农机零部件。

③日本井关农机株式会社，成立于1926年，现设有东京总公司事务部，本土制造工厂和井关农机（常州）有限公司5家主要生产工厂；另有生产公司、销售公司、合作公司和海外分公司。

4. 韩国

韩国国内基本实现了农业机械化，并且所有的农机都实现了国产化，韩国的农机底盘技术已经处于世界上游水平。韩国生产规模较大的农机制造企业有国际株式会社、东洋株式会社和大同工业株式会社等。这些企业早期从日本引进技术，目前产品质量和性能已基本接近日本同类产品水平。韩国国际综合机械株式会社，是全韩最大的专业生产大型收获机、插秧机的企业。

5. 中国

我国在大力推进农业机械化和智能化。目前耕、种以及收等作业机械化的农田总面积已近2亿公顷，农业综合机械化生产能力有了显著的增强。在小麦、水稻和玉米这三大主要粮食作物中，小麦的生产已经基本上实现了全程机械化，将近一半的水稻和玉米的生产已经实现了机械化。近年来，我国农机行业在高端领域进步很快，农机底盘代表企业和市场规模如下：

①中国一拖集团有限公司，成立于1955年，主要从事农业机械、动力机械及其零部件产品研发、制造和销售。产品包括用于农业生产的全系列、适应旱田、水田、果园等不同作业环境的轮式和履带式拖拉机产品及铸锻件、齿轮、变速箱、覆盖件等关键零部件的研发、制造和销售，已推出智能化产品：东方红LF1104-C无人驾驶拖拉机，东方红智锐LF2204动力换挡轮式拖拉机。

②中联重科股份有限公司，成立于1992年，主要从事工程机械、农业机械等高新技术装备的研发制造。已推出智能化产品：中联谷王TE90（4LZ-9BZH）自走式谷物联合收获机，中收4LZ-10自走式谷物联合收获机，中联耕王PL2304拖拉机RS/RG/PL2304。

③潍柴雷沃重工股份有限公司，成立于1998年，是一家以农业装备、工程机械、车辆、核心零部件、金融为主体业务的大型产业装备制造企业。

雷沃的谷神小麦收获机械市场占有率高达 70%。已推出智能化产品：收获机 RG60/GK120/GK100/GM80，智能化机型拖拉机 TX1404/P7000/P4000/TR2404，插秧机 6A30。

④新疆机械研究院股份有限公司，其前身是成立于 1960 年的新疆机械研究所，主要产品包括轮式拖拉机系列、耕作机械系列、大型自走式谷物收获机系列、自走式玉米收获机系列、秸秆饲料收获机系列、经济作物收获机系列、林果机械系列等。

⑤星光农机股份有限公司，成立于 2004 年，已建立遍及水稻、小麦、玉米、花生、油菜、棉花等六大主要农作物品种，覆盖耕、收及收后处理三大作业环节的全程机械化产业链，产品包括拖拉机、履带式旋耕机等耕种环节机械，履带自走式稻麦油联合收获机、轮式稻麦联合收获机、采棉机、玉米收获机、花生收获机、青储机等收获机械，烘干机、轮式压捆机、自走式履带打捆机、制肥机等收后处理机械，以及跑道养鱼设施、智能化立体栽培机等生态农业产品。

6. 其他

其他大部分发展中国家，比如菲律宾、印度、泰国、智利、巴西等国家也在大力加快提升本国的农业机械化水平，并积极采用拖拉机等配套农业机械与装备来进行各项农业地作业。不过从总体上来看，全球发展中国家的农业机械化发展水平在不同的地区存在很大的差异，而且发展极不平衡。

3.1.4 中国农业机械底盘分析

1. 中国农业机械底盘特点

我国的地理条件多样，地形复杂多样，其中高原和山地占陆地总面积超过 50%，平原占地面积约占陆地总面积的 12%，丘陵和盆地占地面积不到 30%。

我国丘陵山地的特点是地面凹凸不平，坡多路陡，地形复杂。因此，车辆在行走作业时，底盘会有较大承载，这就要求机械底盘需要有较强的机动性能，爬坡越障能力强，不易打滑，接地比压小；爬坡时稳定性强，不发生侧翻；尺寸与经济作物的种植要求相匹配，不损坏植物；转向方式简单灵活，转弯半径尽可能小。

我国平原地区，农业机械化程度较高，农业机械底盘应具有小型机械多、大中型机械少，高性能先进适用机械少，农机装备多样化，无通用机械底盘的特点。

我国水田地区占全国总耕地面积的 25% 以上，大量数据表明，在主要粮食作物生产中，水田的综合机械化水平最低，近年水稻平均机械化程度约50.0%，其中水田耕整 65.0%、栽植 13.7%、植保 55.0%、收获 51.2%。用于水田作业的底盘，在总体上应满足简小、轻体、通过性好、推进力强的要求。同时，要求底盘有较小的转弯半径、后轮差速、前桥浮动、良好的转向操纵性、防泥水密封性和具备农机具悬挂系统等功能。技术应用现状见表 3-1-1 所列。

表 3-1-1　通用数字底盘技术应用现状

序号	部件	子部件	中国	美国	欧洲	日本
1	传动系统	离合器	机械操纵、干式单/双作用电控湿式	机械操纵、干式单、双作用电控湿式	机械操纵、干式单、双作用电控湿式	机械操纵、干式单、双作用电控湿式
		变速箱	啮合套、同步器换挡，2 速动力换挡	啮合套、同步器换挡，2 速、多速动力换挡，全动力换挡，CVT	啮合套、同步器换挡，2 速、多速动力换挡，全动力换挡，CVT	啮合套、同步器换挡，2 速、多速动力换挡，静液压无级变速装置（HST），液压机械无级变速技术（HMT）
		驱动桥	普通差速器、限滑差速器	普通差速器、限滑差速器、电控差速锁	普通差速器、限滑差速器、电控差速锁	普通差速器、限滑差速器、电控差速锁

续表

序号	部件	子部件	中国	美国	欧洲	日本
		差速器	机械式，电控式	机械式，电控式	机械式，电控式	机械式，电控式
		动力输出	机械 PTO，湿式 PTO	机械 PTO，湿式 PTO	机械 PTO，湿式 PTO	机械 PTO，湿式 PTO
2	动力系统	发动机	按照国家第三阶段机动车污染物排放标准排放；电控共轨、轴向压缩式分配泵，电磁离合硅油风扇	Tter4 排放标准，共轨，电磁离合硅油风扇，整车控制单元（VCU）	STAGE Ⅳ共轨，电磁离合硅油风扇，VCU	日本四阶段排放，共轨，电磁离合硅油风扇，VCU
3	转向系统	转向器	机械式、开心式全液压转向	闭心式负载敏感全液压转向		
		转向助力	电动助力、液压助力	电动助力、液压助力		
4	制动系统	制动器	静液压盘式，自增力盘式	静液压盘式，自增力盘式	静液压盘式，自增力盘式	静液压盘式，自增力盘式
5	驾驶室悬架系统	驾驶室	二级驾驶舒适性普通驾驶室	三级驾驶室（正压＋气溶胶过滤），四级驾驶室（正压＋气味气雾过滤，果园型专用）	三级驾驶室（正压＋气溶胶过滤），四级驾驶室（正压＋气味气雾过滤，果园型专用）	三级驾驶室（正压＋气溶胶过滤）
		悬置系统	橡胶被动减振	橡胶被动减振，液压悬浮减振，气悬浮减振	橡胶被动减振，液压悬浮减振，气悬浮减振	橡胶被动减振
6	提升器	提升器	机械式、电控式	电控式		

2. 中国农机底盘产品优势

我国农机底盘在多功能、全地形、无人化、新能源、小功率底盘技术发展迅速；低接地比压、自动负载换挡、灵活转向、大功率装备新技术不断突破；采用电动、液压助力转向，具备全电动、全液压转向技术；成本低、高性价比，具备价格优势。

3. 中国农机底盘主要问题分析

（1）按主要作物特点分析

水稻：水稻是我国第一大粮食作物，约占粮食总产量的40%。我国水稻田块面积小，种植条件、技术、品种、机械化程度不统一。

小麦：我国小麦种植面积相对较大，在松土、播种等方面实现了全方位自动化，但仍存在耕作效率低、耕深不一致问题。

玉米：玉米播种机多采用机械链条传动，链条容易脱落，造成短距离缺苗，紧急停止时易造成链条断裂；机械底盘低，易产生杂草堵塞，在田间通过性差。玉米联合收获机则存在底盘尺寸过大，无法适应较小地块等问题。

大豆：单产低，规模化、机械化生产水平低。大豆播种机由于底盘稳定性问题，会出现重播、漏播和播种深浅不均的情况。

杂粮：杂粮种植分散、栽培面积小、种植地区机械化作业差，多个生产环节（种植、田间管理、收获等）依然处于手工或传统农具作业阶段，劳动强度大。对于杂粮种植，农机底盘尺寸过大，灵活性不够；杂粮品种繁多，农机底盘的匹配性差，大多杂粮种植都缺乏相应的农业机械。

水果：我国果园机械化水平整体偏低，少有专门用于果树苗圃和果园的管理作业机具，难以满足作业要求。首先是农机底盘外廓尺寸和轮距较大，机具通过性差，行走在果园间容易刮擦果树；其次，农机底盘地隙低，无法直接进入果树苗圃作业。

蔬菜：我国蔬菜种植面积达2000多万公顷，从国内看，在种植业中的种植面积仅次于粮食。我国蔬菜产业机械化目前存在众多难题，主要表现在蔬菜农艺复杂，蔬菜种植规模小，农机作业配套难。我国蔬菜农机问题是：由于蔬菜种植地块较小，蔬菜大棚面积有限，农机底盘最小转向半径较大、整机体积大，机械难以在田块中正常工作。

（2）按地块性质分析

旱田：旱田农机的轻量化问题。农机底盘过于笨重，负载换挡技术有待产业化，以及旱田移栽机械的轻简化问题。

水田：适应水田作业使用的机械底盘主要有驱动桥式与采用液压无级变速器的液压-机械式两大类。驱动桥式底盘在使用中存在转向不灵、转弯半径大、涌水问题严重和壅泥等问题，在泥脚深度超过 15 厘米时，水田通过性差，影响机器的正常使用。液压-机械式底盘的地面仿形和实现快速转弯的性能不够理想，在深泥脚水田作业时通过性仍然不够理想。

（3）按地形特点分析

平原：平原农机小型机械多，大中型机械和高性能机械少；平原地区种植品种多，所需农机装备多样，专用农机种类较少，缺少农机通用底盘，单项作业农机较多，集成配套的农机技术较少。

丘陵：丘陵地区地形复杂，道路坡度陡、起伏频繁、形状不规则，农业机械在行驶作业过程中车身及作业部分难以保持水平状态，影响作业质量；在坡度较大时，农业机械底盘难以调平，容易发生倾翻；其次是南方多雨，土地较为潮湿粘黏，硬度低，底盘容易发生打滑。

山地：山地耕种地面积小且零碎分散，山地作物机械存在底盘的轻量化问题，小型履带多功能底盘的爬坡与稳定性需要进一步提升，山地农机底盘的转弯灵活性、横向稳定性和行驶直线性仍不够理想。

（4）发展趋势分析

根据我国主要作物、地块和地形的特点及存在问题，可对通用数字底盘的发展进行预判，具体见表 3-1-2 所列。

表 3-1-2　通用数字底盘发展趋势预测

序号	一级目录	系统、部件	2021 年	2022 年	2023 年	2024 年	2025 年
1	数字底盘总论	总体架构	分布控制	分布控制	分布控制 + 域控制	域控制	中央控制
		系统通信	内部 CAN+ 外部 4G	内部 CAN+ 外部 4G	内部以太网 + 外部 4G	内部以太网 + 外部 4G 和 5G 共存	内部以太网 + 外部 5G/ 车辆无线通信（V2X）
		计算机 CPU	CPU	CPU+GPU	CPU+GPU	CPU+GPU	IPU（智能芯片）
		系统软件	Windows/ Android/ Linux/QNX	Windows/ Android/ Linux/QNX	Windows/ Android/ Linux/QNX	Windows/ Android/ Linux/ QNX/鸿蒙	Windows/ Android/ Linux/ QNX/鸿蒙
		软件架构	ROS/ AUTOSAR/ Apollo/独立开发	ROS/ AUTOSAR/ Apollo/独立开发	ROS/ AUTOSAR/ Apollo/独立开发	ROS/ AUTOSAR/ Apollo/独立开发	ROS/ AUTOSAR/ Apollo/独立开发
		发动机	内燃机	内燃机, 油电混合	油电混合	油电混合, 纯电动	纯电动, 纯电 - 燃料电池电电混合
2	传动系统	传动部分	动力换向、湿式 PTO、动力差速锁、动力四驱	区间动力抵挡	区间动力换挡、CTV 无级变速	区间动力换挡、CTV 无级变速、电动化、分布驱动	全动力换挡、CTV 无级变速、电动化、分布驱动
		结构形式	中央传动	中央传动	中央传动, 轮边驱动	中央传动, 轮边驱动	中央传动, 轮边驱动

序号	一级目录	系统、部件	2021 年	2022 年	2023 年	2024 年	2025 年
3	行走系统	悬架系统	地隙可调、悬架高度独立可调、翻倾预警	地隙可调、悬架高度独立可调、翻倾预警	地隙可调、机身自调平	地隙可调、机身自调平	地隙可调、机身自调平
4	转向系统	关键技术	液压助力转向系统、电动助力转向系统	液压助力转向系统、电动助力转向系统、线控转向系统	液压助力转向系统、电动助力转向系统、线控转向系统	液压助力转向系统、电动助力转向系统、线控转向系统	液压助力转向系统、电动助力转向系统、线控转向系统

3.2 数字底盘总论

3.2.1 农机底盘系统构型

1. 拖拉机底盘总体架构

拖拉机底盘主要由传动系统、转向系统、制动系统、行走系统和工作装置等组成。传动系统是发动机与驱动轮之间的所有传动件的总称，主要包括发动机、离合器、变速箱、中央传动、差速器/转向离合器、最终传动、PTO、分动箱和液压泵。轮式拖拉机和履带式拖拉机的转向系统有所差异，前者的转向通过转向桥实现，后者借助两侧履带作用力差实现。制动系统主要由制动泵、导管、制动器和操纵机构组成。行走系统，指支承机体，使拖拉机能够行使并提供牵引力的全套装置。工作装置包括动力输出轴、牵引装置、拖挂装置和液压悬挂系统。拖拉机底盘结构示意图如图 3-2-1 所示。为了适应丘陵山地地形复杂、坡度大的地况，丘陵山区拖拉机底盘应具有调平能力。常用的方案为在最终传动机构上集成设计调平机构，完成底盘的调平，来提高整机的抗倾翻能力。

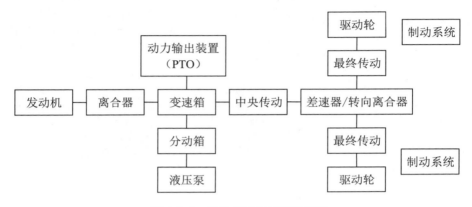

图 3-2-1　拖拉机底盘结构示意图

2. 收获机底盘总体架构

常见的收获机作业底盘包括轮式收获底盘和履带式收获底盘。

轮式收获机械底盘主要包括传动系统、转向系统、制动系统、行走系统、驾驶室总成和电器系统及附件。传动系统主要包括皮带传动装置、行走无级变速器、变速箱、离合器和轮边减速器等部件；转向系统分机械转向、液压助力转向和全液压转向；制动系统主要包括制动器和制动操纵机构；行走系统包括车架、车桥、车轮等；驾驶室总成包括驾驶室、驾驶座和覆盖件等。

履带式收获机械底盘主要包括传动系统、转向系统、制动系统、行走系统、驾驶室总成和电器系统及附件。传动系统包括皮带传动、液压无级变速器、机械式变速箱和操纵机构；转向系统包括转向油缸、转向阀、转向离合器和操纵机构；制动系统主要包括制动器及操纵机构；行走系统包括车架、轮系总成和橡胶履带；驾驶室总成包括驾驶室、驾驶座和覆盖件等。

应用于坡度大的丘陵山区履带底盘也应具有调平功能。常用的方案为在履带行走系统上加入多连杆的高度调节机构，完成单边履带的高度调节及双边履带的倾角调节。图 3-2-2 为自走式青储收获机底盘传动示意图。

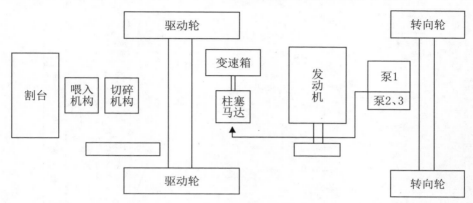

图 3-2-2 自走式青储收获机底盘传动示意图

3. 高地隙田间作业底盘

高地隙作业底盘的离地间隙相对较高，一般为 545 ～ 680 毫米，可有效地避免机械在打药和除草的作业中对作物造成伤害。高地隙底盘主要包括车架、前行走轮、后行走轮、驱动装置、左右最终传动装置和作业装置。其中与常规机械的不同之处在于其传动机构，高地隙作业底盘的最终传动机构采用一级链条传动与一级齿轮减速机构相配合或者采用两级链条相配合的转动方式，不但避免了为实现高地隙、最终传动完全采用齿轮传动而需增加多级齿轮传动造成结构复杂的弊端，简化了传动结构，而且有效地提高了机械的离地间隙，实现了高地隙。图 3-2-3 为高地隙喷药机底盘示意图。目前，全液压驱动的高地隙底盘已实现产品化。

4. 水田作业底盘

以水田高速插秧机底盘为代表的水田作业底盘，以液压系统提供给动力，主要包括传动系统、转向系统、行走系统、驾驶室总成和电器系统。传动系统包括皮带传动装置、HST、齿轮箱、差速器等部件，转向系统包括转向操纵装置、液压转向装置和液压传动装置，行走系统包括前桥、前轮、后桥和后轮，驾驶室总成包括驾驶座、仪表总成、操纵部件和覆盖件等。图 3-2-4

为水田高速插秧机底盘示意图。

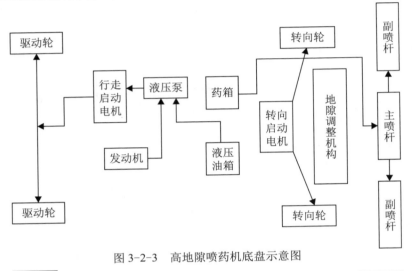

图 3-2-3　高地隙喷药机底盘示意图

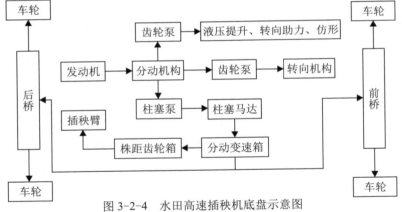

图 3-2-4　水田高速插秧机底盘示意图

3.2.2　智能农机通用数字底盘技术现状

随着智能控制、信息通信、物联网、先进制造等技术在农业领域的广泛应用，农机装备底盘正经历着从机械化到自动化、信息化、智能化的产业变革。

1. 智能农机通用数字底盘国外发展现状

美国的智能农机数字化底盘技术已得到广泛应用，向控制性能更优、作业效率更高、可靠性更高的方向发展。

控制性能涉及农机底盘的主要性能，随着技术的不断改进，美国的农机制造正从手动控制或液压控制向电子控制过渡，现在一些基本的控制已实现了电子化。比如，威克斯公司提供了一套系统，可根据设备行走速度自动调整切头的高度和速度，既减少了工作人员的劳动强度，又提高了生产效率。新型农机底盘还将配有多种实时诊断元器件，利用先进的诊断技术，用户能够准确地预见到农机将要出现的故障，从而采取相应措施，预先进行维护，提高设备运转率。

欧洲国家的农业大多数是以旱作物为主，其在小麦、玉米等粮食作物的各项生产环节均已全面实现了机械化，一些农机底盘已安装 GPS 来进行更为精确的农业作业。欧洲农机数字化底盘产品制作精良，机、电、液有效结合；农机底盘产品的大型化、智能化体系已经初步形成。相对于传统底盘来说，为适用农机数字化、网联化、智能化和新型能源、新型动力、新型转向、多功能复合等创新趋势，新型农机底盘在形态、承载和作用等方面已出现一系列的改变。

20 世纪 90 年代，日本已经开始进行自动化农机和机器人的研发与试验。日本北海道大学野口团队利用高精度卫星定位、惯性导航、激光雷达、视觉侦测等技术，研发了智能拖拉机底盘，应用该底盘技术的拖拉机从机库出发，进入农田作业到返回机库，均可以实现全程无人操作。日本目前的田间作业从耕、种到收获等均已实现机械化，其饲养业也已经实现了机械化和集约化。井关、久保田和洋马等日本企业正积极改进拖拉机数字化底盘，以提高作业效率、应对劳动力供给不足。

在底盘的传动系统方面，国外各大农机企业以及农机方面的研究人员都对农机传动系统如何适应农机智能化的发展趋势进行了广泛的探索与研究，开发了一系列的新产品和新技术。如轮毂电机独立驱动技术、电控机械式自动变速器、无级变速技术以及双离合器技术等。菲亚特动力科技（FPT）公司与斯太尔－曼利彻尔公司共同打造新型混合动力拖拉机，发动机不与车轮连接，牵引力由直接安装在轮毂中的四个独立电动机提供，并集成一个独立的悬架和转向系统，从而让四个完全独立的车轮实现电控，进一步提高了安全性、抓地性、操纵性和响应速度。图 3-2-5 为该新型混合动力拖拉机底盘结构图。

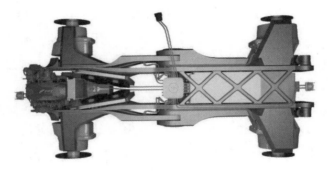

图 3-2-5　斯太尔－曼利彻尔公司和 FPT 共同打造的新型混合动力拖拉机底盘

约翰·迪尔 8R 系列拖拉机 e8WD 变速箱是世界第一台机电功率分流无级变速箱（如图 3-2-6），用 2 台电机替代了原液压机械无级变速的泵马达系统，除进行无级调速外还可输出 100 千瓦电力用于驱动电动机具，提高了变速箱传动效率，降低了维护成本。

图 3-2-6　约翰·迪尔 8R 系列拖拉机电功率分流无级变速箱

机械液压双功率流 CVT 的应用也越来越广泛，几乎所有的欧美拖拉机企业均可提供 CVT 产品。在法国国际农机展上美国约翰·迪尔公司展出的 6R、7R 及 8R 系列，均可选装 CVT 系统。Case IH 全系列大功率产品可提供无级变速配置，其中 Versum 系列及 Optum 系列只提供无级变速传动系统。凯斯纽荷兰公司的 T5、T6、T7 及 T8 系列拖拉机可选装无级变速。德国芬特公司所有系列产品只有无级变速一种配置。德国克拉斯农机公司已实现全系列大功率产品可选装无级变速。Deutz-fahr 的 6、7 及 9 系列拖拉机也有无级变速配置。无级变速系统在已经在国外农机产品中得到大量应用。

双离合器换挡（DCT）换挡更快速、顺畅，动力输出不间断。美国约翰·迪尔公司在其 6R 系列拖拉机上推出了 DirectDrive 双离合器变速箱，8 个同步挡位采用双离合器控制，同步挡位及 3 个区段挡采用电磁铁控制切换，可实现 24 个前进挡，最高速度 50 千米/时。凯斯纽荷兰公司在 T6 系列底盘上开发了 Dynamic Command 变速箱，8 个动力挡位由双离合器控制，3 个电控区段挡位，实现 24 个前进挡，最高速度 50 千米/时。久保田的 MGX 系列也采用了双离合器技术，有 8 个动力挡位及 3 个同步区段，实现 24 个前进挡，最高速度 40 千米/时。Carraro Twin Shift 系列传动系统采用了双离合器技术，8 个动力挡位及 3 个同步区段，加上爬行挡，共 32 个前进挡，速度范围 0.22 千米～50 千米/时。

2. 智能农机数字底盘国内发展现状

我国是世界农机制造和使用大国，农机行业整体大而不强，农机总量高，但智能化水平低；我国政府高度关注智能农机装备产业发展，出台了一系列政策促进产业升级。2016 年，国务院明确提出提高技术装备和信息化水平的任务规划，重点提出推进信息化与农业深度融合，加快实施"互联网 +"现代农业行动，加强物联网、智能装备的推广应用。同年，国家重点研发计划"智能农机装备"专项启动，立足"智能、高效、环保"，按照"关键核心技术自主化，主导装备产品智能化，薄弱环节机械化"的发展思路，以 38 个项目为依托开展智能农机技术及装备研发，支撑农业全程全面机械化发展。在政策和科研项目的支持下，我国农机装备正在逐步融合电子、仪器与控制、信息处理等技术，向智能化方向发展。

传统农机底盘的行走系统、传动系统、转向系统、制动系统由人工操作机械系统或电液系统控制底盘作业，该总体系统存在能源利用率低、结构总布置形式单一的问题。传统农机底盘使用纯燃油动力，由于内燃机的转矩、转速控制相对于电动机的转矩、转速、位置控制，其技术难度较大且控制精度不高。传统农机的动力系统存在着"大马拉小车"问题，导致底盘在作业过程中因变速箱、车桥等部件强度不够出现损坏现象，整机作业效率低，过于压实土壤影响农作物的生长。

针对上述问题，国内相关企业和高校做了一定研究，积极探索智能农机底盘技术，如东方红 LF1504 拖拉采用电液控制换挡（AMT）；分动箱采用湿式多片离合器，碟簧压紧，电液控制分离，可实现制动时的自动结合；底盘整体采用 CAN 2.0 总线控制系统，操纵智能化、集成化，大大减轻劳动强度，改善了舒适性。河南省智能农机创新中心和洛阳智能农业装备研究院有限公司联合研发了一种具有自动制动功能的无人驾驶拖拉机，所用的电控制动装置固定在底盘架上，通过推杆电动机向后桥上的制动器摇臂输出制动力，通过装置上的压力传感器感知制动力的大小，最终实现了无人驾驶电动拖拉机的行车制动和驻车制动功能。2016 年，中国一拖发布了 LF954-C 无人驾驶拖拉机（如图 3-2-7），并进行了实地作业演示，进行了无人耕作、无人整地等主要生产环节的演示（如图 3-2-8）。该机底盘配备动力换向变速箱、电控

图 3-2-7　LF954-C 无人驾驶拖拉机图　　图 3-2-8　丘陵山地姿态调平拖拉机

悬挂系统，以及一系列信息和控制系统。2018 年，五征集团开发了一款适用于丘陵山区作业的自动调平功能的丘陵山地拖拉机，该机底盘可根据环境地况进行自动调平，同时配备了自适应悬挂系统，电液可调悬挂可根据地面坡度，底盘调平状态自动调节农具倾角，以适应不同的地况，完成高效作业。

我国农机底盘总体架构技术开发了动力换挡和无级变速箱、电液提升器与悬浮式转向驱动桥、智能操控、动力优化分配控制、能量管理策略、双电机耦合、高通过性及高适应性底盘，以及传动、转向、悬挂等相关数字化底盘技术，研制了全动力换挡、无级变速传动、动力高低挡等系列重型拖拉机底盘，为现代农业多样化生产提供了绿色高效动力。

"十三五"以来，我国农业装备技术发展取得重要突破，在土壤与动植物信息感知、种肥水药作业决策智控、关键零部件及整机试验检测等农机装备自动化、智能化关键核心技术方面紧跟国际前沿，部分技术迭代成熟，实现应用：新型高效拖拉机底盘、耕整及施肥播种机底盘、精量植保机械底盘、智能收获机底盘等耕种管收田间作业装备底盘实现大型化、智能化升级；关键零部件及底盘整体设计制造实现数字化、智能化发展，设施种养智能技术装备满足蔬菜、畜禽、水产生产需求，推进集约化、高效化生产。

（1）拖拉机底盘主要企业（见表 3-2-1）

表 3-2-1　拖拉机底盘主要企业

序号	传动系统关键技术和产品	国内外核心企业
1	动力换向、湿式 PTO、动力差速锁	德国采埃孚集团，中国一拖，雷沃重工
2	区间动力换挡	德国采埃孚集团，海天集团
3	全动力换挡	美国约翰·迪尔公司
4	CVT 无级变速	德国采埃孚集团，中国一拖、潍柴集团

（2）高地隙底盘主要企业

国外主要企业：凯斯纽荷兰公司、爱科公司、美国约翰·迪尔公司、海吉公司（HAGIE）等。

国内主要企业：现代农装科技股份有限公司、山东五征集团有限公司等。

3.2.3 智能农机数字底盘发展趋势分析

未来的无人化或少人化农机的底盘技术，主要有两个发展方向，即大型自动化农机装备和小型农业机器人。前者主要是对大型拖拉机、收获机进行无人化改造，有的甚至采取了颠覆性的设计和结构；后者则是发展体积较小、灵活轻便、功能多样、可编程的小型智能农业机械。"十四五"期间，农机数字化、网联化、智能化将使农机从单一的作业工具变成一个"聪明"的"劳动伙伴"，农民能与农机进行"信息交流"；动力电池、驱动电机、电动方向盘等新型部件使农机底盘的结构布置更灵活、承载能力范围更宽、能源利用率更高。

底盘总体系统基于模块化、轻量化、电动化、数字化等技术，大部分动力部件将由内燃机作为动力来源变成电驱动形式。

数字化智能农机的发展对大型的农机底盘也提出了一系列要求，总体看来，未来农机底盘的发展趋势主要有以下几点。

1. 智能化

大数据背景下的智能农机底盘涵盖对北斗导航技术、物联网技术和云计算技术的应用，构建基于网络的智能农机底盘服务平台，逐步融合现代信息技术、微电子、传感器技术、自动控制技术与机电液一体化技术等，实现农机底盘运行的信息自动采集与分析、作业状况反馈、远程在线控制等智能化工作模式。实时监测和监控农机底盘工作状态及农机作业状态，如前后轴转速、扭矩、底盘离地高度等，以提高农机工作性能、效率和适应性。以智能拖拉机为例，对拖拉机的作业模式与运行轨迹进行预先设定，可以应用智能化操控手段实现设备的转向、停车、变速、避障等。

为实现农机智能化，第一，在传统农机的基础上增加自动驾驶域控制器（如图 3-2-9）以替代人力；第二，未来的农机线控底盘将取消部分繁琐的机械传动与电液传动，改用具有构造简易、控制精准、安装便捷等特点的线控执行系统。

关键技术：自动驾驶技术（包含感知采集融合技术、行为决策技术、规划决策技术、运动控制技术等）、底盘底层控制集成技术、线控转向技术、线控制动技术、线控驱动技术、线控换挡技术。

图 3-2-9　智能驾驶域控制器

关键产品：自动驾驶域控制器、VCU、转向 ECU、转向角度传感器、转矩传感器、驱动微控制单元（含 IGBT）、电子驻车制动系统。

融合感知系统设计要求：

①惯性导航（RTK）定位系统主要由卫星、基准站、移动站（用户接收机）、卫星天线、4G 天线等部件组成；

②具备超声波传感器；

③具备视觉感知系统需要感知卡苗、飘秧。

电动驱动、总线、网关等数字方面设计上的需求：

未来农机底盘的数字通信分为三类：第一，底盘内部相关子系统（电动转向系统）之间的通信采用 CAN、485、232 等总线通信协议；第二，底盘 VCU 与上层自动驾驶域控制器之间的通信采用 CAN 或以太网等通信协议；第三，底盘之间或者底盘与路网通信采用 4G/5G 通信，并通过后台数据中心进行实时监控或远程接管。

关键技术：通信协议的搭建，包含 VCU⇔ 转向 ECU、驱动微控制单元、制动电子驻车制动系统、VCU⇔ 车机屏、V2X 通信技术、后台多车协同技术等。

关键产品：自动驾驶域控制器线控接口、转向ECU线控接口、电子驻车制动系统线控接口，4G/5G通信模块，数字车机屏、后台运营管理系统接口。

通用数字底盘体现在底盘的智能化、电动化、轻量化，整机的动力系统、转向系统、能源系统、融合感知系统均需在原系统上进行改制或全新开发，取决于上装作业机具等模块的设计需求。

2. 电动化

传统农机底盘使用纯燃油动力，由于内燃机的转矩、转速控制相对于电动机的转矩、转速、位置控制，其技术难度较大且控制精度不高，所以基于电动底盘的农机智能化更易实现，底盘电动化基于"三电"（电池、电机、电控）实现。

（1）动力电池

功能需求：

①采用纯电动或混合动力或氢能源等新型能源。

②整机的续航里程能满足农业作业需求，且要求能在零下20摄氏度工作，且整机的低温使用能效降低不超过20%。

③动力电池快充与慢充兼备，且整机采用换电模式。

中国动力电池技术计划要在2035年实现总体国际领先，并形成完整、自主、可控的动力电池产业链。

关键技术：动力电池新材料技术、新电芯技术（具有高能量密度、高安全性、高可靠性）、动力电池模块化技术、电池管理技术、氢燃料电池技术。

关键产品：磷酸铁锂电池、三元锂、刀片电池、固态电池BMS、氢燃料电池。

（2）驱动电机

功能需求：

①农机的K值（最小使用质量与功率的比值）需要在29.2～40.5千克/千瓦；

②电动农机的驱动电机的尺寸不宜过大，并且其与驱动后桥的连接需要采用整体式设计或者采用传动轴连接；

③驱动电机在控制方面需要满足以下技术要求：电机驱动器工作电压范围：40 ～ 72 伏；CAN 总线控制（波特率 500 千字节/秒）；速度闭环控制；实际速度反馈；有断电制动功能等。

关键技术：高功率密度电机制造技术。

关键产品：永磁同步电机、伺服电机、编码器。

（3）电机控制器

关键技术：电机的速度、转矩、位置三环控制技术。

关键产品：IGBT 生产商（见表 3-2-2）。

表 3-2-2 IGBT 生产商

产品功率	生产商				
400 伏及以下	安森美半导体（ON）公司	英飞凌（Infineon）科技公司	东芝（TOSHIBA）集团	意法半导体（ST）集团	罗姆半导体（ROHM）集团
600 ～ 650 伏	Infineon	ON	三菱（MITSUBISHI）集团	富士电机（Fuji Electric）控股公司	ST
1200 伏	Infineon	MITSUBISHI	Fuji Electric	ON	ST
1700 伏	Infineon	MITSUBISHI	Fuji Electric	日立（HITACHI）集团	艾赛斯半导体（IXYS）公司
2500 ～ 3300 伏	MITSUBISHI	Fuji Electric	Infineon	HITACHI	阿西布朗勃（ABB）集团

3. 精准化

通过对农机底盘状态信息的采集，可以对智能农机的整个作业过程全程控制，实现精准耕整地、定位播种和收获以及精准施肥施药、合理灌溉等，以适应作物生长发育的需要、满足农业生产的实际需求，在节约资源的同时实现作物的高效生产。

4. 多功能化

大数据背景下智能农机正呈现一机多用的发展趋势，利用同一机械设施完成多项不同工作。一方面，多功能化的智能农机底盘有助于提高农业生产的作业效率；另一方面，可以缓解农业种植户在购买机械设备上的经济压力，提高农机利用率，满足不同作物的作业要求。为适应多种作物作业且能达到较高的工作效率及较低的作物及土壤损坏，实现一机多用，降低成本，农机底盘的通用化是重要发展方向之一。为提高农用拖拉机的适应能力，适用各种农业生产条件、农作物品种和农艺技术，以保证拖拉机配套农机具作业过程中不会对农业生产环境造成不利影响。农用拖拉机的可变底盘技术也成为一项拖拉机底盘技术的发展趋势和特点。

5. 舒适性

改善驾驶员工作条件，需要改进农机悬架系统，降低工作噪声等，还应重视自控装置、监视仪表和电控操纵等辅助操作先进技术以及发展无人驾驶技术来降低驾驶员劳动强度。

有研究机构于2019年5月发布了《农业机器人市场：2019—2024年全球工业趋势、份额、规模、增长、机遇和预测》分析报告，报告提出：随着世界范围内对食品需求的快速增长，农民现在正转向使用现代工具和设备，如使用农业机器人提高生产率和增加收入。世界各国政府采取各种措施发展自动化技术，如：欧盟资助的项目正在用先进的自动化技术取代劳动密集型任务，一些已成立和初创的农业公司正在开展一系列创新的农业机器人研发。该报告预计，到2024年，农业机器人市场价值将达到101亿美元，2019—2024年的复合年增长率约为16%。农业机器人的快速发展会为农业生产带来源源不断的智能农机资源，除草机器人、收获机器人等具有高度精准化的智能农机将会是未来农业发展的有力工具。

农机底盘作为农业机械的核心，其技术发展水平体现着国家农机智能化程度和农业现代化发展水平。近年来，农机底盘在广泛应用新技术的同时，不断涌现出新结构和新产品，技术含量不断提高，产品性能持续增强。在互联网高速发展的当今时代，农机底盘总体技术架构的未来发展方向将是云计算、大数据、物联网与农机数字化底盘相结合，集高效、节能、环保、智能为一体的农机底盘架构。数字化农机底盘作为精准农业系统中的重要节点，其智能感知、智能决策、高效驱动以及远程管控技术将成为技术发展的未来方向。

3.2.4 通用数字底盘的发展目标

通用数字底盘总体架构应以承前启后、符合趋势、可扩张性、模块化、标准化为发展目标。

通用数字底盘总体架构包括硬件架构和软件架构。

硬件架构将从分布式，即分立式元器件，逐步向集成化发展，即高度集成的控制芯片，从域控制器发展到中央控制器。系统稳定性、可靠性、算力、性价比将大幅度提升，满足人工智能算法和实时、大流量网络传输的需要。

软件架构将随着硬件集成式架构的发展，从分布于分立元器件的分散模块式，向系统集成式发展，使系统更加高效、简约和层次化，稳定性、易用性、移植性、通用性等大幅提高，例如：智能驾驶域控制器包含了感知信息融合算法、行为决策算法、规划决策算法、运动控制算法等。目前，智能农机以分散模块化多处理器为主，未来它将通过改进 CPU 架构，提高 CPU 性能，减少 CPU 数量进行软硬件集成，逐步向 AI 芯片发展。

未来农机数字化需要满足在复杂作业环境下实现精准、快速识别和快速动作执行的要求，使农业作业向精细化、高效率、低能耗发展，从而达到提高农产品产量、品质和节能环保、降低成本的目标。

信息化时代促使车辆通信经历了内部通信、车间通信到万物互联通信的发展历程。未来智能农机内部通信将以太网为主干网，实现 1 千兆字节/秒级的数据传输速率，具有高可靠性、低电磁辐射、低功耗、带宽分配、低延时以及同步实时性等特点。随着 5G 技术带来的新的技术革命，预计 2025 年将在农村实现 5G 通信，并将 5G 技术与智慧农业（含智能农机、智慧农场）相结合，初步实现农业现代化。车辆通信发展历程如图 3-2-10 所示。

单点通信	多点通信（只用物理层规定错误）	多点通信（有数据链路层规定错误）	适用于智能感知、数据处理及传输	4G、5G 无线通信
单线制 / 线束	RS232/RS422/ RS485	LIN/CAN/Flex Ray/MOST	车载以太网	车联网无线通信（LTE-V2X）

图 3-2-10　车辆通信发展历程

发展我国通用数字底盘以支撑农业机械化、智能化的需求，根据农业机械的经济性、适应性、动力性和节能环保等要求，以关键性能、成本作为重要指标，实现农业机械底盘的数字化和标准化，推进农业生产现代化高水平发展。

纵观农机底盘技术的发展历程，在经历了机械、液压、电控以及机电一体化等技术的大规模突破后，农机底盘的技术革新在 20 世纪末已趋完善，在此之后，整机的升级换代主要体现在部件的局部创新和细节完善上。进入 21 世纪，互联网技术发展迅猛，在短短 20 年的时间内，互联网技术已经渗透到包括传统行业在内的各行各业，尤其是自 2015 年我国提出"互联网 +"行动计划以后，移动互联网、云计算、大数据、物联网等先进技术开始与现代制造业相结合，一种以信息化为特征的新生态的国家发展战略开始形成，以农业物联网和智能农机底盘装备为特征的精细农业系统成为研究重点，农机底盘作为智能农机装备和农业生产信息化网络的一个重要节点，在未来一段时间内必将在以下方面获得长足发展。

1. 高效作业

未来的高效作业，并不仅仅是农机自身作业效率的提升，更是指整个农业生产系统的高效运行。农机作为庞大农业物联网系统中的一个生产终端，一方面，与生产企业（或相关服务机构）相联通可实现对农机底盘作业状态的实时优化和监控，一旦设备发生异常，则可及时采取应对措施；同时，各种作业数据被上传至相应的服务器，经综合处理后分类入库，对农机底盘的维护、故障预测以及同类产品的前期设计、后期升级换代均有极其重要的参考价值。另一方面，农机与目标用户联网，可随时响应用户的使用要求，按需分配机具类型、设备数量以及功率级别等，以最少的投入达到最佳的经济效益和环境效益，实现有限农业资源的最优分配和高效利用，确保整个农业生产系统运行的高效性。

2. 节能环保

为应对农业机械化规模的不断扩大可能造成的石油短缺、环境污染问题，国家对柴油机排放法规的要求必将越来越严格，因此，各种机内净化、机外尾气处理技术及其组合方案会在农机上得到更广泛的应用，以最大限度地降低整机排放；同时，以高比能量动力蓄电池、生物燃料、燃料电池等新型替代能源为动力的新能源技术将与传统动力并行发展。新能源领域的技术突破，可实现机组作业时的零排放、无污染、低噪声和高效率，这对农机底盘架构也提出了一系列新的技术挑战。

3. 信息化与智能化

随着电子技术、信息技术在农业生产中应用范围的不断扩大和全球精细农业系统的兴起，以及我国"互联网＋""中国制造2025"和"人工智能2.0"阶段的到来，农机底盘的信息化和智能化将得到更大的发展空间，而农机底盘智能感知和机器学习技术、智能决策与导航控制技术、智能动力驱动技术以及大数据和物联网云平台管控技术，作为农机底盘智能化的共性关键技术，将成为未来农机底盘技术发展的新亮点和新方向。

无人农机底盘技术装备的研发和应用是一项复杂的系统工程，需要综合考虑质量、安全、效率与效益，需要综合提升机库、道路、农田、作物、机具、管理等标准和水平。此外，非道路车辆无人驾驶相关的法律法规也需要创新和修订。单从技术角度而言，未来我国无人农机底盘系统技术基本发展方向有定位系统、感知系统、自动导航系统、动力机械电控系统、精量作业机具、专家决策支持系统、地图测绘系统、任务规划系统、安全保障系统、机群协同系统等。

①定位系统。高精度定位是智能农机的核心技术。当前，我国自主建设的北斗卫星导航系统已开始全球化部署，导航定位精度达到了国际先进水平，目前已经广泛应用于农机自动导航系统。

②自动导航系统。目前，我国已研发液压式和方向盘式两种自动导航系统，已实现跟跑国际水平，路径跟踪、自动掉头和自动倒车等控制精度可以满足实际生产需要。当前我国所开展的无人作业演示，基本上都是在自动导航的基础上加以改进。

③动力机械电控技术。尽管传统的农机、收获机也能够进行无人化改造，但其改造更为复杂、成本更高，改造的实际意义不显著。当前，我国在农机的电控技术方面，已能够实现发动机、变速箱、制动系统、机具提升系统等关键部件的电控化。但在收获机、插秧机等自走式机械上，电控技术尚未普及。

④精量作业技术。农作物管理作业的目的是准确施用水、肥、药等生产要素，因此精量作业机具和其决策支持系统异常重要。我国在精量播种机、变量施肥机、变量施药机等方面取得了一批研究成果，但总体而言仍然相对落后，未能形成规模化的应用推广和应用，这对于发展无人作业是个重大的制约因素。

⑤其他方面。在农田高精地图测绘、机群作业任务规划、感知与安全保障、机群作业协同及总体集成方面已全面开展研发工作，但技术储备尚显薄弱，还不能达到无人化作业的基本要求。

发展智能农机装备是乡村振兴、农业农村现代化的战略重点，是提升产业国际竞争力的重点方向。立足"智能、高端、高效、绿色"发展，突破制约产业转型升级的应用基础和战略前沿技术、关键核心技术及重大装备，形成智能技术及产品全面创新能力，构建自主新一代智能农业装备技术、产品、服务体系，构建产学研用深度融合的产业技术创新体系，实现关键核心技术自主化、主导装备产品智能化、全程全面农业机械化，支撑中国成为世界最大的农业装备制造和使用国家，使农作物耕、种、管、收综合机械化率达到发达国家水平、养殖机械化率得到大幅提高，走出一条中国特色农业机械化、智能化道路。

3.2.5 通用数字底盘技术发展路线图

未来通用数字底盘技术将向智能化、电动化、精准化方向发展，实现各类作业方式，可不断迭代优化控制策略，适应不同的作业工况，满足高质高效的农业生产需要。

2021—2025 年是农业机械数字底盘推广应用的关键增长期。根据系统架构和关键技术的发展，通用数字底盘技术发展路线如图 3-2-11 所示，发展时期划分并不是突变的时间节点，而是一个不断融合迭代的过程。

类别	2021年	2022年	2023年	2024年	2025年
总体架构	分布控制		域控制		中央控制
系统通讯	内部CAN+外部4G		内部以太+外部4G/电台	内部以太+外部5G/卫星	
车载计算机	Intel，AMD，英伟达，华为				
控制器芯片	英飞凌、恩智浦、瑞萨电子、德州仪器、意法半导体、SAMSUNG、博世、华为				
系统软件	Windows/Android/Linux/QNX			鸿蒙	
软件架构	ROS，Apollo，AUTOSAR，独立开发				
定位系统	GPS/北斗+惯性导航（RTK）				
摄像头	单目，环视，双目				
雷达	超声波雷达，毫米波雷达，激光雷达				
线控转向	电控液压转向系，电动转向系（EPS），方向盘电机转向				
线控油门	电子油门				
线控制动	电子机械式制动系（EMB），电子液压式制动系（EHB）				
线控驱动	中央差速器驱动，轮边电机驱动，轮毂电机驱动				
悬架系统	地隙可调，车身平衡调节				
线控作业	电子机械，电子液压，纯电动				

图 3-2-11　通用数字底盘技术发展路线图

车辆数字化技术起步较早，发展较快，具有参照价值。但由于受安全、法规、标准、商业价值等因素制约，车辆领域数字化产业发展将受到限制。借助车辆领域同类先进技术，数字化农业机械将会得到快速发展，产业化窗口期已经到来。

整机控制系统总体架构将从分布式控制逐步向集成度更高的域控制、中央控制发展，从而不断提高系统算力、功能、可靠性和降低成本。

通信系统将从内部 CAN/外部 4G，向内部以太/外部 4G、内部以太/外部 5G/V2X 发展，提高了通信的实时性、带宽和安全性等，满足智能化、大数据、物联网、虚拟实现等技术发展的需要。

车载计算机芯片由 Intel、AMD、Infineon 等传统架构的芯片向新型智能芯片发展，不断有新的生产厂商出现，如英伟达公司（以下简称"英伟达"）发布的 Pegasus、华为技术有限公司（以下简称"华为"）发布的昇腾 310、昇腾 910 等。芯片将满足自动驾驶系统环境感知、路径规划等对高算力、实时性的需求。

控制芯片中的车规级控制芯片也将不断升级，包括结构和通讯方式的升级。主流厂商均有升级产品，包括英飞凌科技公司、恩智浦半导体公司（以下简称"恩智浦"）、意法半导体集团、华为等。

Windows、Android、Linux、QNX、鸿蒙等操作系统各有优势，在不同应用中均会有所使用。新加入厂商产品优势明显。

软件架构领域，可根据应用需求和各开发机构的产品（如 ROS、Apollo、AUTOSAR）具体规划采用。

定位系统将以我国自主研发的高精度定位系统为主。

感知系统，目前主流厂商的各类感知系统仍在快速发展，性能会大幅增强，价格不断下降，商业价值也将快速提升。

线控系统的线控油门、线控转向、线控制动、线控离合、线控换挡等，产品将从品种单一、性能弱、价格高逐步向产品线丰富、性价比合理方向发展。主要技术方案将从电液控制向机电控制、纯电控制方向发展，提高了可靠性和性价比。

悬架系统中的农业机械悬架系统将从主要进行地隙调节向机身自调平方

向发展，以满足智能装备作业需要。

华为电动智能车辆软硬件架构可供参考，如图 3-2-12 所示。

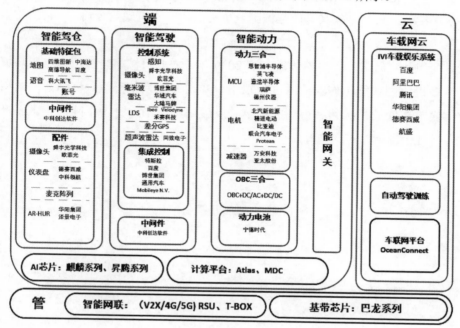

图 3-2-12　华为电动智能车辆软硬件架构

1. 通用数字底盘发展预测

（1）1～2 年发展预测

通用数字底盘技术提升阶段。通用数字底盘技术将显著提升农业机械底盘智能化水平，作业控制更为准确、灵敏，产品性能、质量大幅提高，成本显著降低，逐步得到应用推广。未来两年，将实现农业机械遥控驾驶、自动驾驶规模化应用，并通过 4G/5G 技术进行实时作业状态和作业环境监控，通过云端平台进行简单调度管理、大数据分析。

（2）3～5 年发展预测

通用数字底盘产业发展阶段。通用数字底盘产业将向规模化多机协同作业方向发展，云端运营管理系统进行综合控制，通过大数据分析和人工智能算法实时单机控制和多机系统优化，广泛应用于不同地形和作物种类的农业作业工况。通用数字底盘技术取得显著进展，智能化和数字化水平与国际先进水平接轨，形成多家具有较强国际竞争力的大型农机底盘公司。

（3）5～10年发展预测

通用数字底盘产业成熟阶段。到2030年，农业机械将能在所有农田环境进行多机协同智能化作业，通过云端平台实现在线系统升级（OTA）。通用数字底盘在农业机械领域得到大规模普及应用，成本进一步下降，技术及产业发展处于国际领先行列。

3.3 传动系统

3.3.1 传动系统构型

农业机械的传动系统按照传动比是否可变，分为有级变速传动系统与无级变速传动系统。其中，有级变速传动系统采用机械式变速传动装置，无级变速传动系统包括液压变速传动、液压机械变速传动、电动变速传动等。

①机械式传动根据传动比变化方式，可分为齿轮式有级传动与带式无级传动。齿轮式有级传动系统主要包括离合器、机械齿轮式变速箱、中央传动、分动箱、差速器（或转向离合器）、最终传动，常见系统构型如图3-3-1所示。主要应用于中小功率拖拉机，在收获机与插秧机上也有少量的应用。带式无级传动系统主要包括离合器、带式传动机构、中央传动、分动箱、差速器（转向离合器）、最终传动，常见系统构型如图3-3-2所示。机械式传动具有结构简单、传动效率高（一般大于90%）、制造成本低和工作可靠等优点，但是需设置离合器，且换挡操作麻烦。

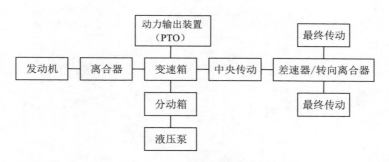

图 3-3-1　齿轮式有级传动系统示意图

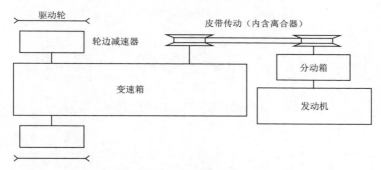

图 3-3-2　带式无级传动系统示意图

　　②液压式传动又可分为静液压式和液压机械式两种传动类型。静液压式传动具有结构紧凑、操作方便、运动平稳、制动迅速、易于实现无级调速、以传动比大等优点，但是成本高、传动效率低。静液压式传动系统主要应用于大中型收获机、中小型农用拖拉机与高地隙植保机。收获机用静液压式传动系统主要由皮带传动装置、静液压无级变速装置、变速箱、驱动桥、驱动轮等组成，其布置方案如图 3-3-3 所示。农用拖拉机静液压式传动系统主要由离合器、万向传动装置、静液压无级变速装置、变速箱、驱动桥、驱动轮等组成，其布置方案如图 3-3-4 所示。高地隙植保机采用静液压式传动，可以省掉农业机械变速箱和车桥的机械传动装置直接驱动车轮行驶和转向，其行走采用静液压驱动，工作部件采用液压缸和液压马达驱动，其传动示意如图 3-3-5 所示。

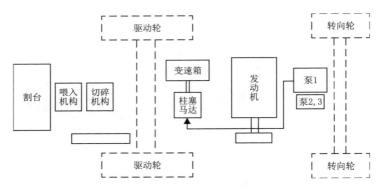

图 3-3-3　收获机用静液压式传动系统

图 3-3-4　拖拉机静液压式传动系统示意图

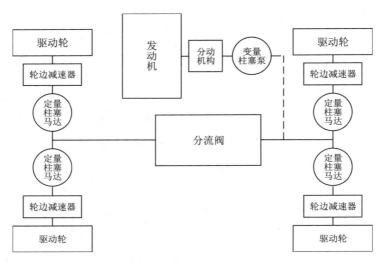

图 3-3-5　高地隙植保机静液压式传动示意图

液压机械式传动兼顾机械传动的高效率和静液压传动的平稳、冲击小的特点，并且只需要使用常见机械变速机构和普通液压元件就可以实现高效率、大功率的无级传动。

液压机械式传动系统为液压元件和机械元件并联而成，发动机输入功率经分流机构后分别经机械路和液压路传动，通常由机械变速机构、泵－马达液压无级变速系统、动力分流和汇流行星齿轮机构、电子控制装置及驱动系统等构成（如图3-3-6）。发动机输出的功率分为机械和液压双路向驱动桥传递，机械传动通常由行星排和多级齿轮传递（如美国约翰·迪尔公司的AutoPower），或者由多级行星排（ZF公司的sMatic. Eecom）组成，而液压传动则采用变量泵和变量马达调速。在液压传动的输出端液压能和机械能重新汇集，输入驱动桥。液压机械式传动主要应用于大功率农用拖拉机。

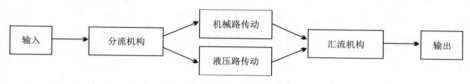

图 3-3-6 液压机械式传动系统示意图

③电动式传动采用电动轮驱动技术，动力源与驱动电机之间通过软电缆相连，摆脱了传动系统在设计空间上的束缚，使得整车布置非常灵活，更利于轴向载荷的合理分配（如图3-3-7）。它具有传递功率范围大、容易控制、传动效率较高等优点，但因其自身重量较大、成本高，且通常将电机、制动器等零部件集成于电动轮中，因此与同规格的普通车轮相比重量增加较多，行驶平顺性和乘坐舒适性下降。故此种类型的传动系统仅在矿用自卸车、大型铲运机械及轮式装载机上使用。为了解决电机轮边驱动给驾乘舒适性带来的一些问题，电动机也可以集成到变速箱中，可实现纯电或与机械动力串联、混流驱动车辆，实现能量的高效利用。

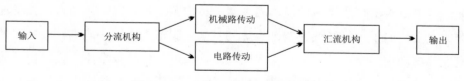

图 3-3-7 电传动械式传动系统示意图

3.3.2 传动系统现状及趋势分析

1. 传动系统技术现状

在农业机械发展历程中，变速传动技术的变革大致经历了滑动齿轮换挡、啮合套和同步器换挡、区域动力换挡、全动力换挡以及机械液压双流无级变速传动几个阶段。

变速器与发动机被称作"动力总成"，是行走机具的动力源泉，起着心脏的作用。变速器的作用为改变输出转速与输出扭矩，其性能对整个车辆的动力性与燃油经济性都有很大的影响。按传动比变化方式的区别，变速器从调速方式上来区分有两大类：有级式与无级式。

目前市面上的有级变速器主要有四种：手动换挡变速器、动力换挡变速器、液力机械式自动变速器及电控机械式自动变速器。

手动换挡变速器的优点是结构简单、传动效率很高而且发生故障的概率较小，在变速器行业的起步阶段是应用非常广泛的一种变速器。直到近些年来，国内外很多车辆上仍然在使用此类变速器，经久不衰。但是，手动换挡变速器存在的最大问题就是在换挡过程中会出现短暂的动力中断，这个问题对带负荷作业的车辆影响很大，驾驶员必须在面对情况时提前换挡或者快速换挡，这样不仅增加了驾驶员的劳动强度，也使得车辆的行驶效率降低。所以，避免动力中断成为学者研究变速器的一个重要目标。

动力换挡变速器一般是采用行星排机构、制动器与离合器的组合形式，通过控制离合器与制动器的分与合来实现换挡。动力换挡变速器介于手动变速器和自动变速器之间。这种变速器挡位一般比较多，主要应用在农用车辆与工程车辆上，主要优点是换挡过程不会像手动换挡变速器一样产生动力中断，可以改善车辆的操纵性能，减少驾驶员的工作量。但是，动力换挡变速器比上文中的手动换挡变速器结构更为复杂，制造更困难，成本较高，而且变速器内部由于摩擦导致的功率损失较多，所以，传动效率比手动换挡变速器低。动力换挡变速箱主要由机械传动系统、液压控制系统和电子控制系统三部分组成。与传统手动换挡变速箱不同，动力换挡变速箱的换挡操作通过换挡离合器实现，换挡离合器的结合与分离由液压系统驱动，而液压系统则受变速箱控制单元控制。动力换挡原理如图 3-3-8 所示。

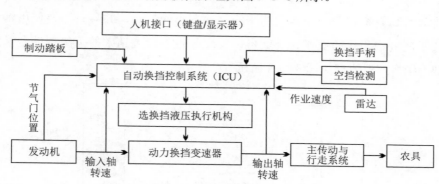

图 3-3-8　动力换挡变速器工作原理图

自动变速器的换挡是依靠已经设定好的程序、通过检测车辆当前的行驶速度来进行自动换挡变速的，相当于电脑控制相应的机构来代替人工对变速器进行换挡操作。这种变速器可以大大减轻司机的驾驶疲劳度，而且车辆的工作效率高，传动效率也高。有级式自动变速器主要分为电控机械式自动变速器和液力机械式自动变速器两类。其中液力机械式自动变速器的结构较为复杂，直接导致制造成本很高。由于其价格昂贵，此类变速器在插秧机等农用机械上很难推广开来。电控机械式自动变速器的优点较多，即传动效率高，制造工艺简单，所以，在自动变速器研究领域被研究与应用的也较深入。电控机械式自动变速器开始在国内研究的时间较晚，研究还不够深入，对变速器输出控制问题的研究还有待于提高，目前该类变速器在插秧机上的应用研究还处于初级阶段，没有实际的产品推出市场。

无级变速传动分为机械式、电动式、流体式三种类型。机械式无级传动形式以金属带式无级变速器为代表，受其结构限制，所能传递的功率和调速范围有限，目前尚难在大功率拖拉机中取得应用。电动式无级传动系统由发电机、控制系统和牵引电动机组成。流体式无级变速又可分为液力机械式、静液压式和液压机械式三种类型。液力机械和静液压传动形式因传动效率低以及液压元件功率限制的缘故，在拖拉机上的应用并不广泛，少数中小功率的机型有时会采用静液压传动。液压机械无级变速器（HM-CVT）兼顾了机械传动的高效率和静液压传动的平稳、冲击小的特点，并且只需要使用常见机械变速机构和普通液压元件就可以实现高效率、大功率的无级传动。液压机械无级变速器原理如图 3-3-9 所示。

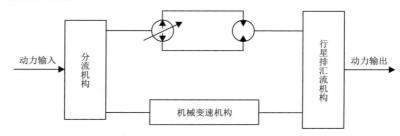

图 3-3-9　液压机械无级变速器原理图

2. 传动系统研究现状

（1）美国

动力换挡变速箱最早是在 1959 年由美国卡特彼勒公司提出，并在其生产的 D9E 履带式拖拉机上首次安装，装有动力换挡变速箱的拖拉机一问世，就吸引了众多公司的关注。自那以后，美国一些企业也开始研发动力换挡变速箱，这种变速箱的换挡过程完全自动化，不需要驾驶员参与，能够在动力不中断的情况下实现换挡。20 世纪 80 年代以后，动力换挡变速箱开始在拖拉机上普遍使用，动力换挡变速箱也越来越被人熟知。

1982 年，凯斯纽荷兰公司在 Maxxum 拖拉机上使用动力换挡变速箱，在同步区段上应用 4 个动力换挡的挡位；在最新的 SteigerPanther 1000 拖拉机中安装的动力换挡变速箱，首次实现了 12 挡电子动力换挡，驾驶者操作简单，大大提高了工作效率。2020 年美国约翰·迪尔公司推出的全新 8R 系列拖拉机搭载了全动力换挡变速器，其采用了电子系统控制液压离合器和制动器，实现了柔性换挡功能，减少了冲击。当前美国市场上销售的久保田

13.2～25.7 千瓦功率段全部产品，25.7～35.7 千瓦功率段拖拉机 50% 采用 HST；美国约翰·迪尔公司 13.2～48.5 千瓦功率段拖拉机 50% 采用 HST，尤其是约翰·迪尔 3000 系列采用了电控自动 HST。

（2）欧洲

德国采埃孚集团在 20 世纪 90 年代中叶也推出了 ZFT 7000 系列动力换挡变速箱，在实现动力换挡的同时还安装有倒挡器。目前，国外大部分拖拉机厂商都提供带有动力换挡变速装置的拖拉机，如意大利兰蒂尼（Landini）公司的 Legend 系列、荷兰芬特（Ford）公司的 30 系列，法国雷诺（Renault）公司的 175-74T2 系列，卡特彼勒（Caterpillar）公司的 Challenger 65 系列，凯斯纽荷兰公司的 CX 系列、Maxxum 系列、Magnum 系列，赛迈（Same）公司的 Silver 系列等。

HST 的发展最早可以追溯到 1907 年雷诺（Renault）公司在德国申请的汽车变速箱专利，1954 年英国农业工程研究所（NIAE）在一台试验拖拉机上首次将这种设想转化为现实产品，从而引发了静液压变速箱研究热，20 世纪 60 年代，美国国际联合收获机公司与液压元件专业制造公司成功地开发了商业化的拖拉机静液压变速箱，并大量投放市场，自此，静液压变速箱获得了广泛的应用。

（3）日本和其他

液力机械和静液压传动形式因传动效率低以及液压元件功率限制的缘故，在拖拉机上的应用并不广泛，少数中小功率的机型有时会采用静液压传动，如久保田的 L 系列（功率在 8.6～14.9 千瓦之间）。

在日本、韩国和印度等亚洲国家，田块相对较小，对操纵的灵活性要求较高，旋耕作业成为能耗最大的作业方式，动力由不经过液压传动系统的 PTO 输出，在一定程度上减缓了液压传动系统传动效率低带来的负面影响。

（4）国内

与国外相比，国内的动力换挡技术比较落后，最早是应用在工程机械上的。如 1966 年广西柳工 Z435 装载机上使用的定轴式变速箱，1970 年在

ZL50 装载机上安装了液力传动行星式动力换挡变速箱。我国在 20 世纪 80 年代引入了德国采埃孚集团的电液控制定轴式变速箱和日本 TCM 叉车变速箱等先进技术，使我国在动力换挡变速箱上的水平有了较大进步。目前动力换挡变速箱主要在压路机、叉车、推土机、平地机和装载机上的应用较多。直到 2010 年，中国一拖与国外合作，研发了东方红 LZ、LA、LF 等系列大型动力换挡拖拉机，使我国在动力换挡拖拉机上实现了巨大的突破。目前，国内已有福田雷沃重工、山东常林机械集团股份有限公司、五征集团、东风农机和江苏常发农业装备股份有限公司等农机制造企业开展了拖拉机动力换挡技术的研究，并已有部分产品进入农机市场。但和国外相比，仍然相对落后。

目前，HM-CVT 无级变速传动技术基本被德国芬特公司、德国采埃孚集团、斯太尔 - 曼利彻尔（Steyr）公司、美国约翰·迪尔公司等少数几个国外企业垄断，国内基本处在理论分析和试验研究阶段。其中，北京理工大学开发一段式 HM-CVT 变速箱可实现 1 个纯液压段和 2 个液压机械段的双向等差无级传动，西安理工大学、河南科技大学、南京农业大学、燕山大学等相继在 HM-CVT 的传动特性、排量伺服系统、换段品质、控制方法、控制系统动态特性等方面进行了一定的研究，但小范围内的局部突破并不能满足行业的整体需求，因此，继续加大对 HM-CVT 技术的研究力度，对提高我国农业生产整体水平有着重要的现实意义。

3. 传动系统发展趋势分析

由于拖拉机及重型车辆本身动力学特性十分复杂，离合器工作过程中负载条件、道路条件、气候条件和磨损情况是多变的，而且离合器接合过程存在相互矛盾的评价指标，既要平稳又要减少磨损，所有这些都使离合器的控制问题复杂化。目前自动离合器仍然存在换挡冲击、响应滞后和控制不良等缺陷，在自动离合器控制系统中，离合器的接合时机、接合品质、复杂工况行驶时的自适应性等性能有待进一步提高。通过对人 - 车 - 环境、动力系统一体化控制、控制策略、执行机构的响应特性等问题进行综合研究，提高了系统的响应速度和准确性。设计出接合品质好、自适应能力强、便于维修的控制机构，仍然是今后自动离合器的发展方向。

资料分析可以看出，追求密集的挡位和无级变速是现代拖拉机传动系统发展的趋势。在欧美发达国家，20 世纪 90 年代以前主要发展动力换挡变速箱，20 世纪 90 年代以后，静液压功率分流无级变速箱技术上取得突破，经过近 20 年的发展，已经取代动力换挡变速箱成为发展的主流，并在众多拖拉机上成功应用。在日本等亚洲国家，拖拉机以中小型为主，主要采用静液压变速的方式实现无级变速。在我国，国产小型拖拉机目前大量采用的是传统的手动换挡变速箱。

根据欧美发达国家动力换挡变速和无级变速技术的发展现状和趋势，结合我国农机传动系统技术发展现状，在小型拖拉机上可以考虑开发静液压变速箱；在大中型拖拉机上可以考虑跳过动力换挡变速箱，直接引进国外的静液压功率分流无级变速技术，在消化的基础上开发具有自主知识产权的静液压功率分流无级变速箱，缩小同发达国家之间的差距，促进我国农业机械化的快速发展；对电动无级变速传动系统，可以考虑进行前期探索研究，为电动和混合动力拖拉机的发展储备技术。在收获机械方面，研究静液压式无级变速系统在我国农机产品上的应用，今后应加大机、电、液复合控制技术的应用，从而在最大程度上提升我国农业机械的整体水平。

目前，欧美等国家的全动力换挡变速器技术非常成熟，在大型拖拉机上应用广泛，我国在应用方面与国际有很大差距。但是，我国大型拖拉机电控动力换挡技术是拖拉机传动系统发展的必经阶段，也是搭载拖拉机整机电液化、智能化技术平台的关键技术。借助国家政策优势，国内企业研发、生产、推广大功率全动力换挡拖拉机高端产品的趋势加强，促进产业升级和产品更新换代；国内高校和企业加快研发高端拖拉机的发动机、变速器、电控技术、液压技术等核心部件及技术，将会在高端、专业产品试制和检测能力方面有较大提升；集中力量攻克困扰全动力换挡变速器发展的材料、基础部件、制造工艺和检测等技术瓶颈，将会逐步形成自主知识产权的核心技术和产品。

拖拉机变速器使用性能及其智能化对提高拖拉机机组作业效率和稳定性具有重要意义。目前，先进国家全动力换挡变速器技术十分成熟，而我国还处于理论研究阶段，变速器制造的自动化水平低，轮载、齿轮的加工精度，达不到设计要求；换挡控制策略只处于理论研究阶段，目前动力换挡变速器仍然采用手动控制，CAN总线技术应用水平低，其关键技术亟待自主研发。随着土地流转规模的增加，大型拖拉机的使用会越来越多，国家对农业装备研发投入的增加将促进我国拖拉机全动力换挡技术的开发和应用。

目前，液压机械无级变速技术已经在欧美拖拉机上得到了广泛应用，无级变速拖拉机及相关技术代表着未来高端拖拉机的发展方向。如美国约翰·迪尔公司已实现了无级变速在51.5千瓦以上产品全功率段覆盖。液压机械无级变速在中功率拖拉机上的应用主要有：久保田的ZernKingwel系列（K137-58z）及Slugger系列，洋马的EG-PRO系列和EG 700系列等。上述拖拉机多为园艺兼农用紧凑型拖拉机，可完成草坪割草、田间施肥、旋耕、开沟等轻负荷作业。随着技术的发展以及用户对拖拉机操作舒适性要求的不断提高，近年来，许多厂家也将液压机械无级变速技术逐步应用于中等功率拖拉机上。主要依据无级变速传动系统中液压元件的结构和布置形式进行划分，相应产品有以下两大类：

①由"电液控制整体式HST+单行星排差动轮系"及两区段或三区段机械副变速构成的液压机械无级变速拖拉机。整机产品集中在29.4～58.8千瓦，以久保田和洋马的产品为代表，为园艺兼顾农业型拖拉机，主要用于田间割草、施肥、旋耕等作业。

②由"电液控制液压单元（分体式液压泵及液压马达）+单行星排差动轮系"及两区段或三区段机械副变速构成的液压机械无级变速拖拉机。整机主要在51.1～73.5千瓦，如Fendt 200Vario系列紧凑型拖拉机，主要用于旋耕、犁耕等作业。

HM-CVT液压机械无级变速箱采用的泵马达一体的HST静液压单元，由于HST总传动效率在80%左右，因此与齿轮等其他传动相比，其传动效率偏低。而且随着液压系统温度升高、液压工作压力的波动，其总传动效率还会下降。但是发电机到电动机的机械转换效率却高达 90%，将双电机系统（发电机、电动机）来替代液压泵、马达的 HST 无级变速系统将能提高传动系统的总效率。双电机系统还有一个重要的特性是可以进行能量回收，使发动机始终处于高效率的工作区间，多余的能量可储存入蓄电池提高总体的燃油效率。电驱动系统还可以集成插电系统模块，实现能源的多重利用，降低农机使用成本。它可以给电气化农机具提供电源输出口，助力精准农机具的实现。相信随着农机用"三电"（电池、电机、电控）产品的不断发展完善，电驱动、混动传动系统可助力农业机械更上一个台阶。

3.3.3 传动系统发展目标

尽管现阶段的农业机械变速传动技术取得了一定的成绩，但相对于技术成熟的要求而言，仍存在一定的距离，仍需根据农业生产的相关要求进行优化。传动系统的发展应重视以下几个方面。

1. 湿式离合器摩擦片的材料

湿式离合器发展经历了烧结金属摩擦材料、纸基摩擦材料、高弹橡胶摩擦材料等阶段，从 20 世纪 80 年代至今，先进摩擦材料性能不断完善，采用碳纤维、凯芙拉（Kavlar）纤维等提高纸基摩擦材料的耐热能力；添加对氨基苯甲酸、丙烯酸、盐酸等化学药品增强抗磨损性能；采用橡胶、树脂、云母等材料改善其弹性；采用金属氧化物和盐类进一步改善摩擦材料性能。

目前我国湿式离合器摩擦仍普遍使用烧结青铜粉末冶金材料，国内纸基摩擦材料发展水平落后，而湿式离合器摩擦副的性能是动力换挡变速器性能的关键，因此，有必要对湿式离合器摩擦副的磨合和磨损过程展开深入系统的研究，为研发、制造和应用先进摩擦副打下基础。

2. 电液控制技术

电液控制技术最早是用于控制悬挂农具的升降，后来逐渐应用于液压转向、制动、传动、机具折叠等。20世纪80年代，动力换挡变速器开始采用电液控制技术，提高了换挡品质，减少了操作过程动载荷及减少摩擦片的滑转和磨损。动力换挡液压系统属于机组低压系统，工作压力为 $1.5 \sim 2.0$ 兆帕，液压系统均采用变量闭心负荷传感，该种系统的泄露量小，具有独立的润滑系统，发热小且响应灵敏。采用蓄能器、缓冲阀、平顺阀等辅助装置，可以缓冲升压，稳定瞬态流量；换挡离合器采用电液比例阀，可通过脉冲宽度调节电流大小，从而调节压力油的流量或压力；另外，精确的闭环控制策略等软件方面的开发更有利于精确控制，国内外对电液控制系统开展了大量的研究，研究结果有效地提高了换挡平稳性。

3. 换挡控制策略

动力换挡变速箱在换挡时需要同时控制两个离合器，在保证换挡时动力不中断的前提下，还要考虑到换挡时车辆的平稳性，以及离合器摩擦片的磨损量等。如果控制离合器接合得太急，会产生较大的起动脉动和发动机转矩的较大波动，并可能导致发动机熄火；如果追求接合平稳，且接合速度过慢，则啮合过程中离合器主动盘与从动盘之间的滑动摩擦产生的摩擦功将很大，产生大量热量，使表面温度急剧升高，进而导致摩擦盘变形、燃烧，甚至划伤和润滑失效，并缩短离合器的使用寿命。因此换挡控制策略一直是动力换挡变速箱的关键技术之一。

自动换挡控制方式随变速器的发展不断改进，根据拖拉机的车速、油门开度、扭矩等参数，建立了"三参数换挡规律"的控制策略，实现拖拉机的牵引效率最大、燃油消耗率最低、兼顾型换挡的目标，基于精确数学模型的换挡策略发展非常成熟，而拖拉机作业需要频繁地换挡、起步，并且常在重载、变载的情况下，是典型的非线性、时变问题，现代智能算法逐渐被运用到拖拉机动力换挡智能控制中，智能控制自动变速器可根据控制策略调整发动机工况点，实现整车各模块实时、集成、分级控制，提高了作业效率。目前的换挡控制策略在部分动力换挡拖拉机上应用较多，全动力换挡主副变速器有更多的离合器组，控制方法更加复杂，因此，全动力换挡变速器的全自动化控制会是将来的研究方向。

4. 基于 CAN 总线的通信技术

目前，CAN 总线技术的研究在国外已经较为成熟，凯斯纽荷兰公司、福特（Ford）汽车公司等公司的产品实现了整车网络控制，并在 2001 年德国汉诺威国际农机展上展出了 CAN 总线网络电子控制单元拖拉机。国内一些高端拖拉机采用国外总线技术，CAN 总线在一定程度上得到了应用。中国农业大学、南京农业大学等研究单位对 CAN 总线协议的应用层进行了相关研究，但尚没有形成网络分布式控制，缺少对网络管理的研究。

在变速箱中，为了实现快速、准确、平稳地换挡，换挡控制器需要采集车上多个传感器的信息，如发动机转速转矩、油门踏板开度、升降挡指令等。换挡控制器通过 CAN 总线采集这些信息，同时也将变速箱的信息，如挡位、液压油温度、离合器压力等进行传输。CAN 总线通信的稳定性和信号传输速率影响着换挡品质，是动力换挡变速箱的关键技术之一。

3.3.4 传动系统发展趋势

1. 1 ~ 2 年发展趋势

重视与高新技术的紧密结合，尝试与网络技术、自动检测技术和先进控制技术的有机结合，通过先进的电子技术及可控制元件来突破机械结构难以解决的困难，并提升传动系统的科技含量，静液压动力传动系统是重要方向。同时，完善并推广应用自动换挡、负载换挡。

2. 3 ~ 5 年发展趋势

为满足田间作业的功能需求，平原地区重点发展动力换挡变速传动与大功率无级变速传动技术，丘陵山地地区可发展体积小巧利于数字化控制的电混动无级变速技术，这不仅能够提升农业机械作业的平顺程度，还能显著降低燃油消耗，在田间作业时能保证作业质量，为精准农业、智能农业提供可靠的作业平台支撑。自动、无级、混动。

近五年，传动系统的发展趋势汇总见表 3-3-1 所列。

表 3-3-1　传动系统技术发展趋势

年份	关键技术和产品
2021 年	动力换向、湿式 PTO、动力差速锁、动力四驱
2022 年	区间动力换挡
2023 年	区间动力换挡、CVT 无级变速
2024 年	区间动力换挡、CVT 无级变速、电动化、分布驱动
2025 年	全动力换挡、CVT 无级变速、电动化、分布驱动

3.5 年以上发展趋势

CAN 总线在拖拉机上的应用会越来越广泛，并且随着精准作业概念在中国的深入，双 CAN 总线或者农具总线技术会逐步应用到拖拉机上，动力传动系统一体化应用日益广泛。

3.4　行走系统

《国家乡村振兴战略规划（2018—2022 年）》指出：推进中国农机装备和农业机械化的转型升级，加快高端农机设备在丘陵山区、果蔬茶叶生产、畜禽养殖业的开发和应用。积极推进农机装备一体化，加快主要农作物机械化，提高农业机械智能化水平。尤其是丘陵山区农业机械化发展任务较为艰巨、发展前景较为广阔。我国地幅辽阔，农田类型主要分为水田、旱田以及丘陵农田。有关资料显示，丘陵山区的农作物粮食生产产量可达全国的 51.4%，因丘陵山区地形有坡度大、形状不规则、机耕道狭窄等特点，所以存在着操作难度大，作业质量差以及容易倾翻等诸多问题，严重的甚至会影响操作人员的人身安全。而其他耕作地本身也有着地形不平整等因素，在农机耕作时不可避免地产生振动，对驾驶人员的乘坐舒适性以及身心健康存在影响。因此农机减振、保持稳定性问题就显得尤为重要，目前拖拉机维持稳定性的主要方法有安装农机悬架、车身调平、地隙调整以及轮距调整。

3.4.1 悬架系统总体设计

1. 功能要求

行走系统是支承机体，使机器能够行驶并提供牵引力的全套装置，主要由车架、悬架和车轮组成。农业机械行走系统一般有整体式、半整体式车架，部分机型无车架；行走方式有轮式和履带式，轮式有旱田轮、水田轮，主要是为了适应不同地形和土壤，提高附着力和降低接地比压。悬架是行走系统主要部件，以其作为重点进行分析。悬架可缓冲由不平路面传给车架或车身的冲击力，以减少由此引起的振动，保证车辆平顺行驶。典型的悬架结构一般包括弹性元件、导向机构以及减振器等，还有的采用了缓冲块、横向稳定杆等。弹性元件有钢板弹簧、空气弹簧、螺旋弹簧以及扭杆弹簧等形式。目前来说大多数拖拉机上都没有悬架，主要是因为当负载变化时悬架会引起拖拉机携带的机具位置发生变化，从而影响到拖拉机的主要工作任务。国外有些拖拉机前桥采用悬浮式，有一定的减振效果，但成本很高，尚未得到广泛应用。

2. 悬架类型

悬架按刚度和阻尼是否可调，可分为被动悬架、半主动悬架和主动悬架。随着国家大力倡导农业机械数字化、智能化以及节能减排、农业环保的要求，电控悬架、馈能悬架以及主动变结构悬架的应用和研究有增多趋势。

（1）电控悬架

电控悬架（EMS），是指在普通悬架基础上加装电子控制系统。通过传感器将路面状况和车速以及起动、加速、转向、制动等工况转变为电信号传递给电子控制单元，电子控制单元再对传感器输入的信号进行综合处理，输出对悬架的刚度和阻尼及车身高度进行调节的控制信号。利用电液悬挂系统控制农具的升降和位置来抑制运输过程中路面不平引起的拖拉机振动的主动减振技术，是近年来大功率拖拉机减振控制的发展方向。同时电控悬架技术也逐渐在农机上得以应用，电控悬架主要分为半主动悬架和主动悬架。电控悬架控制方法主要有反馈控制、预测控制和决策控制三种。实际应用中，ECU 会不断地接收传感器传回的振动响应信息，并根据这些振动响应查找出预先在试验中存入的对应工况下的悬架刚度和减振器阻尼系数，相应地控制执行机构调整当前的悬架刚度和减振器阻尼系数，达到降低路面干扰对车轮、车体冲击的目的，从而提高乘坐舒适性和操纵稳定性。

根据悬架调节中驱动力的产生机构与工作介质的类别来进行分类，主动式悬架可分为空气式、液压式和油气式。

1）空气式

拖拉机用空气式可调悬架是一种采用空气压缩机通过压缩空气的方式来控制农机底盘的离地间隙大小的一种悬架。装备有空气式可调悬架的车型通常情况是在前、后各个车轮的附近安装了离地距离传感器，行车电脑通过离地距离传感器传送回的信号判断出当前机身高度的变化，再相对应地控制空气压缩机和排气阀门的启闭，以此控制弹簧的长度，从而达到较理想的减振效果。空气式可调悬架中空气弹簧的弹性系数可按照现实中的工况需求进行相应的调节控制。如在不平整的农田中长时间行驶时，行车电脑则会控制执行机构降低悬架中的空气弹簧系数，提高车辆的舒适性。

2）液压式

液压式可调悬架是一种行车电脑通过传感器获知拖拉机适时速度和路况信息，再相应地控制执行器以增减液压油来控制车辆底盘的离地间隙，从而达到车身高度升降的一种悬架。

内置式电子液压集成模块是液压式可调悬架的核心部分。机载电脑能根据拖拉机行驶速度、减振器伸缩频率、伸缩程度数据信息与安装在车辆质心附近的纵向、横向加速度传感器和横摆陀螺仪传感器所采集到的车身振动、车轮跳动等信号进行综合分析，再根据输入信号和预先设定的程序对前后油缸进行指令控制。

液压式可调悬架通过对控制油缸内液压油的量来调节农机高度的升降，也就是能按照车速度和路况的不同，农机能自动调整到合适的机身高度，这样使得农机在适应多种耕作环境能力方面得到极大的提高。

3）电磁式

电磁式可调悬架是一种基于电磁反应原理研制而成的一种悬架，能实现车辆底盘高度的升降变化。在接收到传感器传回的路面情况的信号后，电磁式可调悬架能在 0.001 秒时间内做出相应的反应来保持稳定的驾驶室，减少振动。而电磁式可调悬架通常与油气弹簧配合，油气弹簧有着阻尼大，能量转化效率高以及减振效果好等特点。电磁式可调悬架在反应时间上与传统的悬架相比，只有传统悬架的五分之一，非常适应在颠簸地路面上工作。

电磁悬架系统由行车电脑、车轮位移传感器、电磁液压杆和直筒减振器组成。在每个车轮和机身连接处都安装有一个车轮位移传感器，当传感器的信号反馈给机载电脑，机载电脑再控制执行器使电磁液压杆和直筒减振器做出相应的反应。

（2）馈能悬架

馈能悬架具有将车轮行驶过程中产生的振动能量进行回收、存储并加以利用的能力，可提高车辆能效。机械式馈能悬架系统的馈能方式，是通过增加机械传动机构将车辆振动能量传递给气压或液压储能装置进行能量存储；电磁式馈能悬架系统的馈能方式主要是用电磁作动器代替传统减振器，将车辆振动能量转化为电能进行储存。

馈能悬架有齿轮齿条式、滚珠丝杠式、直线电机式、曲柄连杆式等类型。齿轮齿条机构将悬架上下往复的线性运动转化为电机转子的旋转运动，从而带动发电机发电，然后将电能储存并再次利用。滚珠丝杠式馈能悬架的传动装置是无间隙配合，传动效率较高，馈能效率较高。滚珠丝杠和馈能电机是滚珠丝杠式馈能悬架的关键部件，价格昂贵，制造成本高。直线电机能将车身的垂直振动能量转化成电能，同时也能将电能转换成线性运动，并为悬架提供阻尼力。相比于旋转型电机，直线电机功率小且造价昂贵。曲柄连杆机构将悬架上下往复的线性运动转化为电机转子的旋转运动，从而带动发电机发电，进而将这部分电能储存并再次利用。但其馈能效率低、安装空间大。

（3）主动变结构悬架

主动变结构悬架通过控制车辆悬架的几何结构，实时控制车轮定位参数（如外倾角和前束角），来动态调节悬架性能。主动变结构装置通过执行机构的运动传递，改变悬架上控制臂（或其他连杆）的等效杆长，调整车轮外倾角以改善轮胎的接地性，从而提高车辆的操纵稳定性。

主动变结构悬架主要目标是为了更好地实现悬架的性能同时降低成本和收益。主动变结构悬架目标主要具有以下特点。

①动态调整悬架的运动学特性，可实现侧纵—垂向动力学解析旋转控制。现有主动、半主动悬架一般是通过调整悬架的刚度，阻尼特性或控制垂向运动来调节车辆的动力学性能，主动变结构悬架直接调整悬架的导向机构实现悬架运动学特性的动态调整，长轴调整车辆侧向动力学或垂直动力学，可以与垂向动力学解旋。

②主动变结构悬架可以与现有悬架技术集成，结构简单，可移植性强，成本低，易于替代。

③主动变结构悬架系统故障安全性好，失效时可转换为传统悬架。

3. 悬架其它功能

（1）车身调平

车身调平机构的主要作用是当整车在倾斜路面作业时使车身保持水平状态。它可用于丘陵拖拉机，一方面适应复杂的作业环境，另一方面保护机手的人身安全。车身调平系统包括实现调平功能的机械机构、液压系统及控制系统。

（2）轮距调整

拖拉机的轮距调整方式经过不断发展，目前轮距调整方法有两种，分别为无级调整法和有级调整法。无级调整法包括轮毂滑动式、齿条式、蜗杆式、轮毂螺纹式以及轮辋螺旋滑轨式，有级调整法包括伸缩管式和轮辐翻转式。

（3）地隙调整

拖拉机因不同的使用需求（如中耕、喷药及采摘等），需不同的地隙高度，中耕时需要较小的地隙，而喷药及采摘需要较高的地隙。常规轮式拖拉机底盘地隙较低，不能适应高地隙要求；而高地隙拖拉机又不能满足中耕等低地隙需求，且稳定性较差。此外，不同的作物高度不同，未来如果需要实现农机的智能化和通用化，则需要对农机的地隙调整技术做出突破。目前地隙调整方法通常有两种：有级调整法和无级调整法。

现阶段地隙调整装置主要用在植保机以及高地隙喷雾机上，这两种农机属于大型、高端农业装备的一种。其特点是智能化程度高，配备大量液压和电子控制等先进技术；作业幅度大，离地间隙高并且地隙可变，可以适应大多数农作物。相关机型绝大多数由发达国家生产，大部分机型采用液压式地隙调节装置，通过装配液压缸，其活塞杆的伸缩可实现离地间隙的无级调整。我国的田间管理水平和植保机械性能相较于国外还比较落后，未来在地隙调整方面需要逐渐向发达国家靠拢，争取在短时间内实现技术突破。

3.4.2 悬架系统现状及趋势分析

1. 研究及应用现状

目前拖拉机上应用的悬架普遍为传统的被动悬架，其主要由一个减振弹簧和阻尼器实现减振功能，减振效果有限。农业机械悬架多采用扭杆弹簧、螺旋弹簧，部分采用空气弹簧和油气弹簧。

随着现代化农业生产、作业要求的不断提高，对于有一定速度要求的农业履带式拖拉机而言，刚性悬架逐渐淘汰，而弹性悬架、半刚性悬架被广泛使用。以螺旋弹簧作为弹性元件的悬架在喷雾机上有所应用。如凯斯纽荷兰公司生产的 Patriot 系列喷雾机安装的四轮独立减震系统和现代农装生产的3WZG-3000 等喷雾机安装的减振器和螺旋弹簧减震系统，其优点在于结构简单，采用可调阻尼减振器便于实现悬架的半主动控制。油气悬架不仅具有单位蓄能比大、结构紧凑、吸振性能强等优点，更便于安装水平调节装置和锁紧装置，因此广泛应用于大功率拖拉机上。空气弹簧具备良好的非线性弹性特性、悬架行程大、负载能力可调、承载质量大、振动频率低等特点，空气弹簧能够实现车身高度的可调，具有发展应用潜力。

（1）美国

美国约翰·迪尔公司、凯斯万国公司和福特农机公司生产的农业机械性能优越、质量好，标准化、通用化程度高，使用方便，整体研发处于世界先进水平，加上美国发达的化工和航空航天工业，这些有利条件为美国农业提供了大量的农业化肥、机械和农用飞机等生产资料和装备，使得美国农业在国际市场上保持强劲的竞争力。

轮式拖拉机方面：美国约翰·迪尔公司最新的拖拉机中采用了半主动悬架技术，安装在拖拉机前轴上的电控悬架有效地降低了"点头下坐"的问题；安装在驾驶室支座处的电控悬架提高了拖拉机作业时操作人员的舒适性。其8245R 系列拖拉机上装配的双摆臂独立轮式悬浮前桥，左、右轮边的上下摆臂分别铰接两悬浮油缸，且两轮可分别独立悬浮，悬浮行程达 0.25 米，悬架锁闭装置和自动水平调节装置为操纵者提供更大的舒适安全性和可控性。美国约翰·迪尔公司还将电液自动调平系统成功应用于坡地联合收获机，该系统是通过机械式的膜片触点控制电磁阀动作给油缸供油，以此实现对联合收获机的调平。该收获机非常适于坡地工况作业。而后该公司又对此进行改进，在原先的基础上增加了互相连通的容器，增加了调平系统的稳定性。

履带拖拉机方面：约翰·迪尔 8320RT 系列使用较为先进的空气弹簧悬架；约翰·迪尔 9470RX 和凯斯 620 功率普遍较大，使用的是三角履带式行走机构。

喷雾机方面：美国约翰·迪尔公司的 4630 喷雾机采用半主动空气弹簧悬

架，而其他型号如 5430i、R4030、R4038 也普遍采用空气悬架。爱科公司的 RG900B、1100B、1300B 喷雾机也选择采用空气弹簧悬架并且可以选配为半主动空气弹簧悬架；其 RG635、RG645、RG655 喷雾机选用主动油气弹簧式悬架。

（2）欧洲

德国的梅赛德斯奔驰·乌尼莫克（Mercedes Benz Unimog）公司把 U1600AG 高速拖拉机投放市场，该拖拉机前、后桥均安装独立式螺旋弹簧悬架，有效增加车轮的接地面积，提高前、后轴的离地间隙，从而改善了拖拉机的行驶安全性、舒适性及操纵稳定性。

2015 年，德国芬特公司向市场推出其 Fendt 1000Vario 系列新拖拉机，功率范围在 291 ~ 380 千瓦（396 ~ 517 马力）。Fendt 1000Vario 系列新拖拉机各机型，在其每个前轮轴上，均装有一个具有水平调整的弹性悬架减振结构可以保证在任何条件下拖拉机前轮与地面的最佳化接触，从而避免了车轮弹跳振动，改善了拖拉机的牵引效率。当拖拉机在从事 60 千米/时的高速运输作业时，也提高了驾驶操纵的舒适性和安全性。由于弹性悬架的上下弹跳间距较大，也保证了拖拉机负荷行驶的操纵舒适度。这种装用独轮弹性悬架减振系统的前轴，每个车轮均系列化装有一个助力调整系统和制动系统。

2016 年，英国杰西博工程机械（JCB）公司向市场推出其 Fastrac 4000 系列新拖拉机其标定功率在 118 ~ 163 千瓦（158 ~ 218 马力），最大功率在 132 ~ 179 千瓦（180 ~ 240 马力）。可以广泛适用于田间各项作业和道路运输作业。它采用了一种整体式结构的弹性悬架减震系统，制动系统的技术质量较高，因此极大地提高了拖拉机的行走稳定性、安全性和操纵舒适性。

奥地利林德纳（Lindner）公司于 2014 年向市场推出 Geotrac4 ep 系列新型山地拖拉机，最大功率均为 104 千瓦（141 马力）。该系列拖拉机的前桥上装有一个整体式结构的前置液压提升器，在拖拉机行驶速度为 50 千米/时的机型上，每个车轮都装有一个独立臂式弹性悬架减震系统，可以保证拖拉机行驶的稳定性和驾驶操纵的舒适性。

荷兰的阿格里法克（AgriFac）公司的 WideTrackPlus、ClearancePlus 型号喷雾机采用半主动空气弹簧悬架。意大利马佐蒂（MAZZOTTI）公司的 MAF 4240、5240 喷雾机选择了主动油气弹簧悬架。德国达曼（DAMMANN）公司的 DT2500H、2800H、3200H 型喷雾机也普遍使用半主动空气弹簧悬架。

（3）日本和其他

井关、久保田、三菱重工、洋马等公司在拖拉机及联合收获机方面普遍采用空气弹簧悬架，而对于重型拖拉机等大型农业机械则采用油气弹簧悬架。日本捷特科（Jacto）公司在其 Uniport 系列喷雾机上配备的环形间隙通道内置电流变式液体减振器的非独立式空气悬架系统，其减振器阻尼可根据簧载与非簧载质量之间的相对速度来自适应调整，从而提高了喷雾机的行驶平顺性。

巴西的斯塔拉（Stara）公司的 Imperador 3.0、2300、2650 等主要型号的喷雾机也采用了主动空气弹簧悬架。

（4）中国

国产拖拉机各部分之间通常采用刚性悬架，而拖拉机在田间作业和行走时的路况较差，振动较为剧烈。

我国生产的履带式拖拉机主要以中国一拖生产的东方红 C 系列为主，该系列覆盖了大型、中型、小型拖拉机所有功率段的履带拖拉机机型，主要型号有 C502、C602、C702 等，该系列主要选用的是平衡台车式弹性悬架，其良好的高速行驶平顺性、稳定性和通过性，适应了我国的市场需求。其中，除 C1802 型履带拖拉机悬架系统采用扭杆式弹簧外，其余所有机型的悬架系统均采用螺旋弹簧式。

喷雾器方面，现代农装的 3WZG-3000A 型号采用空气弹簧悬架，3WZG-3000 型号使用的是带减振器的螺旋弹簧悬架；五征集团的 3WP4-2000 型喷雾器采用空气弹簧悬架。与国外普遍配备高性能悬架系统相反，国内喷雾机为了简化结构，降低成本，底盘大多没有配置悬架，仅仅依靠座椅和喷杆悬架来缓和机身和喷臂的振动。

2014 年，中国一拖成功研制了东方红－国际（525EX）半喂入水稻联合收获机,该机是通过控制左右两侧支重轮的高度,进而将车身调整到水平位置,在当时的车身调平装置研究方面有了很大的提高。

我国履带式拖拉机行走系统自主知识产权程度低,设计方法陈旧、技术落后,导致产品设计周期较长,市场竞争力较低。但中国本土农机企业销量呈现持续上升趋势,依靠国内的市场优势,中国农机市场正在稳步发展。

2. 发展趋势

目前,无人化或少人化农机装备悬架方面还是需要解决"环境感知 + 自调 + 反馈"一系列技术问题,需要将信息技术、传感技术、自动控制理论、人工智能等先进科学技术运用在悬架技术方面。农机制造行业在向数字化、智能化转型,未来农机及车辆悬架技术向低碳化、智能化、信息化、底盘集成技术、轻量化方向发展,并且随着无人驾驶拖拉机的发展,可以预见到未来农业机械将朝着以下三大方向发展。

①机械体型大型化。北方现在由于土地管理方面的优势,在机械使用方面趋向于大型化,同时南方地区土地整合,也会从机械小型化发展成大型化。

②多功能化。即植保喷药、施肥、水稻授粉、中耕、开沟等多功能的农业机械必将取代目前单功能的农业机械。

③全自动智能化。传统机械逐渐向数字控制化、信息集成化智能机械发展。

3.4.3 悬架系统发展目标

当前我国主要粮食作物机械化生产水平达到85%,但农机精准作业技术和农业生产精细管理技术的应用仍进展缓慢,精准农业、装备与服务体系尚未完成构建,节本增效和节能环保等农业生产目标的实现仍缺乏技术手段,与新一代通信结合的监管体系与智能化技术是解决这些问题的主要途径,为此需要着力于推动农业机械与新一代互联网技术的深度融合。对悬架需要进行数字化智能化设计,采用新技术提高悬架性能和质量,基于5G通信技术研发更加智能的悬架系统和农机高度调整的算法，进一步推进无人驾驶农机悬架智能控制终端的发展，推动我国悬架生产规模、生产技术、应用水平进入国际先进行列，以提升我国智能农机装备产业在世界制造业中的地位。

不同应用场合，拖拉机悬架系统的要求会不一样，一种是需要驾驶人员操作的拖拉机，这种拖拉机的悬架在注重工作性能的前提下，还要尽可能地保证驾驶人员的乘坐舒适性；而另一种则是无人驾驶拖拉机，它的悬架系统就可以不用考虑舒适度，转而考虑更好的调整车身高度以适应不同种类的工作地形。利用 V2X 技术可获取的行驶中的各种信息，提高悬架性能，促进悬架、农机以及载运系统的人性化与个性化发展。并完成底盘集成，悬架部分实现智能化，与自动驾驶农机配合良好，实现路况提前感知并根据感知数据做出最优调整。

未来要开展"5G+ 智能农机"技术总体论证研究，提出智能农机具管理系统指标体系，构建 5G 智联终端、无人驾驶终端、农机管理云平台，架构智能农机"云 - 网 - 端"组网。在此基础上进一步发展有/无人驾驶农机和云管理平台；在 5G 农机智联终端方面着力于探索终端对传感器数据的预处理方式，为管理悬架根据地形提前调整农机机身做准备；管理云平台网络和计算资源的虚拟化，以及多传感器车载设备的兼容性设计，为底盘集成技术以及悬架系统的精准控制做准备。在 5G 农机无人驾驶智能终端及远程管控方面进行多传感器车载设备的兼容性设计，研究核心功能部件的工作状态监测以及高精度定位及传感器零偏稳定性优化设计。保证悬架的硬件资源过硬并且可以对其工作状态进行时刻监控。同时在云管理平台下进行农机具作业质量监测算法研究，确定作业面积测算方法，地图地形实时更新反馈和作业质量监测方法，以此保证悬架系统接收到最新的地形信息并执行调整，然后根据作业质量监测方法对控制算法进行反馈，进一步优化智能化悬架的工作能力。这一切都在 5G 安全高速网络下进行，同时云管理平台与 5G 农机智联终端及 5G 农机无人驾驶智能终端及远程管控模块之间进行高速的信息交互，进一步保证悬架工作的效果以及准确性。最终完成 5G 智能农机悬架关键技术的完善进步。其总体技术路线如图 3-4-1 所示。

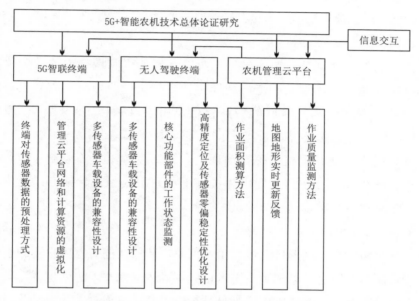

图 3-4-1　5G+ 智能农机悬架系统技术路线

3.4.4　悬架系统发展趋势

我国农机悬架大多使用螺旋弹簧，空气弹簧及油气弹簧应用较少。减振器控制大多为非主动控制或半主动控制。而美国、日本等发达国家农机公司对空气弹簧悬架的应用成为主流，控制方式大多为半主动控制。可预见未来五年内，农业机械悬架将逐步使用空气弹簧悬架和油气弹簧悬架，整体向轻量化发展，主动控制悬架成本降低并且可以广泛应用。

1.1 ～ 2 年发展趋势

实现地隙可调、悬架高度独立可调、倾翻预警。悬架制造技术逐步成熟，形成先进技术悬架自主研发体系、生产配套体系，掌握数字化快速设计技术，产品成本具有市场竞争力，与发达国家的差距缩小。在设计中加入智能化设计元素，包括传感器、控制器关键技术。推进 5G 网络与智能农机悬架技术的结合，发展车身调高技术，构建农机管理云平台。

2.3 ~ 5 年发展趋势

实现悬架自动调节、馈能悬架。实现悬架加工制造技术的数字化、智能化。推动悬架整体设计制造向智能化、智慧工厂转型。完成悬架与数字底盘集成，并接收基于网联的智能化信息引导，融合 5G 甚至 6G 模块、GNSS 定位、姿态传感器和悬架之间的通信技术模块集成，可以在一定范围内感知前方路况并根据工况自动调整车身高度、阻尼等参数。构建标准化平台，传感器、控制器达国际先进水平，通用数字化悬架广泛应用，实现在一定条件下悬架自动调节及反馈控制。

3.5 年以上发展趋势

实现全路况、全地形自动最优工况调整，建成面向完善的自主智能网联悬架设计制造产业链，悬架制造技术达到国际先进水平，进入世界车辆零部件制造强国阵营；以低成本碳纤维复合材料为基础完成悬架的轻量化设计制造，农业机械联网率达到 90%；完成底盘集成，实现悬架的智能化控制。实现非复杂农田的自动最优工况调整，进一步实现全路况、全耕作地形自动最优工况调整，实现系统通用化。

农机悬架系统发展趋势汇总见表 3-4-1 所列。

表 3-4-1　农机悬架系统发展趋势

时期	关键技术和产品
2021—2022 年	地隙可调、悬架高度独立可调、翻倾预警
2023—2025 年	悬架自动调节、馈能悬架
2026—2030 年	全路况、全地形自动最优工况调整

3.5 转向系统

3.5.1 导言

转向系统是车辆底盘四大系统之一，转向系统主要由转向操纵机构、转向器、转向传动机构三部分组成。转向系统应满足如下要求：车辆转弯行驶时，全部车轮应绕转向瞬时中心旋转，并接近纯滚动；转向盘转动方向与车辆行驶方向的改变一致；转向轮具有自动回正能力；行驶状态下，转向轮、转向盘不得产生自振；转向传动机构和悬架导向装置协调运动，应使车轮产生的摆动达到最小限定值；转向灵敏，转弯直径达到最小限定值；操纵轻便；转向轮传给转向盘的反冲力要尽可能小；转向器和转向传动机构中应有一定自由间隙，并可调整；转向系统应有能使驾驶员免遭或减轻伤害的防伤装置。

转向系统发展至今经历了机械式转向系统（MS）、液压助力转向系统（HPS）、电动助力转向系统（EPS），以及为适应自动驾驶需要发展的线控转向系统（SBW）四个发展阶段。

1. 机械式转向系统

机械转向是转向系统最早阶段，这种转向系统最初主要由一级齿轮传动机构、转向拉杆等组成，应用时驾驶人员可以通过对转向拉杆进行左右操作，带动车轮角度发生变化，完成车辆的转向。随着机械转向的逐渐发展，开始出现了一些更加复杂的机械转向机构，例如循环球式、齿轮齿条式，其中循环球式采用螺杆螺母间一组循环作用的滚球作为传动副，具有更高的正传动效率，同时兼具操作简单、耐久性良好、承载力大的优点。初期主要应用于重型车辆（例如货车）；齿轮齿条式的主要核心为齿轮传动机构，通过齿轮传动机构的连带运动实现转向，这种转向方式不但具备自动补偿齿轮间隙的功能，还有着结构简单、成本低、质量轻、效率高的优点，但承载力相对较小，所以其在当时常见于家用小型车上。

2. 液压助力转向系统

液压助力转向系统是在机械转向系统之后产生的一种转向机构，其原理相较于机械转向系统更加复杂。具体来说，液压助力转向系统主要通过驾驶人员的控制，使得发动机产生液压力来实现对车轮的控制，以此完成转向。相较来说，机械转向系统的转向完全依靠驾驶人员自身的力量来实现，而液压动力转向系统因为介入了液压力，所以能够减少转向对驾驶人员自身力量的依赖，同时也降低了相应的力矩，应用时能够降低对车辆转向的控制难度，有利于车辆行驶的稳定性。随后，因为液压助力转向系统的优异性能，使其慢慢取代了机械转向系统，逐渐普遍应用在轻型轿车以及中高档轿车当中。在之后的发展当中，液压助力转向系统技术水平也开始不断攀升，演化出3种不同的液压动力转向系统，即液压助力式、气动助力式和电动液压助力式，其中主要以液压助力式最为普及，因为这种系统的压力较大，结构相对紧凑，能够给予驾驶人员良好的路感，而其他两项系统与液压助力式原理相似，但相较之下其压力与结构都不如液压助力式，所以应用范围较小。

3. 电动助力转向系统

电控液压助力转向系统和电子助力转向系统是同时期的科技产物，都属于电动助力转向系统。电动助力转向的主要关键技术为：电动机和传感器技术。电动机作为电动助力转向系统中的核心设备，其需要满足外形尺寸、性能、效率等方面的要求；传感器安置于车轮、车门、后备箱等位置，给电动机控制执行机构提供数据支撑。

4. 线控转向系统

线控转向系统是指取消转向系统的大部分的机械传动和连接机构，方向盘与车轮之间通过信号传递，经控制器完成转向。当驾驶员发出转向指令时，控制器综合驾驶员指令、车辆运行状态和路面状况等因素确定各车轮需要的转角，四个车轮通过差速配合完成转向。该系统由于结构和控制原理特点，在提高系统的响应速度和稳定性，改善驾驶员的"路感"，总体布置以及节省能源，提高传动效率等方面有较大的优势。线控转向系统由方向盘总成、转向执行总成和 ECU 三个主要部分以及故障诊断、电源等辅助系统组成。线控转向系统取消了传统转向系统的转向盘与转向轮之间的机械连接，完全由电能实现转向，摆脱了传统转向系统的各种限制，不但可以自由设计转向的力传递特性，而且可以设计转向的角传递特性，大大提高了车辆行驶的操纵稳定性。

线控转向系统用传感器检测驾驶员的转向数据，然后通过数据总线将信号传递给车上的 ECU，并从转向控制系统获得反馈命令；转向控制系统也从转向操纵机构获得驾驶员的转向指令，并从转向系统获得车轮情况，从而指挥整个转向系统的运动。转向系统控制车轮转到需要的角度，并将车轮的转角和转动转矩反馈到系统的其余部分，比如转向操纵机构，以使驾驶员获得路感，这种路感的大小可以根据不同的情况由转向控制系统控制。装备了 SBW 的车辆由于转向系统没有了机械结构的限制，车辆可以实现极其精准的转向，从而使车辆的操纵稳定性得到大幅度提升。不仅如此，机械结构的消除进一步精简了车辆的外形，实现了车辆的轻量化，无形中也使车内空间得到扩充，车辆可以在内部搭载更多安全装置或者应用娱乐装置，使车辆安全性、实用性大大提升。此外，SBW 可以通过 CAN 总线连接到 ECU 上，与其他车辆电子电器设备协同作用实现自动驾驶、自动停车等功能，促进了"车－路－人"一体化进程，为智能无人驾驶的到来创造了先决条件。基于卫星定位系统的农机精密自动驾驶系统就是在工作中由 GPS 接收机、电子罗盘、车速传感器以及前轮转角传感器不断将农机的位置姿态信息传给计算机，并由计算机进行实时信息融合，得到组合导航信息后与期望路径进行比较，得到路径跟踪偏差；再通过控制算法得到该时刻前轮的期望转角，然后将该偏差输入转向控制器中；控制器完成对前轮转角的转向工作，使得农机等动力机械不断减小跟踪路径的偏差，并通过反复进行这一过程实现了农机的自动驾驶功能。

现代农机车辆大多采用液压助力转向系统和电动助力转向系统，当前农机的转向系统逐渐向自动转向系统方向发展。农机自动转向系统按执行机构主要分为两种：一种是电机动力转向系统；另一种是电控液压转向系统。前者由于不需要改变拖拉机原有转向系统，具有结构简单、容易实现、可复制性强的特点；后者则需要对原有液压转向油路以及结构进行改变，但是该方式比前者有着更高的控制精度和更快的反应速度，适合在大型农场作业中使用。

电机动力转向的原理是：电控单元通过分析传感器采集到的信息，计算出转向轮期望转角以及所需要的转向力矩，控制电机为转向轮提供转向力矩，实现自动转向。电控液压转向原理：是将前轮期望转角与实际转角进行计算，得到转角差值，通过控制电磁阀阀芯开度来改变液压油的流向与流速，进而控制转向轮的偏转方向与角度。该转向系统默认的是人工转向，但需要自动转向时，只需要接通电磁阀即可，转向方式切换简单。

对于农机的发展，电动助力转向系统受限于安装空间、力传递特性、角传递特性等诸多因素不能自由设计和实现，但线控转向系统的发展能弥补这一缺陷。伴随线控转向系统的自动转向作为无人驾驶农机的关键技术之一，必然将得到高水平的发展。

转向系统设计要求：

①如果智能农机采用后装方案且动力来源维持原发动机系统，转向操作系统采用电动方向盘形式，转向执行系统可采用原液压助力系统；如果采用前装方案且底盘进行电动化改制则转向操作系统采用电动方向盘形式，转向执行系统可采用EPS。

②智能农机底盘转向系统由五部分组成，分别为电动方向盘（如图3-5-1）、伺服驱动器、减速器、角度传感器、转向执行系统。电动方向盘系统（含伺服驱动器）要求具有人机共驾功能，减速器采用行星减速器，角度传感器要求装载在转向轮的注销轴上，且要求农机在泥泞路面作业时角

度传感器需安装护板，防止泥浆糊在角度传感器表面导致整机转向角度反馈失真。

图 3-5-1　电动方向盘

③如果转向系统的动力源由发动机驱动油泵形式改为 EPS 电动转向，转向电机的转向扭矩值设计需大。

3.5.2 国内外现状

随着科技的进步，农机智能化和数字化已成为主流趋势。农机的转向系统发展也已经由传统的机械转向系统和液压助力转向系统逐步向电动助力转向系统和线控转向系统的方向发展。电动助力转向系统由传统的机械结构和电子元件构成。电动助力转向系统的构成所需要的关键部件为：转矩传感器、车速传感器、助力电机、减速机构、电子控制单元等。

助力转向系统 ECU 获取转矩传感器上的转向盘转矩信号与速度传感器的车速信号，根据这两个信号，控制器确定助力电机转动方向与助力转矩的大小，控制器的输出数字信号经过 D/A 转换器转换成为模拟量，传至电流控制电路。电流控制电路将此电流值大小与助力电机电流大小相比较得到差值，将差值信号传至电机驱动电路，对电机实施控制，从而完成助力转向过程。助力过程根据速度不同而不断调整，实时性非常高，所以其输出力矩能够适合各种工况下的行驶条件。

近年来，线控转向系统以其独特的特点和优势，得到了更多的关注和快速发展。线控转向系统能提高车辆安全性能；改善驾驶特性，增强操纵稳定性；改善驾驶员的路感。线控转向系统展现出的种种独特优势，被普遍认为是实现高级智能驾驶的核心技术之一，未来线控转向系统也将成为转向系统发展的主流方向。

以下是全球农业机械转向系统主要供应商的市场规模及其在转向系统方面的一些代表性产品和研究成果。

1. 国外现状

农机转向系统中四轮转向技术的发展已经相对成熟，并且很早就应用在农机当中。不同转向模式时的车轮状态如图 3-5-2 所示。

（a）前轮转向

（b）后轮转向

（c）四轮异相位转向

（d）四轮同相位转向

图 3-5-2　不同转向模式时的车轮状态

2012 年，芬兰阿尔托大学蒂莫·奥克萨宁（Timo Oksanen）和拉伊莫·林可内托（Raimo Linkolehto）对芬兰四轮转向拖拉机进行了研究，提出了一种无人驾驶农用拖拉机的网络化控制系统，设计了四轮转向同步控制系统，其转向系统主要由一个液压泵，一个带有四个方向阀的液压阀块以及四个液压缸构成，与传统的只采用一个液压缸的转向系统相比，其最大转向速率只受液压泵的流量影响。2013 年，他们对四轮独立转向拖拉机的控制方式进行了研究，提出了一种考虑饱和度动态补偿的非线性补偿的控制器设计，实现了通过使用一个普通液压泵和四个方向阀对四个液压执行机构位置的控制设计，通过分析得出超过系统饱和度信号的各个车轮的转向角度依然由单独的位置控制器予以控制。

国外各大农机企业也在积极尝试将新型转向技术应用到自己的智能农机产品当中，如美国约翰·迪尔公司生产的 s660 收获机的辅助导向系统可以在驾驶时直接释放驾驶员的手，并且可以升级到作业所需的精度水平；其卫星导航系统可实现精确采集，从而提高工作效率和工作质量。

美国约翰·迪尔公司通过装用一种"Auto Trac Turn Automation"系统，德国芬特公司通过设计装用了一种"Vario Guide Turn Assistant"系统，解决了三点式附件的"Y"型自动转弯问题。

德国克拉斯农机公司则研发出一种电子机器优化系统，为拖拉机和农机具提供了一个交互式操纵系统，为整个拖拉机—机具组合的最佳设置提供了一个整体的方案。可以用于拖拉机田边地头转弯操纵的自动系统等。

2. 国内现状

当前，我国农业机械的转向系统多采用液压助力转向系统和电动助力转向系统，这两种转向系统发展已经形成初步产业化，技术发展正逐步走向成熟。目前，实现拖拉机自主转向的方法有以下两种。第一种是由电动方向盘控制。电动方向盘用来帮助车辆的转向系统进行转向轮的转向，它是通过结合一个由 GPS 导航的摩擦轮实现的。当转动方向盘时就能解除电动控制，这种电动方向盘安装简单，操作容易，在驾驶室中占用的空间也不大，且对其他的操作没有干涉，同时可以减轻驾驶人员的操作负担，在经过斜坡时也能提高操作的准确性。第二种是建立一种直接由电液控制的转向机构，在原转向油路并联安装转向控制机构，即并联一个用于电路控制的"转向器"，即建立一个电控液压系统。

对于农机四轮转向系统，国内也有很多高校和科研单位进行了相关了研究。山西绿环汽配有限公司杨应捷设计了一种四轮转向机构，驾驶操纵人员可以根据自己的意愿选取前后轮同向转向方式或前后轮反向转向方式，同时后轮转向能够在行驶过程中自动回中位。经研究，前后轮同向转向方式具有方便车辆路边停车等优点，前后轮反向转向方式具有减小转弯半径、方便车辆在狭窄场地掉头等优点。

吉林省水利水电工程局梅世义对工程车辆液压四轮转向系统进行了研究，指出了使用两轮转向的弊端，通过研究发现使用四轮转向系统的重载工程车辆适宜在狭窄空间行驶且转向灵活，并将所设计的四轮转向系统用于电厂的风扇磨拆装车中，运行结果较好。

哈尔滨工业大学孙海波将四轮转向应用于车辆中，建立了车辆的非线性模型，研究了后轮转向方式的特点。以现代非线性动力学稳定理论为基础来分析四轮转向系统的运动稳定性，得出四轮转向能够增强车辆高速行驶稳定性与低速行驶时的转向灵活性。

中国农业机械化科学研究院张辉设计了一种飞机牵引车的四轮转向系统并将其应用于一种车型中，使用此种转向系统的飞机牵引车能够在实际空间狭窄的特殊环境中工作且转向灵活。

江苏大学夏长高教授领导的课题组研发了一种四轮转向高地隙自走式喷雾机，它使用了一种全新的全液压转向系统。阐述了其四轮转向液压系统的工作原理，建立了液压转向系统的数学模型，使用软件建立了样机模型和液压系统的半物理化模型，通过仿真和实验验证了四轮转向高地隙自走式喷雾机转弯半径较小，转向灵敏性较高。

西北农林科技大学张国远研究了一种高地隙自走式平台，并为其设计了一种四轮转向液压系统，通过运动学分析得出全轮转向与前轮转向相比能使转弯半径减小许多。通过实验验证该平台在不同路况下采用全轮转向方式，显著增加了转向系统的机动灵活性能及其喷雾时的均匀性。

综合国内外现状可以明显地看出，四轮转向其转弯半径小，甚至可以原地转向。传统的农机大部分使用前轮转向技术，其转向半径较大，灵活性较差。采用四轮转向技术可以很好地减小转弯半径，提高车辆稳定性，改善车辆的转向性能，当前我国已经将四轮转向技术较好的应用在农业机械中。

除了四轮转向外，还有自动转向系统。原农机转向系统一般只有人工转向功能不具备自动转向功能，无法满足自动导航的要求，需要对农机转向系统进行自动化改造。自动转向系统包括两个组成部分，分别为实施转向控制的部分和执行转向命令的部分。其中执行转向的命令部分主要是完成转向控制系统的控制指令，驱动车辆转向轮完成相应的转向角转动，转向控制部分主要用于控制执行部分以一定速度和精度完成转向任务。

3.5.3 发展趋势和目标

目前，随着液压助力转向系统和电动助力转向系统在我国农机车辆上的逐渐普及，以及智能驾驶相关技术的研发不断投入，未来性能更优越的线控转向系统开发与使用也成了必然。伴随着农机的无人驾驶，线控转向系统将会成为未来智能农机中的一个关键环节。线控转向系统主要由执行机构和控制系统组成。

1. 执行机构

农用拖拉机自动转向控制系统执行机构目前主要有两种：一种是通过电机的动力驱动方向盘控制农用拖拉机自动转向的电控转向系统，它的优势是电机动力控制系统不需要对底盘的转向结构做出改变；另一种是通过电机控制液压的转向执行机构，这种转向方法相比直接电机控制简化了中间的传递环节，并且具有更佳的所需功率以及控制性能，在传递函数的控制方面也更简单，减小了系统的转动惯量，但是电控液压控制系统则需要改变液压油路及结构，综合相比之下，通过电机控制液压转向的方法更受研究学者和市场的青睐。

近年来，我国农用拖拉机转向执行机构开始从采用全液压系统控制向电液控制机构过渡。与相对复杂的传统转向系统的结构原理不同，电液控制机构并不是通过转向柱连接转向轮和方向盘，全液压控制系统实现转向面临着地面和转向轮间的摩擦力问题。虽然全液压控制系统比传统转向系统更为复杂，但避免了转向车轮与方向盘角传动比固定所带来的一系列问题，提高了控制系统的控制精度和灵敏度。随着电液控制技术的快速发展，转向车轮与方向盘相互间的机械结构已经逐渐被淘汰，利用电子信号控制电液比例阀来驱动液压执行机构的运行，最后实现农用拖拉机的日常工作转向。从全液压系统控制向电液控制系统过渡已成全面趋势，全液压系统控制被时代淘汰已成必然。

2. 控制系统

转向控制系统控制方法的选择决定整个自动转向系统性能的优劣。转向控制算法是转向控制系统的核心，转向控制算法能修正转向控制信号、优化控制性能，并且能迅速、准确地执行转向命令，从而提高自动转向系统的控制精度和响应速度。控制算法在农用拖拉机转向上的应用主要是传统比例－积分－微分（PID）控制、在 PID 控制基础上的模糊控制以及双闭环控制算法和其他优化控制算法。随着算法控制方法作用的日益凸显，国内多位学者对不同的转向算法控制进行了研究。

（1）传统 PID 控制

传统的农用拖拉机转向控制系统控制方法主要是 PID 控制，但基于传统 PID 控制设计的控制器在复杂的作业环境里缺乏较强的自适应性和调控性，系统也很难及时响应。在转向精度要求不高的场合经常会出现传统的 PID 控制法，特别是在过去农业生产水平不太高的情况下。但随着时代的发展，农业发展在社会发展中的作用日益突出，传统的 PID 控制已经满足不了农用拖拉机实现精准自动转向的要求。随着农用拖拉机朝着自动化、智能化的方向发展，对农用无人驾驶拖拉机的研究也引起许多学者的研究。自动转向作为农用无人驾驶拖拉机的核心环节，且控制算法又在自动转向里起着十分重要的作用，因此更精确、响应速度更快的算法控制广受研究关注。

（2）非线性模糊控制

非线性模糊控制相对于传统的 PID 控制，算法设计相对简单很多，并且拥有更好的适应性能以及抗干扰性能、稳定性能等优势。但因为非线性模糊控制不被控制对象的数学模型所局限，所以也存在控制精度不高和静态余差等问题。我国基于东方红 -X804 拖拉机采用双闭环控制算法设计了自动转向系统，并且通过测量车轮的实际转角与期望转角进行了对比，双闭环控制可以使转向轮更加平稳地修正方向以到达指定位置。其实，在目前的研究过程中已经衍生出多种方式的算法控制优化方法，算法控制对自动转向系统优化作用越来越重要，合适的算法控制不仅可以简化执行机构，而且可以实现准确、快速响应自动转向控制系统。

现在 SBW 还有很多关键难点亟待解决。比如安全性方面，由于电子部件还没有达到机械部件那样的可靠程度，如何保证在电子部件出现故障后，系统仍能实现基本的转向功能，这在实际应用中十分重要。再比如成本方面，例如，由于对电子部件可靠性的担忧，目前的有些 SBW 为了解决安全问题还保留了机械部件如离合器来进行安全防护，该离合器将 SBW 分为上、下两个部分，在正常转向时离合器是分开的，一旦检测到某些故障，离合器会将上、下两部分连接成传统的机械系统，以确保驾驶员仍能操纵转向，这种为了满足安全需求的冗余设计造成了成本的增加，也是阻碍 SBW 市场化的一个主要因素。虽然有这些难点摆在面前，还需要深入研究和大量的验证，但相信随着技术的发展，比如电子元件和芯片成本降低、可靠性和处理能力大大提高，这就为未来更多的消费者提供了低成本的便利。一旦突破这些瓶颈，SBW 一定会得到井喷式的发展与使用。在未来发展中，SBW 会在诸多场合提供支持，这也符合车辆将在"新四化"——智能化、共享化、电动化和网联化方向上发展的大势，因此 SBW 在未来将会有良好的商业化和产业化的市场前景，将是提升自主品牌技术含量的一次机遇与挑战，是打破国外技术垄断的一个新的突破点。

线控转向系统预示了未来转向系统的发展趋势，即以提高车辆整车主动安全性、减轻驾驶人的脑力和体力劳动为根本出发点。目前，车用电子元器件和电子芯片的成本逐渐降低，电子元器件的可靠性和处理能力大幅上升，这样就降低了线控转向系统的成本费用，使广大消费者能够接受。对于目前围绕车辆开发的节能、环保和安全主题，未来将以零排放为主体。电动农机随着电子技术的不断开发，将会为线控转向系统的技术发展带来前所未有的前景。线控转向系统是我国现代车辆转向控制系统技术发展的一个必然趋势。所以，我们要投入更多的时间和精力创新发展线控转向系统。虽然线控制转向系统具有很多优点，但是受当前的技术水平的限制还是有一些不足之处，因此，虽然目前线控转向系统在市场份额当中很小，但其未来潜在的市场规模却相当大，并且其性能在不断地提高，这对于线控转向系统的研究具有深远的意义。未来，伴随着智能农机技术的成熟，农机的自主驾驶在线控转向系统中也很容易实现。农机将向着线控转向无人驾驶的方向发展，这对于加快中国国产农机的智能化、数字化、电子化的发展也将产生深远的意义。

3. 控制策略

转向系统的作用是控制转向轮相对于农用拖拉机机体纵轴产生一定的偏转，然后通过车轮与地面的相互作用，产生驱动拖拉机偏离行驶方向的向心力，使得行驶方向发生变化。目前，农用拖拉机的转向系统大致分为两种：第一种是在原有转向系统基础上并联转向控制阀组，通过对阀组的控制实现拖拉机的自动转向控制；第二种是控制电动机驱动方向盘或者驱动并联的转向器转动实现转向操作。

目前，大部分农机采用全液压系统控制其转向执行机构工作，其在工作过程中通过控制液压执行机构克服转向轮与地面间的摩擦力完成拖拉机的正常转向。但由于传统的转向系统方向盘与转向轮之间通过转向柱相连，结构复杂，方向盘与转向车轮的角传动比固定，系统的灵敏度较差，转向过于沉重、控制精度较差。随着线控转向技术及电液控制技术的快速发展，全液压系统逐渐被电液转向系统取代，同时方向盘与转向车轮之间的机械结构也逐渐被取消，系统工作时通过电子信号控制电液比例阀驱动液压执行机构工作，从而完成拖拉机的正常转向。

线控转向系统能够无束缚地得到驾驶员进行转弯的指令目标输入和转向轮的变化之间的关系，车辆可以控制转向机构和行驶需要之间的关系，这样能够对车辆的进行调节。

线控转向控制的研究包括上层控制方法和下层控制方法两个方面的内容，其上层控制方法主要包括转向变传动比控制策略、四轮线性转向控制的研究以及动态稳定性控制策略等研究内容，下层控制方法主要包括转向电机控制策略。

（1）转向变传动比控制策略

车辆转向传动比的控制对于整车有着非常重要的意义。当车辆在低速运行时，车辆的转向系统传动比应该小一些，这样转动较小的方向盘就能够获得较大的车辆前轮转向角，这样可以很好地调节驾驶员驾驶车辆时的舒适感和车辆的稳定性；而当车辆在高速运行时，车辆的转向系统传动比就应该大一些，这样当在驾驶过程中出现危险状况时，车辆不会因为转动了较小的方向盘转角而产生较大的转动，从而导致车辆失控。当车辆转过较小的弯道时，它的传动比应该能够变得小一些，这样可以让车辆转向迅速；当车辆通过较大的弯道的时候，它的传动比要被调节的大一些，这样可以让车辆转向轻快。另外，为了达到最佳的驾驶舒适度，常常根据车速对车辆的转向传动比进行系统优化。常采用的方法有遗传算法，仿真和驾驶模拟器试验验证法，基于 MATLAB 模糊控制工具箱设计转向传动比算法及利用 ADAMS 软件进行双移线等工况仿真等。

（2）四轮线控转向控制

为了达到提高车辆侧向性能的目的，常采用四轮转向控制的方法，通过建立车辆传动齿轮的线控转向系统模型，在改变车速的情况下结合动力学知识，并通过引入动态调整边界层厚度的变结构控制器，对不同转向操纵下的车辆转向控制进行模拟。在一定的操纵范围内，最优控制状态下，四轮转向控制能够提高车辆的侧向性能。

（3）动态稳定性控制策略

为了提高车辆转向的稳定性，优化车辆稳定性控制效果，需对驾驶过程中的横摆力进行控制，以提高其响应速度，降低摆动幅度。现在应用于车辆上的线控转向系统的组成主要含有大灯随动转向（AFS）、主动式后轮转向（ARS）和四轮转向（4WS）三种形式，这三种形式的基本思想均是要利用变化的车辆转向轮的偏角，进而改变轮胎受力，产生一个使车辆恢复之前的稳定性的作用力矩，从而保证车辆在行驶过程中的稳定性，达到动态控制车辆的稳定性的目的。

（4）转向电机控制策略

车辆转向控制的实现离不开转向电机，它是转向控制系统最重要的研究内容，车辆转向控制的效果深受转向电机的影响。对转向电机的控制，常采用高性能的永磁转向电机进行；在采用直流电机控制时，设计为PID参数控制，其具有更快的响应速度，改善了车辆的转向控制性能，能精确地完成对车辆转向角调节，对车辆的转向进行调节。

此外，路感模拟也是线控转向系统需要攻克的重点关键技术。在车辆行驶过程中，驾驶员需要通过大量的信息来感知车辆当前行驶状态，如听觉、触觉、视觉等，从而决定下一刻的驾驶操作。线控转向系统，通过发送电子信号控制车辆实现转向的功能，消除了很多从转向盘连接到转向轮的不必要的机械部件，也因此导致了驾驶员不能通过转向盘来直接获取路感信息。故需要路感模拟系统为驾驶员模拟产生实时有效的路感信息。路感模拟系统主要通过车轮与路面之间的转向阻力及回正力矩信息等来产生相应的路感。

对于农机的自动转向系统，其执行机构和控制方式的选择是农机自动转向控制系统研究的两个关键问题。目前国内农用拖拉机自动转向系统大部分属于后装系统，增加了精确跟踪及作业控制参数调整匹配的复杂性。因此提高通适性、降低改造成本、简化执行机构是今后需要研究的重点。自动转向控制系统的控制算法是整个自动转向系统的核心，因此转向控制系统智能化是今后发展的趋势，需要进行进一步研究，自动导航系统与无人驾驶系统在农机上的应用程度与转向控制系统的研究密切相关。随着我国农业机械朝着自动化、智能化的方向发展，只有进行更深层次的发展，才能开发出适合于我国精准农业发展的农机自动转向系统。

3.5.4 发展趋势

农用车辆转向系统的关键技术向电动助力转向系统和线控转向系统方向发展。传统的机械式转向系统和液压助力转向系统由于其不可逆转的缺陷将逐步被淘汰或应用在一些不太重要的场合。

1.1～2年发展趋势

电动助力转向系统能显著降低燃油消耗，回正性能好，有良好的操纵稳定性，易于维护，技术相对成熟，市场上将仍以电动助力转向系统为主。农业领域上将仍以电动助力转向系统作为主流的发展方向，市场上将会出现一些新的线控系统转向农机产品。

2.3～5年发展趋势

电液自动转向系统和电动方向盘自动转向系统将得到发展。

3.5年以上发展趋势

随着技术的逐步发展与突破，线控转向系统在市场上的比重将越来越大。未来，随着线控转向系统进一步发展，其技术将逐步完善，农机将会产生新的可靠的线控转向产品，也将逐渐取代电动助力转向系统，成为下一个主流转向系统。

农机转向系统发展趋势汇总见表 3-5-1 所列。

表 3-5-1　农机转向系统发展趋势

时期	关键技术和产品
2021—2022 年	液压助力转向系统、电动助力转向系统
2023—2025 年	电液自动转向系统、电动方向盘转向系统
2026—2030 年	线控转向系统

3.6　制动系统

3.6.1　导言

拖拉机制动性是农业机械安全性的重要方面。近几年农机事故统计分析表明，因制动不良或操作不当，引起的事故约占农机事故总数的 26%。拖拉机良好的制动性能，可提高使用效率，确保作业安全，保障人民的生命财产安全，促进农村经济发展。

拖拉机上的制动器都是摩擦式制动器，按其结构形式可分为盘式、带式、蹄式三种。

1. 液压盘式制动

液压盘式制动器是农用四轮拖拉机的重要配置，是保证拖拉机安全行驶的重要部件，具有结构简单、体积小、制动力矩大，不受泥水侵袭等优点。液压盘式制动器拥有诸多的优点，在农用拖拉机上的应用日益广泛。液压盘式制动器在四轮拖拉机上的应用越来越广泛，因为它的制动效果与摩擦系数的 K-μ 曲线变化较平衡，因而对摩擦系数的要求较低，制动时对外界的影响因素敏感度低。拖拉机在制动时可以保证制动效果的稳定和可靠。此外，液压盘式制动器结构简单，利用制动活塞和轴承座压紧摩擦片实现制动，拖拉机的减速度与制动管路压力是线性的关系，制动力矩大且输出平稳。液压盘式制动器是密封的，与鼓式制动器相比摩擦片不受雨水、泥沙、锈蚀的侵扰，地保证了制动器处于良好的工作环境中。液压盘式制动器制动行程稳定，制动效果好，制动时制动踏板力较小，且车速对踏板力的影响较小，制动行程稳定，制动效果好。

由于农用拖拉机工作环境恶劣，设备维护水平低，液压盘式制动器常常会出现性能不稳定情况，如工作过程中卡死、抱死，出现跑偏、侧滑等现象，且已成为行业难点之一。其使用过程中存在以下几个问题：一是摩擦片在工作过程中的磨损情况无法知道，如制动过程中的温度分布，磨损量，位移等，没有准确信息来反映它所处的状态，观察不方便。由于设备维护保养率低，常常是制动器出现问题后才进行检修，存在安全隐患。二是在田间作业时，常会出现液压盘式制动器卡死，"O"型密封圈变形、破裂等问题。三是公路运输中，紧急制动时常会出现侧滑、制动力不平衡等问题。以上问题的出现均由于制动器缺少智能检测装置，无法检测车辆在制动时的摩擦片温度、磨损量、位移、油压、制动器油缸油量等信息，无法观察制动的实时状态。因而液压盘式制动器加装一种利用微电子新技术实现智能检测十分必要。

总的来看，液压盘式制动器具有结构简单、体积小、制动力矩大，制动性能稳定可靠，且不受泥水侵袭等优点，在农用拖拉机上应用越来越广泛。但由于其缺少智能检测装置，无法检测车辆在制动时的摩擦片温度、磨损量、位移、油压、制动器油缸油量等信息，无法观察制动的实时状态。因此，液压盘式制动器实现智能化很有必要。

2. 带式制动拖拉机

根据制动带收紧方式的不同，可分为单端式、双端式和浮式三种。

①单端式制动器：制动带套装在转向离合器从动鼓上，制动带的一端固定，另一端与拉杆臂相连接。

②双端式制动器：制动带分别套装在制动凸轮两个销上，制动时两端都被拉紧。

③浮式制动器：制动带的两端无固定支撑，分别固定在浮动的拉杆臂上。

单端、浮式制动器安装在后桥壳体中的转向离合器上。由制动带、拉杆臂、制动带后拉簧、制动器拉杆等组成。双端式制动器的制动鼓分别固定在两半轴齿轮上，制动壳体安装在后桥壳体前部两侧，由制动鼓、制动带、制动凸轮轴和回位弹簧等组成。

带式制动器的结构比较简单，零件少，但制动力矩较小，要产生同样的制动力矩就需较大的体积和重量且操纵费力，制动力不够平顺，磨损不均匀，散热情况较差，并有较大的径向力。这种制动器在履带式拖拉机上采用较多，因为从结构安排来看，在履带拖拉机的后桥中布置带式制动器比较方便，特别是采用转向离合器或行星转向机构转向的拖拉机，结构本身就为带式制动器提供了现成的制动鼓。

3. 蹄式制动

蹄式制动器也称"鼓式制动器"，有简单式和增力式两种。与带式制功器相比，结构尺寸和操纵力都较小，散热情况也比带式好，这种制动器的磨损也是不均匀的。目前，除某些小功率轮式拖拉机（如东方红 -20）采用蹄式制动器外，在国产大中型拖拉机上很少采用。

随着电子控制技术在拖拉机的控制系统上的广泛应用，多系统集成控制技术将会成为今后拖拉机发展的主题，效率高且耗能低的线控技术（X-By-Wire）是应用方向。目前，线控制动系统主要有三种类型，第一类由传统液压系统和电子控制单元结合而成，称为电子液压制动系统（EHB）；第二类完全由电子控制元件与机械部件组成，称为电子机械制动系统（EMB）；第三类将两种线控制动技术有机结合，称为混合线控制动（HBBW）。

（1）电子液压制动系统

EHB 系统是在传统的液压制动系统的硬件基础上发展而来的，将传统液压制动系统的部分机械元件采用电子元件代替，是一个机、电、液混合系统。EHB 系统取消了传统液压制动系统中的真空助力器，采用电机驱动液压泵的方式将制动液从储液罐泵入高压蓄能器中储存，作为制动系统的压力源。同时，系统增加了一个踏板感觉模拟器以便给驾驶员提供更舒适、灵敏的制动脚感反馈。同时保留了成熟的液压部分，可以在电子助力失效时提供备用制动，确保车辆安全。EHB 主要元件有传感器、EHB 的控制单元、执行器等。

（2）电子机械制动系统

电子机械制动系统采用电子机械系统，取代了传统制动系统中的液压系统，四轮的制动执行机构均由独立电动机驱动。与 EHB 系统相比，EMB 系统采用电机控制制动器，取代了传统式的液压制动器，完全抛弃了传统油液制动，彻底实现完全无油液制动，EMB 系统作用在车轮上的制动力完全由电动机输出，这种制动形式响应快、效率高，但是 EMB 系统要想投入使用，还存在很多问题，并亟待解决。

（3）混合线控制动系统

基于两种线控制动系统的优劣势及其关键技术开发困难等原因，考虑将两种制动技术有机结合，充分发挥其各自优势，作为未来制动系统发展的方向之一。前轴采用 EHB 系统，可以实现前轮制动力调节，同时能够实现制动失效备份；后轴采用 EMB 系统，一方面可以缩减制动管路的长度，同时能够使电子驻车制动系统（EPB）更加方便快捷。

制动系统方面，为了提高无人驾驶拖拉机的安全性，无人驾驶拖拉机主动制动控制系统也逐渐发展起来，主动制动系统一般采用电液控制系统与原车制动控制系统并联，车辆控制优先级高于电液控制的模式，并与环境感知系统和云平台防碰撞模块相结合，能够保证无人驾驶拖拉机在各种极端环境下都安全可控，确保在无人干预的情况下更加安全地完成田间作业任务等。

3.6.2 国内外现状

1. 美国

美国在 1979 年首先提出了线控制动的概念，并于 1982 年首次将电控制动技术应用到攻击机上。20 世纪 90 年代初，美国福特汽车公司就把其研发的 EHB 制动器成功安装到了电动汽车上，完成了各大汽车公司对 EHB 系统装车试验的首次尝试。1994 年美国一公司则通过模拟及信号仿真软件（Saber 仿真器），开发出了一套功能完善的电磁阀控制式 EHB 系统。

2004 年德尔福公司推出了混合线控制动系统，它用电动制动钳来代替传统液压制动钳并应用于后轮制动，同时还开发了电动驻车制动，从而使车载的防抱死刹车系统（ABS）、牵引力控制系统（TCS）和车身稳定控制系统（VSC）发挥出更好的功能。

2. 欧洲

博世公司研发的 EHB 系统为了使驾驶员获得良好的踏板感觉，制动踏板经制动主缸连接到踏板模拟装置（Pedal Travel Simulator）。中央控制器根据驾驶员的踏板动作进行各车轮制动压力的分配，并实现防抱死控制、驱动防滑控制、车辆稳定性控制、巡航控制等高级控制功能，由智能接口将控制指令传输到各车轮制动力控制器，同时也通过 CAN 总线与其他电控系统进行通信。各个车轮的制动力控制器则分别对各自的液压阀门进行控制，搭配对应的压力传感器组成独立的压力闭环控制系统。为了防止 EHB 系统失效造成制动失灵，系统设计了备份的液压制动装置，通过控制开关（Back Up Switch）来实现 EHB 系统与传统液压制动系统的切换。奔驰公司推出的 SL 500 和 SL 350 是世界上首次采用线控制动技术的量产车，该车采用了由博世公司提供的世界上第一套电子感应控制制动系统（SBC）。布雷博公司线控制动系统方案，前轮采用 EHB，后轮采用 EMB 的布置形式。凯斯纽荷兰公司则在拖拉机底盘上装用一种所谓的拉伸制动器装备，其拖车的制动阀采用推力模式进行自动控制。凯斯纽荷兰公司早在 2011 国际农机博览会上，就曾经推出了这一个自动启动的制动器系统，现在已经在拖拉机底盘和拖车上装用。

3. 日本和其他

久保田 M740R 拖拉机（如图 3-6-1）配有液压湿式盘式制动器，减少了操作者的体力消耗，延长拖拉机的使用寿命。这种制动器仅需要小的踏板力度，就可以在即使是重复进行重型作业后仍能维持高运行效率。

图 3-6-1　久保田 M740R 拖拉机

本田技研工业株式会社于 2002 年推出了装有 EMB 的阿库拉 Dn-X 轿跑车；2011 年日本日立推出了其研发的电子液压制动系统 e-ACT，该系统的助力形式由无刷伺服电机直接驱动滚珠丝杠副来实现，并且有专门的电子机械结构补偿踏板力，实现了良好的踏板感觉反馈，并大大提高了助力精度，但该系统存在紧急制动时制动助力不足的问题。

4. 中国

中联耕王 RM554 拖拉机（如图 3-6-2）采用行驶制动系统和手柄操纵的停车制动系统，操作安全可靠。东方红 -454 拖拉机（如图 3-6-3）采用湿式、盘式、自增力制动器，制动平稳可靠，效能高。东方红 LX804 轮式拖拉机采用踏板操纵的液压式行驶制动系统和手柄操纵的停车制动系统，制动安全可靠。

图 3-6-2　中联耕王 RM554 拖拉机

图 3-6-3　东方红-454 拖拉机

3.6.3 发展趋势和目标

　　EHB 系统并未对传统的液压制动系统做过大的改变，它保留了原制动液压主回路的同时，用电子控制元件替代了传统液压制动系统里的部分机械元件，EHB 系统具有制动响应快、能耗低、易调控、助力精准且易于实现主动制动的特点。就现在的发展来看，EHB 仍是线控制动技术的主流研究方向，长期来看，EMB 系统性能提升的潜力远高于 EHB 系统。

3.6.4 发展趋势

EMB 系统相比于 EHB 系统，具有更高的响应速度、更好的制动性能，并大大地简化了机械结构。但是在目前的发展阶段，由于存在着电机供能失效的巨大安全隐患。但随着技术的不断成熟，未来 EMB 拥有更为广阔的前景。

1. 1 ~ 2 年发展趋势

将 EHB 线控制动技术应用于拖拉机制动，是近期目标。运用 EHB 系统取代传统的真空助力制动系统，一方面可以取消传统车辆所需的真空源，且 EHB 系统只在车辆制动时发生电能消耗，可以有效降低制动系统的能耗；另一方面 EHB 系统的电动助力制动器也是车辆智能驾驶的基础部件，通过对助力电机的主动控制，可以依据行驶环境实现自动制动等功能，为智能驾驶系统的部署提供硬件支撑，另外当 EHB 系统发生失电等故障时，由于具有失效备份制动功能，所以仍然可以通过传统的机械制动方式实现制动。

2. 3 ~ 5 年发展趋势

这一阶段，电子液压制动系统应用日益广泛，制动能量回收得到重视，逐渐普及。

近五年农机制动系统发展趋势汇总见表 3-6-1 所列。

表 3-6-1　农机制动系统发展趋势

年份	关键技术和产品
2021 年	完善线控制动结构
2022 年	提高系统可靠性和适应性
2023 年	液压精准控制
2024 年	高精度力矩电机
2025 年	一体化控制系统

3. 5 年以上发展趋势

随着力矩电机技术和电控技术的发展，EMB 电子机械制动系统将占领未来电动拖拉机制动系统的主要市场。电子机械制动系统 EMB 作为新型的制动系统，具有突出的优点，将 EMB 技术应用到电动拖拉机上不仅克服了电动拖拉机与传统液压制动匹配难度大的问题，同时也解决了电子机械制动系统的电源问题。目前车辆 EMB 制动系统趋向于加强与其他现行车辆电控系统的整合，形成一体化、模块化的底盘控制系统，对车辆进行综合控制。因此 EMB 技术对拖拉机制动系统技术的发展特别是电动车制动技术的研究有重要的意义。

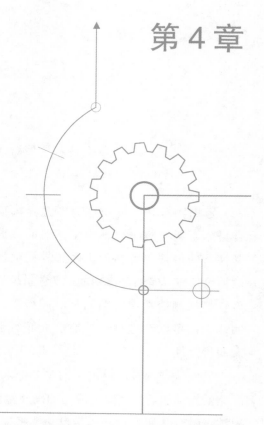

第 4 章

数据融合和感知决策系统

4.1 导　言

数据融合是一种实现对多源异构数据源进行有效组合和优化表示的综合技术，通过对来自不同传感器的数据进行分析和综合，获得被测对象及其性质的最佳一致估计。多源异构数据融合可以有效增加测量维度，增加数据置信度，提供容错功能，改进系统的可靠性和可维护度，提高测量精度；可以扩展测控数据的空间和时间覆盖度，提高空间分辨率，提高适应环境的能力；可以改进测控性能，降低对于单一传感数据的性能要求，提升信息的可读性。

另外数据融合可以定义为对多个来源数据的有效组合和优化，以获得比原始数据更加适合决策与应用的高质量信息流。玻尔兹曼（Bostrom）等人提出数据融合是研究自动或半自动地将来自不同来源和时间点的数据信息，转化为一种为人类或自动化决策提供有效支持而进行形式表达的有效方法。现有无人农机主要依靠本地机具的多种传感器，包括定位跟踪、电液转向、电机转向、速度线控、机具操控、视觉测算与避障等信息源测控等关键技术，实现了农机在不同作业工况下的高精度连续稳定定位、测姿和操控。然而单一传感器在信息源获取范围、精度、结果质量等方面感知能力有限。目前机具传感器主要采用独立工作的方式，如利用摄像头进行图像识别，利用雷达进行速度和距离探测，尚缺乏多种传感器数据有效深度融合的能力。

4.1.2 研究背景和意义

农业生产是人类社会生存与发展的基础，农业机械智能化替代人类的劳动，减少人们在农业活动中反复、机械的体力活动。同时通过规划好的路线来进行作业，可以提高田块的利用率。智能化、自动化将是我国农业发展的趋势。精准农业（Precision Agriculture）又称为"精确农业"或"精细农作"，起源于美国。精准农业是以信息技术为支持，根据空间变异，定位、定时、定量的实行一整套现代化农业操纵与管理体系，是信息技术和农业生产全面结合的一种新型化农业。精准农业是近年来出现的专门用于大田作物种植综合化集成的高科技农田应用系统，其发展的意义在于经济、环保及作业标准化等。

随着智慧农业和无人作业农场概念和技术的发展，多源异构信息的获取、分析和处理，为农业全链高效精准分析、决策和作业提供技术方案。譬如获取动植物生长发育数据、行为数据和植物生长过程的营养状况数据，构建分析和决策模型，为实现精准喂养提供技术支撑。譬如依靠本地农机具的多种传感器，获取包括定位跟踪、电液转向、电机转向、速度线控、机具操控、视觉测算与避障等天-空-地多源异构数据，为实现个体测控等提供技术支撑。当前获取的数据精度也越来越高，传输数据的频率、精度、密度、综合度也越来越高。结合数据融合技术，对多模态传感器源采集的多源异构大数据进行智能化分析与决策，实现精准测控与作业是智慧农业的关键技术和重要研究方向之一。

当前，多源数据融合在农业全产业链得到广泛应用。本章主要围绕智能农机领域的关键技术，多源数据融合技术发展历史、现状、趋势和前沿展开论述，并对未来的短期、中期和长期发展进行预判。

数据融合技术的最早提出是基于军事用途，近十几年来，多源数据融合技术在智能农机应用领域得到广泛应用（见表4-1-1）。本节主要从数据融合技术，尤其是数据融合技术在智能农机具领域的应用总结见表4-1-2所列。

表 4-1-1　2000—2020 年数据融合技术（智能农机应用领域）历史、

关键时间点及对应的事件和影响

类别	1973	1988	1999	2009	2014	2016	2016	2017
事件	声呐信号理解系统	（1）数据融合技术专列项目（2）创建国家传感器数据融合年度研讨会（NSSDF）	国际信息融合学会（ISSF）成立	中国融合信息分会成立	提出了一种多感官数据融合体系结构	在传感器开放标准（OSUS）框架内结合多模态和多传感器融合，提出一种融合引擎架构	作物冠层光谱影像与可见光影像融合技术诞生	提出级联结构的数据融合框架
人或单位	美国国防部	美国国防部	IEEE 信号处理学会、控制系统学会、宇航与电子学会成立	中国航空分会成立	纳塔武特·威奇特（Nattawut Wichit）	毕许（Bish，S）	赵春江等	安德（Andre）
影响	首次提出数据融合概念	20 世纪 90 年代重点研究开发的 20 项关键技术之一	国际范围内标准化学术组织成立	国内标准化学术组织成立	该体系结构侧重于使用基于模糊逻辑的融合算法，以提高准确性和鲁棒性	设计一个模块化的即插即用系统，并易于集成新的融合方法	光谱于可见光数据融合	数据融合的级联框架，实现数据融合由粗到精

表 4-1-2　数据融合技术的发展现状

分类	代表性方法	优缺点
基于统计学的数据融合方法	1. 基于参数估计的数据融合方法 2. 基于卡尔曼滤波器的数据融合方法 3. 基于回归分析的数据融合方法	主要解决数据的不确定性融合，有完善和可理解的一套数学处理方法，但其对异常数据的处理能力较差，即鲁棒性较低

续表

分类	代表性方法	优缺点
基于计算智能的数据融合算法	1. 基于群智能算法的数据融合方法 2. 基于神经网络的数据融合算法 3. 基于模糊逻辑的数据融合方法	计算智能算法能通过一定的先验知识与规律，通过自组织、自适应的学习方式可以有效实现融合
基于信息论的数据融合算法	1. 基于聚类的数据融合算法 2. 基于熵值法的数据融合算法	基于信息论的数据融合算法是通过识别观测空间中参数的相似性来进行融合操作，一般不能直接对数据的某些方面建立明确的识别函数
基于拓扑学的数据融合算法	1. 基于平面网络结构的数据融合协议 2. 基于层次网络结构的数据融合协议	对比分层网络拓扑结构，平面型网络拓扑结构数据融合算法具有算法简单、冗余度高、数据融合精确和鲁棒性高等特点。其缺点在于通信效率较低、能量消耗相对大等

4.1.3 发展趋势与展望

1. 数据源趋势

依据多源传感器件类型，数据融合可区分为光学数据的融合、光学数据与微波数据的融合以及遥感与非遥感数据的融合，以实现农业信息资源优势互补，充分挖掘农田作业环境呈现的时间、空间和时空特征差异信息。不同传感器之间的合作、更深层次挖掘融合信息以及多尺度、长时序列的农作物时间、空间和时空数据信息。

2. 框架趋势

①算力融合：处理形式更加复杂模态数据结构，以高维度矩阵运算为代表的新型计算范式具有粒度更细、并行更强、高内存占用、高带宽需求、低延迟高实时性等特点。

②流批融合：用于平衡计算性价比，流处理有效处理即时数据，离线批处理历史数据，伴随技术架构演进，流批融合计算向更实时、更高效的计算推进。

③模块融合：围绕工具与数据的生产链条、数据的管理和应用等形成能力集合，并通过这一概念来统一数据资产的视图和标准，提供通用数据的加工、管理和分析能力，形成复用平台。

④云数融合：数据融合与处理技术逐步向云化解决方案演进，降低硬件和网络底层维护的成本，专注于数据和业务逻辑。

4.2 导航技术

20 世纪 90 年代以来，卫星定位技术已被广泛应用于陆地、海洋、航天及各类民用、军用目标物的定位导航与精密测量等，并且已经形成了一个新型的高科技产业，之所以那么快速地发展是因为其可提供全天候、实时、高精度三维坐标、速度及精确的时间信息等。同样卫星定位导航技术也可以在农业的多数环节中发挥出重要作用，比如其中可以包括农机的自动驾驶，可实现精准播种、施肥、打药以及精准收割等。

在智能农机感知层面，定位的重要性不言而喻。智能农机需要知道自己相对于环境的一个确切位置（法规要求导航作业的直线度精度应不低于 ±2.5cm、衔接行间距精度应不低于 ±2.5cm），然后决策规划系统接收周围环境感知信息与高精定位信号后做出全局路径规划或局部路径规划，智能农机根据规划路径要求控制线控底盘的驱动与转向，进而完成全程化无人作业。

精准农业是一种基于信息和知识管理的现代农业生产系统，旨在合理利用农业资源、提高作物产量、降低生产成本、减少环境污染、提高经济效益，而农机导航自动驾驶系统是实现精准农业的重要环节。近些年，智能农机导航呈现飞速发展的态势。智能农机导航集中使用了全球导航卫星系统（GNSS，即 Global Navigation Satellite System）、自动控制系统、智能控制系统、遥感技术（RS）和地理信息系统（GIS）等先进技术。安装 GNSS 智能农机导航，不仅可以使农机按照规定路线规划自动驾驶，实现精准对行作业，而且降低了农机驾驶人员的工作强度、减小了驾驶人员的驾驶难度。在分秒必争的农忙时节，可以 7×24 小时不间断作业的自动驾驶农机可以显著提高效益。

智能农机导航技术一般由 GNSS 卫星天线收卫星信息，通过 RTK（Real-Time Kinematic，载波相位差分）技术，达到 ±2.5cm 的定位精度，确定车辆所在位置，部分自动驾驶系统会结合惯性导航系统 Inertial Navigation System（INS）数据，确认车辆姿态，与控制器规划的路径对比，借此确定农机的横向偏差；通过角度传感器配件，获得农机的航向角数据。以上数据经过控制器的解算，得到期望前轮转角；最后将此数据实时反馈到执行机构上，智能农机导航会使农机车辆进入并按照期望路径行驶。

4.2.1 自动导航技术

1.全球导航卫星系统

全球导航卫星系统（GNSS）是一种空间无线电定位系统，其中包括一个或多个卫星星座（卫星星座即能够发射入轨且正常工作的卫星的集合），为支持预定活动视其需要扩大范围和数量，可为地球表面、近地表、地球外太空任意地点和用户提供 24 小时三维位置、速度和时间空间信息等。自美国的全球定位系统 GPS（Global Position System）投入运行以来，凭其全球通用性、全天候、实时性、定位精度高、多功能和使用方便等诸多优良特性迅速在各个行业中得到广泛的应用，在推动部分传统产业升级改造的同时形成了一系列的新型产品与产业。

目前世界上现有的四大卫星导航定位系统，除了美国的 GPS 之外，还有俄罗斯的格洛纳斯导航系统（GLONASS）、欧盟的伽利略系统（GALILEO）及我国的北斗卫星导航系统 BDS（BeiDou Navigation Satellite System）。

①全球定位系统（GPS）：1973 年 12 月，美国国防部正式批准它的海陆

空三军联合研制新一代卫星导航系统：NAVSTAR/GPS（Navigation Satellite Timing and Ranging 卫星测时测距系统/Global Positioning System 全球定位系统）。自1974年以来，GPS计划经历了方案论证（1974—1978）、系统论证（1979—1987）、生产试验（1988—1993）三个重要阶段，总投资超过两百亿美元，整个系统分为用户设备、地面控制和监测站以及空中的卫星星座三大部分。

2000年5月美国政府取消了限制民用精度的SA政策（Selective Availability，选择可用性），仅仅在局部和个别卫星上采取SA政策。

②格洛纳斯导航系统（GLONASS）：GLONASS的起步较晚于GPS，从苏联1982年10月发射第一颗卫星起到1996年，其间苏联解体，项目由俄罗斯代替掌管，但从未中断对卫星的发射。1995年初只有16颗GLONASS卫星在轨运作，在这一年间又进行了三次成功发射，将9颗卫星送入预定轨道，完成了24+1的卫星结构，并增添数据加载、调试和最后的查验，全部体系在1996年1月尾正式上线运行。GLONASS全部体系在组成和理论上与美国的GPS近似，也是由用户设备、地面设备和空间卫星星座三大部分组成。

③伽利略卫星导航系统（GALILEO）：GALILEO是由欧盟研制和建立的全球卫星导航定位系统，该计划于1999年2月由欧洲委员会公布，欧洲委员会和欧空局共同负责。系统由轨道高度为23616km的30颗卫星组成，其中24颗工作卫星，6颗备份卫星。卫星轨道高度约2.4万公里，位于3个倾角为56度的轨道平面内。

④北斗卫星导航系统（BDS）：中国北斗卫星导航系统是我国自行研制的全球卫星导航系统，是继美国全球定位系统（GPS）、俄罗斯格洛纳斯卫星导航系统（GLONASS）以后比较成熟的卫星导航系统。BDS、GPS、GLONASS和GALILEO是联合国卫星导航委员会已认定的供应商。北斗卫星导航系统由空间部分、地面部分和用户三大部分组成，可以在全球范围内全天候为各类用户提供高精度、高可靠定位、导航及授时服务，并具备短报通信功能，目前已经初步具备区域定位导航和授时能力，定位精度10米，测速精度0.2米/秒，授时精度10纳秒（1纳秒=10^{-9}秒）。

2020 年 6 月 23 日 9 时 43 分，我国在西昌卫星发射中心用长征三号乙运载火箭，成功发射北斗系统第五十五颗导航卫星暨北斗三号最后一颗全球组网卫星，至此，北斗三号全球卫星导航系统星座部署比原计划提前半年全面完成，并提供全球服务，包括"一带一路"沿线国家和地区在内的世界各地均可享受到北斗系统服务。

2. 卫星定位原理

利用卫星定位的原理有多种，一般有相对定位和绝对定位（即单点定位）、静态定位和动态定位等。归纳综合到具体的方法来讲，主要有如下几种方法：伪距法、干涉测量法、多普勒法和载波相位测量法等，其中干涉法和多普勒法可取得精度较高的结果，但其测量费用较高，难于推广和使用，平时最常用的是伪距定位法和载波相位法两种。

在卫星观测中，我们可得到接收机与卫星之间的距离，利用三维坐标中的距离公式，经 3 颗卫星，便可构成 3 个方程式，解出观测实际点的位置（x，y，z）。但考虑到卫星的时钟与接收机时钟之间存在的偏差，实际上是有 4 个未知数，x、y、z 再加上钟差，因此必要引入第 4 颗卫星，构成 4 个方程式联立进行求解，从而获得观测点的经纬度和高程，再根据经纬度计算确切时间等信息。

$$[(x_1-x)^2+(y_1-y)^2+(z_1-z)^2]^{\frac{1}{2}}+c\Delta t=d_1 \quad (1)$$

$$[(x_2-x)^2+(y_2-y)^2+(z_2-z)^2]^{\frac{1}{2}}+c\Delta t=d_2 \quad (2)$$

$$[(x_3-x)^2+(y_3-y)^2+(z_3-z)^2]^{\frac{1}{2}}+c\Delta t=d_3 \quad (3)$$

$$[(x_4-x)^2+(y_4-y)^2+(z_4-z)^2]^{\frac{1}{2}}+c\Delta t=d_4 \quad (4)$$

图 4-2-1 为接收机与卫星距离示意图，假定 t 时刻在地面待测点上安置 GPS 接收机，可测定 GPS 信号到达接收机的时间为 Δt，再加上接收机所接收到卫星星历等别的数据，此时可以确定具体定位。

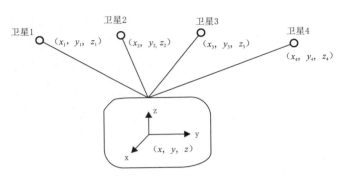

图 4-2-1　卫星与接收机距离示意图

　　但是事实上，接收机常常可以锁住 4 颗以上的卫星，这时候接收机可以按卫星的星座散布分成若干个小组，每组 4 颗，然后经由算法挑选出偏差最小的一组数据用于定位，从而可以进一步提高其精度。

　　1992 年，北京市农业局植保站与中国科学院、北京工业大学等八家科研院校互助，在顺义区域 1.5 万公顷区域内展开变量打药防治小麦蚜虫的研究，经过三年的管理和攻关钻研，在大面积避免虫害的问题上取得了显著性的成果。实践表明：通过卫星定位技术导航飞行变量打药避免了漏喷、重喷的现象，且喷洒均匀符合农艺的要求，灭害率达到了 85% 以上，这项研究为我国的卫星定位技术在精准农业中开创了新的领域。目前，我国在新疆、华北及黑龙江等地区已开展有关精准农业应用的事项，为接下来在国内更大规模的发展进行实质性的研究和实验做准备。

　　3. 定位系统

　　常见导航方式中导航精度最高的是实时差分定位（RTK）导航，精度可达 2 厘米，由于 RTK 导航受限于信号遮挡所以适应于室外场景，如果智能农机完成农田作业后需进入机库保养维修，RTK 信号会部分丢失导致导航精度很低，此时利用激光 SLAM 定位导航可以引导智能农机自主进入维修区。未来的智慧农业要实现工作人员在运营管理中心对多个智能农机进行集中远程控制，这必须依靠高精度定位导航。所以未来 5 年内要实现智能农机的全程化无人作业，需要采用 RTK+SLAM 即时定位与地图构建联合定位导航，在农田作业中采用 RTK 定位导航系统。

①RTK 定位系统：目前 RTK 定位主要分为移动式 RTK 定位与 CORS 网络 RTK 定位，移动式 RTK 是在农田附近架设移动基准站来发送改正信号，该方式要求用户接收机离移动基准站距离较近。CORS 技术就是利用地面布设的一个或多个基准站组成 GPS 连续运行参考站（CORS），综合利用各个基站的观测信息，通过建立精确的误差修正模型，实时发送差分改正数，修正用户的观测值精度，在更大范围内实现移动用户的高精度导航定位服务。随着5G 技术未来的发展，CORS 网络 RTK 定位（如图 4-2-2）将成为主流。

②SLAM 定位系统：SLAM 技术，指的是机器人在一个完全未知的环境中，从一个未知位置开始移动并对环境进行增量式地图创建，同时利用创建的地图进行机器人自身定位和导航，SLAM 技术可以使机器人在任意陌生的环境中不依靠卫星导航实现真正的自主导航，该自主导航的前提是需提供该环境的高精地图。

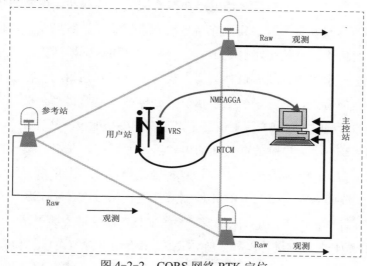

图 4-2-2　CORS 网络 RTK 定位

③GNSS 双天线测姿与 GNSS 全球导航卫星系统/INS 智能通信组合定位系统：在确定车身姿态环节中，智能农机导航一般采用 GNSS 双天线测姿或GNSS/INS 组合导航（如图 4-2-3）两种方式。

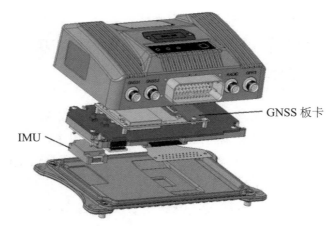

GNSS 板卡

IMU

图 4-2-3　GNSS/INS 组合导航

GNSS 多天线测姿就是在农机车辆的不同位置上分别安设 GNSS 信号接收天线，常见采用平行或垂直于车辆中轴线的方向固定两个天线。利用载波相位作为观测值，通过测量多颗卫星在两个天线上的载波相位差，解得两个天线组成的基线向量，解算得出车辆的三维姿态参数。GNSS 测姿具有成本较低、初始化快、误差相对稳定不累计等特点，相对于惯性设备，在中低精度领域具有一定优势。然而这种测姿方式与卫星信号强相关，存在更新率较低和精度差的特点，一旦发生卫星信号受到屏蔽或遮挡、接收机无法定位等导致失锁的状况时，GNSS 观测信息不可用，测姿功能也不复存在。

GNSS/INS 组合导航数据处理的内容涵盖面较广，在组合模式、误差分析与处理、数据融合算法等各方面均有不同处理方式。常见组合系统多采用 GNSS 多天线姿态测量值与 INS 元件测量值进行组合，在 GNSS 姿态测量值精度能够保证的情况下，组合系统姿态参数估值的准确性能够得到一定提高。发生失锁时，INS 可以进行单独导航。GNSS/INS 组合导航可以控制误差积累，降低系统对惯性器件精度的依赖；可发现并标校惯导系统误差，提高导航精度；弥补卫星导航的信号缺损问题，提高导航连续性。

4.2.2 智能农机导航前沿技术

1. 视觉导航

对于一般的导航系统，在给定命令的前提下，结合环境中的各种探测信息，并根据自身位姿信息做出决策使运动体到达目标，在运动过程中，还需要不断优化全局路径。

视觉导航是通过摄像机对周围环境进行图像采集，对图像进行滤波和计算，完成自身位姿确定和路径识别，并做出导航决策的一种新的当行技术。由于视觉导航采用被动工作方式，设备简单，成本低廉，因此其应用范围很广。视觉导航最主要的特征是自主性和实时性。它不依靠外界任何设备，只需对储存系统和环境中的信息进行计算就可以得出导航信息。

传统意义上实现视觉导航的 VSLAM 定位导航模组主要通过两种视觉传感器来获取信息：一是深度摄像头，通过测距实现三维空间感知，属于主动光源测距传感器，包括结构光和相位 TOF 两种；二是双目、多目、鱼眼导航传感器，属于非主动光源传感器，工作机制类似于人眼，根据三角测距的原理，通过分析两个传感器采集到的图像的差异，计算出距离信息。

视觉导航技术的优势在于成本较低，仅需要可以采集到清晰环境图像信息的摄像头，以及处理信息的计算单元、搭载训练完成的 AI 模型，即可实现最基础的功能。较低的物料成本意味着较低的产品价格，更高的消费者接受度，同时，用户数量增加可以不断训练 AI 模型，以此形成良性循环。双目导航传感器等非主动光源测传感器是通过接受环境光来计算距离，理论上可以建图的区域更大。

视觉导航技术的弊端也同样突出，首先，由于仅靠摄像头来采集信息，主动光源测距传感器由于功率较低，很容易受到环境光的干扰，且非主动光源测距传感器对光线的要求很高，在光线条件不好的情况下几乎无法工作；其次，非主动光源测距传感器和人眼一样，距离越大，误差越大，同时过多的光线数据也让处理单元难以负荷。VSLAM 研究起步较晚，所以目前应用相对较少，同时也要配合陀螺仪等传感器共同工作，单个摄像头的作用仅为纠偏，如科沃斯 DJ65 扫地机器人，采用视觉导航，同时辅助导航和定位的传感器还有罗盘传感器、陀螺仪、跌落传感器、里程计等。

智能车辆是当今世界车辆工程领域的研究前沿和热点。智能车辆是集环境感知、规划决策、辅助驾驶等功能于一体的综合智能系统，是计算机视觉、人工智能、控制理论和电子技术等多个技术学科交叉的产物，代表了未来车辆的发展方向，具有十分广阔的应用前景。计算机视觉系统是智能车辆感知局部环境的重要"器官"，它以地面上涂设的条带状路标作为路径标识符，运用计算机视觉快速识别路径，其最优导向控制器能够保证对路径进行准确跟踪。清华大学计算机系统智能技术与系统国家重点实验室从 1988 年开始研制清华移动机器人系列智能车系统，经过一系列的发展，新一代智能车兼有面向高速公路和一般路面的能力。车体装配彩色摄像机和激光测距仪组成的道路和障碍物检测系统，目前能够在校园的非结构化道路环境下进行道路跟踪和自主避障。

视觉导航因其精度高，信号探测范围宽，自主性、实时性好等特点，在工业生产、智能车辆、智能农机等方面得到广泛应用，但视觉导航依赖于计算设备的特点使其易受运算速度和储存容量的限制。由于计算机设备和传感器大都装载在运动体上，图标识别，路径规划等问题都由车载计算机完成，所以车载计算机工作量大。

2. 星站差分

星站差分技术最初是为解决基线解算中的计算效率问题，由美国喷气推进实验室学者提出。不同于相对定位和差分定位，星站差分无需参考站网支持，仅利用单站非差相位和伪距观测值即可实现厘米级高精度定位。事实上，星站差分是对伪距单点定位算法的进一步扩展，即将广播星历替换为精密星历和钟差并引入了相位观测值，但由相位观测值引入的模糊度参数曾造成了长达 15 分钟以上的星站差分初始收敛时间。相比于差分方法，星站差分的周跳探测和粗差剔除更具挑战性。经典的星站差分解算中，待估参数一般包括接收机坐标、接收机钟差、对流层延迟及相位模糊度等，对于多系统的情况通常还有系统间偏差（ISB）及 GLONASS 的频间偏差（IFB）等参数。星站差分一般使用无电离层组合观测值消除一阶电离层的影响，而残余的高阶电离层影响不超过总电离层延迟的 0.1%，其对定位结果的影响通常忽略不计。对流层延迟分为干延迟和湿延迟，占主要部分的是干延迟，一般可以通过模型化加以消除；而湿延迟部分通过映射函数转为天顶延迟，以天顶对流层延迟的形式加以估计。接收机钟差参数一般做白噪声处理，模糊度参数则作为分段实数常量估计。

随着实时精密卫星轨道和钟差产品可用，实时动态星站差分的应用获得了广泛关注，加拿大卡尔加里大学的高、陈两位教授指出实时星站差分应用在定位、时间传递及水汽监测等方面具有极大的潜力。美国 NavCom 导航通信开发的 StarFke 系统可提供静态厘米级和动态分米级的实时星站差分服务。在低成本接收机的众多应用场景中仅能提供单频观测数据，有关单频星站差分的研究也吸引了众多学者。卡尔加里大学开发了一套实时单频星站差分系统，通过大量事后和实时实验，可实现分米级定位精度，相比于米级定位精度的伪距单点定位取得了显著改善。代尔夫特大学的学者通过在全球范围内进行静态实验和各种场景的动态实验，包含高动态航空实验；取得了平面精度优于 0.5 米，垂直精度优于 1 米的定位结果。张小红等基于半合数学模型实现了单频星站差分，并进行了静态、车载动态及机载高动态定位实验，结果表明单天静态解在平面和高程均获可得厘米级定位精度；动态解则可获得了平面 0.2 ~ 0.3 米，高程 0.5 米的定位精度。

电离层误差是影响单频星站差分定位精度的主要因素，涂锐等通过将电离层误差参数化这一思路实现了单频星站差分。与常规的进行单层模型、Klobuchar 模型或格网模型等电离层改正而不作为参数估计的方法相比，证实了这一处理策略的有效性和可行性。有学者提出了一种更为精细的单站电离层模型，并将其运用到单频星站差分中；基于 IGS 跟踪站数据的解算结果表明该方法在东、北及高程方向的定位精度分别为 0.17 米、0.16 米及 0.34 米。

随着多系统的发展，由于可视卫星个数较少引起的定位精度、可用性及可靠性等方面问题也得到了显著改善，尤其在城市及峡谷地带可联合 GPS 和 GLONASS 进行了多系统星站差分解算 GLONASS 卫星虽然仅有 9 颗可用，但在收敛时间和定位精度上仍得到了较为明显的改善。近年来 BDS 和 GALILEO 系统逐步提供服务，可视卫星数越来越多。Tegedor（泰格多尔）等基于 MGEX 和 Fugro 观测网数据联合 GPS/GLONASS/BDS/GALILEO 进行了四系统星站差分试验，在较为有利的观测环境下，多系统 PPP 对定位精度的改善并不明显；但若在可视卫星 GNSS 系统间星站差分模糊度固定理论方法及软件实现星较少的不利环境下可显著改善定位结果，尤其是在可观测到更多 BDS 卫星的亚太区域；同时指出随着 BDS 和 GALILEO 的全球组网，这一结论也适用于全球。基于澳大利亚 CORS 网的 GPS/GLONASS/BeiDou 数据系统都进行了多系统 PPP 实验，GPS/GLONASS/BDS 动态解相比于单 GPS 的定位精度在水平方向改进了 20%，高程方向改进了 30%，收敛时间缩短了 20%；而对于静态解，二者之间的表现基本一致。有学者指出 GPS/GLONASS/BDS/GALILEO 四系统星站差分可以有效缩短 70% 的收敛时间，定位精度提升 25%；在城市及峡谷等不利观测环境下，单 GPS 定位解的可用率仅为 40%，而四系统星站差分则可高达 99.5%，显著地改善了星站差分的实用性及可靠性。

星站差分卫星数据是精准农业的技术核心。农民依靠农场管理软件（如 FarmWork）和星站差分接收器绘制农场地图并记录单位面积的粮食产量。为了提升数据质量，他们可以利用其他一些信息，例如，进行土壤样本测试，对不同地区的土壤成分进行测定，或者通过植株颜色评估作物是否健康。

因此，农民通过计算机地图软件分时段分析卫星或航拍图像，即可判断不同季节农场作物的健康状况。针对作物的健康问题，农民通过在地图上标注特定地区的化肥需求量、播种密度等绘制处方地图。

类似的做法也应用于其他农业管理中，例如，化肥和农药的施用。

计算机星站差分监测农机具的方位，保障其遵循土地配方完成化肥或农药在不同地块上施用。结果是，农民从中受益，因为化肥和农药使用量的减少意味着成本的降低；而且，环境亦从中受益，化肥和农药使用量的减少意味着周围生态系统受到的侵害的风险也降低了。

无论收获机还是播种机，其自带的星站差分都能实现农机具定位，其原理与智能手机定位是一样的。然而值得注意的是，手机的定位精度相对较低。具体而言，手机或汽车内置的星站差分可定位精度约为"米"级，而智能拖拉机内置的高精度星站差分定位精度可达到"分米"级。

表4-2-1以时间轴为逻辑，预判此项技术在未来10年会取得哪些成果，对工业界、学术界和政府管理部分分别有哪些影响。

表4-2-1　农机自动化技术在未来10年国内外工业界、学术界
和政府管理等方面的趋势研判

地区	类别	1～3年	3～5年	5～10年
国内	工业界	继续加大农机自动化技术的研发； 继续扩展农机自动化技术的应用	结合视觉技术及星站差分技术实现自动化农机装备	多关注智能化，数字化的前沿技术，开发出更加智能化，人性化的产品
	学术界	加大视觉技术及自动化技术的研究； 探索符合中国国情的无人化技术	多与政府及企业合作，提供可以落实的无人化方案	研究新的领域，如AI、大数据、区块链等技术，应用到农业领域
	政府管理	政策鼓励及奖励企业及学校去落实农机自动化技术； 鼓励老百姓去尝试新型技术	持续支持企业及学校去探索农机无人化技术； 政府牵头组织应用自动化及无人化技术	鼓励和支持企业与学校将新技术与农机农业结合，为老百姓研发更好的产品

地区	类别	1～3年	3～5年	5～10年
国外	工业界	结合视觉技术及星站差分技术实现自动化农机装备；高中端农机出厂前就配备农机自动化技术	多关注智能化、数字化的前沿技术，开发出更加智能化、人性化产品	农场将落地无人化，实现耕种管收全无人化作业
	学术界	加大视觉技术及自动化技术的研究；探索符合中国国情的无人化技术	多与政府及企业合作，提供可以落实的无人化方案	研究新的领域，如AI、大数据、区块链等技术，应用到农业领域

3. 国内智能农机导航技术现状

现国内车辆、工业机器人、农机定位导航方式有 GNSS 定位导航、SLAM 定位导航、激光导航、磁轨导航、二维码导航、RTK 定位导航等等。RTK 定位导航是在 GNSS 定位导航系统的基础上增加了地面基准站，用户接收机在进行 GPS 观测的同时，接收到基准站发出的改正数，通过差分定位计算能实现厘米级定位，通过智能域控制进行路径规划、运动规划、运动控制，实现智能驾驶作业。SLAM 定位导航是采用实时扫描周围环境形成特征信息，然后和先验地图进行特征匹配计算分析当前位置，同样通过路径规划进行导航。激光导航、磁轨导航、二维码导航这三种均为在作业环境装备导航引导标识，工业机器人通过识别导航标识进行自动导航作业。

以智能插秧机为例，其 RTK 导航系统主要由多功能可视化遥控器、智能驾驶域控制器（高精度卫星定位接收机）、角度传感器、4G/5G 无线通信设备及 RTK 基准站组成（如图 4-2-4）。规划作业路径在遥控器上显示，可遥控转向（可选装转向舵机）、前进后退、加减速、制动，在田间做作业，可遥控启动、熄火、急停。

| 多功能可视化遥控器 | 智能驾驶
域控制器 | RTK
天线 | SDR
天线 | 基站 |

图 4-2-4　农机 RTK 智能系统部分组件

智能农机导航技术未来发展趋势

　　智能农机未来的定位系统将在高精地图的基础上实现高精定位，即获取高精度的绝对坐标与相对坐标，使智能农机既能获取精确的地球坐标，也能精准地获取与周围环境的相对坐标，使定位精度不受遮挡、天气等因素影响。关键技术难点在于室内外定位如何无缝衔接。

　　随着国内北斗卫星定位系统的完善，国内智能农机将逐步迭代，使北斗卫星在 GNSS 全球卫星定位系统中使用比率提高，使用成本也进一步降低。

　　智能农机在农田里进行自主导航作业，需要先在农田里规范作业边界，然后通过设置作业边距、路径类型，完成动作后即可自动生成全局规划路径，如遇障碍物，需进行局部路径规划进行绕障行驶，这就需要"打点"。

　　打点类型分为三种，分别为地图打点、遥控器打点、车载 RTK 打点。地图打点是通过无人机扫描农田形成三维电子地图，然后在电子地图上进行规范边界；遥控器打点是手持遥控器在农田行走并在规定的位置打点形成边界，也可进行障碍物打点，其中障碍物打点分为圆形障碍物和矩形障碍物（注：遥控器必须带有定位功能）；车载 RTK 打点是利用遥控插秧机沿着所选地块的边界行驶，利用车载 RTK 打点器在边界位置依次按 A、B、C、D 标记进行打点，可进行障碍物打点。

车载 RTK 打点的打点规则如下：

①农田点 A 点打点，要求车头朝 B 点，车尾保险杠右后方贴边。

②农田点 B 点打点，要求车头朝 C 点，车尾保险杠右后方贴边。

③农田点 C 点打点，要求车头朝 D 点，车尾保险杠右后方贴边。

④农田点 D 点打点，要求车头朝 A 点，车尾保险杠右后方贴边。

打点类型分为农田点、起始点、矩形障碍点、圆形障碍点（当起始点不在插秧机所在的农田点，可点击起始点选项来变动起始点所在位置）。

未来农田打点可能不仅仅是为凸多边形，也可能是凹多边形形式。所以为了更好适应各种形状农田的规范边界，在高精地图的基础上进行制定边界会更精准并且更多样。

智能农机路径规划的总体要求是尽可能让农机作业范围覆盖整个农田（如图 4-2-5），未来的规划路径将要覆盖到农田、田间地头、仓库等全地形路面。

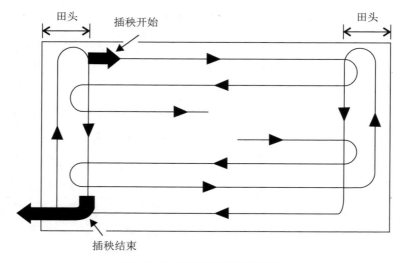

图 4-2-5　智能插秧机规划路径

　　就自动化农业生产的现实需要来说，高精度定位具有重要价值：一是支撑农机具设定更复杂的路径；二是在播种时，化肥、农药精确地进入种子所在的穴道，减少资源浪费。对于收获机而言，只需要设定相应的路径，便可实现高效收割。

　　智能农业机械是规划路径发挥效用的最终途径。播种机安装了株距和速度自动调控装置，该播种机的拖拉机机身自带计算机，农民可以将规划路径地图数据输入计算机星站差分。

　　计算机驱动程序一旦启动，拖拉机就可带动播种机撒种，计算机则通过播种机的方位控制播种速度，并将已播种区域的数据记录备案，防止重复撒种。收获时，收获机同样要依循数月前播种机走过的路径进行收获。

　　自动化转向系统适用的拖拉机范围比较广泛，存在形式包括机器内置和售后安装。曾经，驾驶员需要采用激光等辅助判断农机具方向是否正确或是否需要转向，同时驾驶员需要在路径末端人工干预。现在，大部分现有的自动化转向系统已经能够摆脱辅助方法实施精准作业。

　　重要的是，最新技术已经能够实现农机具自动掉头。此前，驾驶员依然需要经常现场监测前方障碍物和农机具运行情况，而现在计算机程序已经不可争辩地代替人类，在较大程度上实现了农机具的自主运行。

4.3　毫米波雷达

　　毫米波的波长介于微波和厘米波之间，因而毫米波雷达兼备有微波雷达和光电雷达的一些优点，具有较强的环境适应能力。毫米波雷达在无人驾驶领域的成功应用为其与智能农机结合提供了技术支持。随着我国农业现代化水平不断提高，对各类植保无人机的需求量不断增加，基于毫米波雷达技术的农用传感器在农业生产中的作用愈发重要。因此，研究基于毫米波雷达技术的植保无人机自动避障技术具有重要的现实意义。本节讲述了毫米波雷达的工作原理、发展历程、应用现状及未来的发展趋势。通过对比不同测距传感器，结合植保无人机的作业特点，探讨出适合植保无人机的，适应性广、可靠性高且成本较低的测距传感器，从而为智能农机的正常作业提供了技术手段上的参考。

4.3.1 毫米波雷达的概念

毫米波雷达，是指工作在毫米波波段的探测雷达，它的频域为 30 ～ 300 000 兆赫兹，具有较强的抗干扰能力。毫米波雷达体积小、结构简单、测距精度高且在理论上没有测距盲区等优势，常应用于对目标进行检测、定位、识别和跟踪的场合，毫米波雷达具有隐私保护、定位精度高、探测范围广和环境适应能力强等独特的优势。特别是随着单芯片毫米波雷达系统的问世，毫米波雷达在目标探测方法得到了极大的关注。鉴于其超强的环境适应能力，结合田间地块复杂恶劣的作业环境，把其和智能农装联系起来便相得益彰。此外，因其波长的物理特性不受恶劣的环境影响，毫米波雷达作为 ADAS（汽车驾驶辅助系统）系统的核心传感器之一不断优化，制造成本也在降低，智能农机设备搭载毫米波雷达在未来农业现代化中有望成为标配。

目前，基于毫米波雷达技术开发的各类型传感器已被广泛应用于农业机器人中。如农业无人机中的仿地定高传感器、旋转式毫米波全向雷达、地面机器人中的长短程检测单元和发布式天线设计等。这些设计能够帮助各类型的农业机器人进行更为准确的自主避障与自动巡航导航。农业无人机使用毫米波雷达的仿地飞行，其自主飞行规避路径更为合理，适合于全天候的农业生产工作，更能够发挥出无人机的作业效率高、防治效果好的优点。特别是针对地面机器人难以胜任的山地丘陵地区，能够避免因操作失误、自主飞行规避故障引发的意外事故，有效地减少不必要的财产损失及人员伤亡。

4.3.2 毫米波雷达的发展历史与现状

人类从第二次世界大战时期就已经开始对毫米波雷达进行研究，到了 20 世纪 90 年代国外的毫米波雷达单片集成电路已经愈发成熟了。2000 年，加拿大阿姆菲泰克公司研制出了研制出的 Ka 波段 Oasys 防撞雷达。随后日本国家信息和通信技术研究所进一步推动了 Ka 波段毫米波雷达技术的发展。2010—2020 年，毫米波雷达的运用方式进一步丰富，如毫米波雷达被应用于植保无人机上的自动避障技术。毫米波技术的发展历程见表 4-3-1 所列、图 4-3-1 所示。

表 4-3-1　毫米波雷达技术的历史、关键时间点及对应的事件和影响

类别	2000 年之前	2007 年	2012 年	2014 年	2020 年
事件	毫米波单片集成电路研制的愈发成熟	研发出具有极化和多普勒功能的毫米波雷达	电力巡线无人直升机障碍规避系统	车辆自适应巡航跟随控制技术研究	提出了一种基于毫米波雷达的植保无人机避障系统研究
人或单位	国外研究机构	中国气象科学研究院	山东电力技术	北京理工大学	杭州电子科技大学
影响	毫米波技术的研究和发展也进入了全新的阶段	是我国第一部用于气象探测的灵敏度较高的具有极化和多普勒功能的毫米波雷达	将毫米波雷达和无人机技术进行结合，提升了无人机的障碍规避能力	提高自适应巡航控制在不同工况下的应用能力	准确完成植保无人机避障飞行

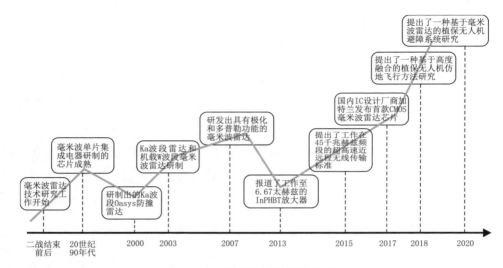

图 4-3-1   毫米波雷达的发展历程

　　无人驾驶技术作为信息化与工业化深度融合的产物，为整个汽车产业带来了颠覆性的变化，给毫米波雷达在智慧农机中的运用奠定了技术基础。2018 年 10 月 23 日，中国一拖等公司联合研发的国内首款无驾驶室的纯电动拖拉机"超级拖拉机 I 号"正式亮相。这款无人驾驶拖拉机采用了毫米波雷达技术以及 ROS 的农机无人驾驶操作系统等，可实现 360°障碍物检测与避障等功能。毫米波雷达可以实现自动驾驶多种功能（前向防撞报警、盲点检测、自适应巡航控制、自主巡航控制等），其传输距离远，穿透性强，损耗低，可以满足无人驾驶的使用要求。

　　复杂的山地地形是植保无人机的作业过程面临的一大难题。要保证无人机稳定的飞行以及正常作业，就必须要保证其精准的飞行高度和对地形的正确判断。无人机高度计主要有超声波高度计、激光高度计、毫米波雷达高度计、气压高度计还有 GPS 高度计等。各种高度计的实现原理各不相同，且优势和缺点也都很明显。不同高度计优缺点见表 4-3-2 所列。毫米波雷达由于鲁棒性强、能全天候工作、测量精度高，作为植保无人机内置高度计已经在不少丘陵地区的农场投入使用。

表 4-3-2　不同高度计优缺点

分类	产品	主要参数（特点）	实现原理	优点	不足
超声波高度计	金瓷	高度：0.3-3 米 精度：±0.1 米	TOF	成本很低	不容易穿透植被，有植被情况下精度下降，实时性差
激光高度计	激光测距仪	高度：小于 200 米 精度：±0.02 米	TOF	测量环境好的情况下，精度较高	植被对激光反射效果差，误差大，成本高
GPS 和气压高度计	定高功能的无人机	高度：3 万千米以上 精度：±0.5 米	卫星定位	应用成熟，成本低	误差相对较大，不适合植保无人机
毫米波雷达高度计	NRA24	高度：50 米 精度：±0.02 米	FMCW	精度高，全天候工作	成本略高

　　我国地势较为复杂，丘陵山地地区存在树木、电线和电杆等障碍物，对植保无人机的飞行安全形成极大隐患。因此，避障技术作为植保无人机全自动飞行和安全飞行的关键技术之一，具有重要研究意义。目前无人机避障方式主要有以下几种：①红外避障，该技术较为成熟，成本较低，不过对抗环境光干扰能力较差，需要漫反射物体才能检测，距离较短；②超声波避障，感应的距离较近，并且容易受环境影响，精度也比较低，探测山地的植被性能较差；③激光避障，成本高，且无法在强光和高湿度的环境下正常工作；④视觉避障，数据量大，不能够及时反应避障；⑤毫米波雷达避障，稳定性强，且成本适中。不同类型的方法避障效果对比见表 4-3-3 所列。

表 4-3-3　不同类型的传感器的避障效果对比

性能 传感器	探测能力	受气候影响	夜间工作能力	温度稳定性	成本
红外	一般	大	强	一般	低
超声波	弱	小	强	弱	低
激光	强	大	强	强	高

续表

性能 传感器	探测能力	受气候影响	夜间工作能力	温度稳定性	成本
视觉	强	大	弱	强	适中
毫米波雷达	强	小	强	强	适中

4.3.3 毫米波雷达的发展趋势与展望

　　农业植保机器人的避障问题涉及农田复杂的三维环境，因此，基于毫米波雷达技术植保无人机的仿地飞行系统技术值得进一步研究。仿地飞行系统技术的成功应用，有望实现自主地进行路线规划与数据采集，摆脱传统的人为控制无人机采集数据带来的数据差异性，并规避可能出现的微小障碍物碰撞导致的安全事故。另一方面，毫米波雷达还存在高空飞行时数据采集精度不高的问题，通过将毫米波雷达与其他类型的传感器相结合实现多传感器的信息融合，充分发挥毫米波雷达检测障碍物位置信息与其他传感器的高空数据采集精度特点并做到优势互补，从而解决单一传感器所带来的问题。其次通过引入新技术与算法，强化毫米波雷达本身的特点并将现有技术与之相融合，从而在一定程度上弥补高空数据采样分辨率较低等带来的问题，实现植保无人机的定位和映射的紧密耦合。

　　随着技术的更新换代，农业机器人将向着多种传感器信息融合，人工智能技术、控制模型设计优化方向不断发展。将毫米波雷达技术应用于农业机器人的作业场景，有助于推动我国农业向自动化和智能化方向发展。

4.4 激光雷达

4.4.1 激光雷达概况

激光雷达（LiDAR）是一种环境感知传感器，是雷达技术与激光技术的结合。由于激光本身具有单色性好、亮度高、分辨率高、灵敏度高等良好特性，使得以激光为载波的激光雷达具有距离分辨率高、速度分辨率高、抗干扰能力强、体积小且不受无线电波干扰等环境感知优势。激光雷达在环境建模、物体检测识别、环境勘探测量等领域得到广泛应用，其发展历程及特点见表4-4-1所列。相比于传统微波雷达，在提供更强大感知性能前提下，体积更小质量更轻，在市场化产品的应用上优势显著。

ADAS指高级驾驶辅助系统，是实现自动驾驶、无人作业的基础，因而农业全过程无人作业必然离不开ADAS系统。ADAS系统利用安装在车上各式各样的传感器（毫米波雷达、激光雷达、单/双目摄像头以及卫星导航），在车辆行驶过程中随时来感应周围的环境，收集数据，进行静态、动态物体的辨识、侦测与追踪，并结合导航地图数据，进行系统的运算与分析，从而预先让驾驶者察觉到可能发生的危险，有效增加车辆驾驶的舒适性和安全性。根据自动驾驶SAE（国际自动机工程师学会）的分级，自动驾驶依据系统的智能性和全面性共分为5个级别，从L0级完全的人类驾驶到最高L5级完全的自动驾驶，是人类在汽车方面逐步实现自动化、智能化的过程。研究表明，由于激光雷达的综合性能最优，L3级以上的自动驾驶系统中，激光雷达应用将逐渐增加，并最终在L4级以上自动驾驶汽车中成为核心传感器。

激光雷达必将成为L3级以上车载必备传感器，半固/固态激光为未来发展方向。激光雷达作为机器人的"眼睛",在三种雷达技术中测量精度最高,反应速度快,操作性能具备绝对的优势。尽管在 L2、L3 的汽车中的使用尚不如超声波雷达和毫米波雷达广泛,但是大多数研发部门均认为激光雷达将成为 L3 级以上自动驾驶汽车的必备传感器,L4 级以上无人驾驶的核心传感器。按照技术架构,激光雷达产品主要分为整体旋转的机械旋转式激光雷达、收发模块静止的半固态式激光雷达和固态式激光雷达三种,且半固/固态激光雷达将会成为主要发展趋势。

表 4-4-1　激光雷达发展历程及特点

分代	理论基础	发射系统	接收系统	信息处理	运载平台	工作模式
第一代 1960—1970 年	经典理论	气体激光,传统光学	单元探测器脉冲体制直接接收	单元电路,模拟电路	地基,车载	单一波长,单一模式
第二代 1970—1990 年	量子理论	气体/固体/半导体激光,光机扫描	SPITE 器件线列探测器外差接收	单元电路,数字电路,成像显示	车/机载星载	双色、多光谱主被动复合
第三代 1990—2005 年	光子探测统计理论	DPSS 发射,电子扫描,非扫描	面阵探测器外差接收	集成模块,DSP 芯片,成像显示	车/机载弹/星载	多波长复合,多功能模块,智能化模块
第四代 2005 年至今	光子探测纳米物理	阵列发射,微光学系统	微光学系统焦平面阵列探测器,光纤导光	软硬件融合电路系统级芯片高分辨率成像显示	植入生物体	全波段复合,光电全模复合,测通控一体化

国内外激光雷达发展现状

自 1960 年美国科学家梅曼研制出第一台红宝石激光器起，用于环境感知的激光雷达开始大量研究。相关研究最先是从激光测距仪开始，1961 年第一台军用测距仪通过美军方检验，进入实际应用；1971 年美国军队装备 AN/GVS3 测距仪用于军事侦察。而后激光环境勘测从单点测量发展到二维扫描。从 20 世纪 90 年代开始，可以计算出地形图像的机载激光雷达开始应用在地形勘测中，如 1995 年美国空中客车（TopScan）公司开发的机载地形测量激光雷达，2003 德国徕卡（Leica）公司研制的 ALS5O 系列地理勘测激光雷达。

近年来，随着激光雷达的技术发展和智能交通的发展，能进行三维立体扫描的车载激光雷达设备逐渐落地，产品商业化的公司有美国威力登（Velodyne）公司、法国的图宝制图系统数据（TopoSys）公司、德国和西克（Sick）公司等。其中美国威力登公司产品的性能和精度处于国际领先地位，几乎成为自动驾驶行业激光雷达选型的黄金标准，其 16 线、32 线、64 线的产品被广泛应用在自动驾驶车辆上。不论是国际高校间的自动驾驶比赛，还是诸如谷歌、百度等参与自动驾驶研究的企业，其研发出的自动驾驶车辆都能看到 Velodyne 激光雷达的身影。

相对于国际研究水平，我国对激光雷达技术的研究起步较晚，主要的激光雷达研究单位有中国科学院安徽光学精密机械研究所、中国科学院上海光学精密机械研究所、中国科学院武汉物理与数学研究所、中国科学院空间中心、中国海洋大学、武汉大学、西安理工大学、北京理工大学、中国科技大学、中国电子科技集团、北京遥测技术研究所等。另外，受军用激光协会大力支持，国内研制出红宝石激光人造卫星测距机、用于复杂地形测绘的飞机机载激光航测仪。中国科学院安徽光学精密机械研究所在激光雷达设备研制上积累了多年经验，研发了多种激光雷达，取得了很好的应用效果；西安理工大学研发了多套不同类型的激光雷达；中国科学院上海光学精密机械研

究所和中国电子科技集团分别研发了测风激光雷达系统；北京理工大学研制
了一台拉曼米散射激光雷达进行气溶胶探测；中国科学院光电研究院和法国
科学家合作进行机载激光雷达探测的研究；北京遥测技术研究所在 2012 年成
功研制了具有国际先进技术水平的大气探测激光雷达产品，能够在复杂天气
条件下长期运行，工作性能稳定，可提供高质量的一级、二级、三级数据
产品。

2007 年以前，国内高校及研究院所在激光技术层面有不错积累，但是激
光产品商业化产品化基本没有，主要激光应用场景基本依赖国外进口产品。
2007 年以后，国内激光雷达产品开始逐渐应用到军事、民用以及工业领域。
随着国内无人驾驶行业和国际浪潮一起井喷发展，国内也涌现出几家激光雷
达厂商，其中以上海禾赛光电科技有限公司、深圳市速腾聚创科技有限公司、
北京北科天绘科技有限公司、北醒（北京）光子科技有限公司、上海思岚科技
有限公司、深圳市镭神智能系统有限公司等创业公司为代表的国产激光雷达产
品逐渐获得市场认可，几种激光雷达形式性能对比见表 4-4-2 所列。相比国际
领先产品，如 Velodyne，国产激光雷达在精度、稳定性上还有差距，主要以
价格优势抢占市场。国产激光雷达厂商在原理技术和生产工艺上仍需跟上国
际步伐。

以上海禾赛光电科技有限公司为例，该公司成立于 2014 年，以高性能
和量产能力逐步进入主流自动驾驶企业的视野，正逐步成长为新一代激光雷
达供应商。2016 年起，该公司先后推出了 Pandar40/40P/64 产品线，每代产
品都获得了高级驾驶辅助系统（ADAS）行业认可。2018 年，全球激光雷达
市场竞争进入白热化，国内外数十家激光雷达供应商发布了各种形态的新一
代激光雷达。在美国，根据加州车国辆管理局发布的 2019 年所有自动驾驶
Rotobaxi 公司路测数据，总里程数排名前 15 名的 Rotobaxi 公司中，该公司的
产品作为激光雷达主雷达获得 10 家以上公司的认可。目前，Pandar128 激光
雷达还是市面上唯一一款同时满足测距不小于 200 米、单回波下点频不低于 3
米/秒的自动驾驶信息采集设备指标要求。

表 4-4-2　几种激光雷达形式性能对比

类别	架构	主要特点	优势	劣势	主要厂家
机械旋转式激光雷达	电机带动光机	通过电机带动收发阵列进行整体旋转，实现对空间水平 360°视场范围的扫描，测距能力在水平 360°视场范围内保持一致	360°环境水平视场扫描，测量精度高，扫描速度快，抗光干扰能力强、信噪比高等	价格昂贵、结构笨重、装调工作量大	禾赛科技股份有限公司、Velodyne、深圳市速腾聚创科技有限公司（以下简称"速腾"）等
半固态式激光雷达	转镜式或微振镜式	转镜式保持收发模块不动，让电机在带动转镜运动的过程中将光束反射至空间的一定范围，从而实现扫描探测、微振镜式主要采用高速振动的二维振镜实现对空间一定范围的扫描测量	幅度很小，频率高，成本低，技术成熟，体积小，适用于大规模量产应用	仅能扫描 120°水平视场，扫描均匀性、精度较差	速腾、以色列激光雷达企业伊诺威（Innoviz）公司、大疆、法雷奥汽车零部件有限公司、露米纳（luminar）科技有限公司等
固态式激光雷达	光学相控阵（OPA）、Flash、电子扫描等	OPA 利用相干原理，实现发射光束的偏转，从而完成系统对空间一定范围的扫描测量。Flash 激光雷达主要是通过短时间直接发射出一大片覆盖探测区域的激光，再以高度灵敏的面阵接收器，来完成对环境周围图像的绘制。电子扫描式主要按照时间顺序通过依次驱动不同视场的收发单元实现扫描	结构紧凑、体积小，成本低，易量产；可通过软件进行调节，加快扫描速度并提高精度	仅能扫描 120°水平视场，扫描均匀性和精度较差	康纳吉（Quanergy）系统有限公司、Ibeo 汽车系统有限公司等

4.4.3 激光雷达在农业中的应用

伴随着软硬件研发生产水平的提升，激光雷达在不同领域有很多成功的应用，主要被应用于大气环境监测、城市三维制图、智能汽车及智慧交通等场景。在智能农机领域，它无疑将优先用于智能导航的农机定位、避障、路径规划和安全驾驶。

激光雷达广泛应用于城市、道路的无人驾驶、自动导航领域，同样在农业领域也可以得到广泛应用。首先，利用激光雷达构建地面农机、农业无人机等的作业区域行驶路线的三维模型，可以作为农机、无人机作业规划、自动驾驶的数据源，实现亚米级的高精度路线规划和行驶（飞行）。其次，实时利用无人机三维建模数据，也为农机、无人机自动化作业时的避障提供准确的依据，为自动化作业提供可靠的支持。

除此之外，利用激光雷达的光谱测量、速度测量、3D 建模功能，还可以在农业气象测量、农业土壤营养成分诊断、林业耕地 3D 高精度建模等领域发挥设备优势，为现代智慧农业做贡献。

1. 获取区域农业气象信息

如上文所述，激光雷达能实时高精度获取大气参数，结合地面传感器，可以方便测量农业生产局部及一定范围内的温湿度、风速风向、光照、雨雾、冰雪等气象参数，气象学信息作为智能农业控制单元的输入数据，可以科学实现温湿度、光照、防护等农业生产的自动化控制，为现代化农业生产提供必要的信息支持。

2. 山林、耕地等的高精度三维建模

利用机载激光雷达，结合高精度定位信息，可以获取山林、耕地的点云数据，在此基础上构建山林、耕地的高精度三维模型，可以为农业生产规划、农业水利建设设计提供精确数据资料；在森林、农作物探测方面，激光雷达发射的激光脉冲能部分穿透植被冠层，通过回波波形数据可以分析出整个植被冠层的三维结构和冠层下的地形，可以测量和估算树木高度、冠层结构、

农作物长势等参数，从而估算森林生物量、农作物产量，为农业生产提供基础数据。

3. 土质元素的高精度测量

利用激光雷达的高精度光谱测量技术，结合不同化学成分的光谱特性，可以实现农业生产中土质、营养液等的营养元素、成分、占比、含量的高精度测量，从而为科学种植、施肥、病害防治等提供精确信息。

4.4.4 激光雷达的发展趋势

纵观国际上激光雷达的发展历程，本书归纳、提炼出以下四类激光遥感技术发展趋势。

1. 地基 – 机载 – 星载激光雷达相结合实现载荷平台一体化

建设地面监测 – 航空测量 – 卫星遥感的天空地载荷一体化监测系统。利用地基激光雷达构建地面监测网络系统，结合机载激光雷达和星载激光雷达构建空基测量系统和卫星遥感系统，利用空中和卫星平台有效范围覆盖大的特点，提升大尺度监测能力，精确测量被测目标的全方位连续、实时、立体化信息。

2. 多种遥感方式相结合实现复合探测

激光主动遥感与微波遥感、红外遥感相比各有优势。微波波束的发散角大，激光发散角小，因此，激光的精度和角分辨率高，而微波的搜索能力强；微波雷达对电磁干扰敏感，在探测地空目标时，回波信号可能被地面的杂波所淹没，而激光雷达抗电磁干扰能力强，它们之间存在着互补性；未来的预警系统倾向于激光主动遥感和红外系统组合使用，先用红外系统大面积搜索，一旦发现可疑目标则通知激光雷达跟踪、测速、测距，如夜晚没有光源照明，热红外成像不能将目标和环境区分开来，但如果和激光主动遥感相配合则可以很好地解决这一问题。

3. 单台激光雷达设备功能综合化

激光雷达单台设备只测一个参数的情况在将来会越来越少，往往是共用光源与光学系统，尽量从散射和反射回波中获得更多信息，形成带有一定综合性的遥感设备。2005 年德国科学家安德烈亚斯（Andreas）等提出了四维综合性激光大气雷达，同时用 Mie 散射测气溶胶、Raman 散射测温度以及差分吸收测水汽。

4. 新型激光器、探测器走向应用

激光遥感技术的重点突破关键技术有：激光器、探测器及探测数据处理技术和反演及其应用。激光器是激光遥感技术的核心及关键技术。按激光雷达所需激光器来划分，可以分为两类激光器，即波长为 1 微米（1 微米 $=10^{-6}$ 米）的 Nd：YAG 激光器和人眼安全波长 1.6 微米至 2 微米的激光器。这两类激光波长可作为执行地球科学探测任务、军民两用的化学和生物战剂探测所需的主波长。由于激光器性能的提高需要更高的成本，因此目前更多地寄希望于探测器和探测数据处理技术的发展。改进探测器的性能已成为当务之急，目前光量子产额约为 2%，而对于光子计数而言，光量子产额需要达到 30% ～ 50%。激光雷达接收到的回波信息并不能直接体现出被测目标的一些特征信息，需要通过数据反演才能得到我们所需的目标信息参数，因而激光雷达的数据反演一直是国内外研究的一个重要课题。

激光雷达具有单色性好、方向性强、相干性好、体积小等优点，在农业及其相关领域必将得到广泛的应用，可以为农业生产各环节提供高精度、全天候信息。在当前技术条件下，激光雷达在农业领域的应用存在设备成本偏高、技术门槛高、信息融合应用不够充分的问题，随着技术发展和不断推进，必将得到圆满解决。

4.5 传 感 器

随着全球粮食需求的不断增长，农业面临越来越大的挑战，有效的作物管理技术对提高作物产量是必要的。精准农业技术使利益攸关方能够根据监测作物环境收集到的数据做出有效和定制的作物管理决策。非生物信息和生物信息的获取，已经成为实施精准农业最为关键的问题。非生物信息的采集主要有农田环境养分、盐碱度信息、环境温度、环境湿度、光照强度等信息的采集。生物信息主要是病虫草信息。传统的信息感知方法费时费力且无法满足精准农业的需求，目前用于进行植物、土壤和气体信息感知的设备，大多是基于单点测定和静态测定，在动态测定、连续测定的情况下并不适用；与此同时，随着电子和信息技术的发展，机器视觉结合图像处理技术已成为一种很有前景的工具，可用于精确的田间作物检测，为针对性的管理提供了有价值的传感信息。本节对目前的农作物生长环境信息感知技术、自动检测和监测病虫草技术及相关传感仪器进行了综述，详细介绍了其相关的发展历史和现状，并提出了今后进一步开展农作物生长环境信息感知与病虫草检测技术的研究方向。

精准农业已成为当今世界农业发展的新趋势，它是由现代信息技术支持的根据空间变异，定位、定时、定量地实施一整套现代化农事操作技术与管理的系统。它将推动农业生产由以前的粗放型农业向技术型、细化型的现代化农业转变。精准农业的技术体系主要包含信息获取系统、信息处理系统与智能化农机具系统等 3 个部分，其中如何方便、有效、快捷、准确地获取农作物田间的非生物信息和生物信息，已经成为实施精准农业最为关键的问题。为此，需要大力开展适用于农作物的环境信息快速感知与病虫草检测技术及相关传感仪器的研究。

4.5.1 非生物信息感知传感器

随着纳米技术、光电技术、电化学技术的发展,农业生态环境监测可以感知到更多、更为精细的环境参数。农业物联网广泛应用于农业生产精细管理中,如大田粮食作物生产、设施农业、畜禽水产养殖等典型农业作业。在大田粮食作物生产中,农业物联网主要用来对农田环境养分、环境温度、环境湿度、盐碱度和光照强度等信息进行感知,感知信息在农作物灌溉、施肥、病虫害防治等方面得到很好的应用。实现实时、动态、连续的环境信息检测是未来发展的趋势。对综合环境信息进行快速检测和评估,并将评估结果直接应用于植物生长管理的研究,也是环境信息传感技术的重点前沿方向。而农田环境信息感知的技术根本是传感器技术,下面先对常见的非生物信息感知进行介绍。

1. 常见的非生物信息感知传感器

(1)农田环境养分信息感知

电与电磁型传感器:利用电流的变化来测量土壤颗粒导电或者积累电荷的能力,当仪器接近或侵入土体时,农田环境就成为电磁系统中的一部分,当地理位置发生变化的时候,电压或者电流也会相应地瞬时发生变化,即可用于农田有机化合物、微量元素等农田环境属性指标的测量分析。

机械式传感器:机械式传感器在农田中进行推拉时,对农田土壤产生的切割、断裂、填土等阻抗力以及与表面产生的摩擦和黏结阻力均被记录在其中,可以估测土壤的机械阻抗。当穿透计锥入土壤的时候,产生的压力作用于电容环上,通过压力杠杆将这种力传递给压力传感记录器,记录下土壤阻抗力数据。通过建立与土壤属性的关系,可得到土壤紧实度、土壤耐旱力、土壤水分分布差异等信息。

(2)盐碱度信息感知

光学与辐射型传感器:光学和辐射测量型传感器主要是利用电磁能表现出的特征对土壤特性进行分析。目前,利用的波段主要是可见光（Vis：380 ～ 780 纳米）、近红外（NIR：780 ～ 2500 纳米）、中红外（mid-IR：2500 ～ 25 000 纳米）及高能量射线（如 X 射线、γ 射线）。

电化学型传感器：可以提供关于土壤养分的浓度状况和 pH 值以及农田盐碱度等关键信息。电化学型传感器是以离子导电为基础制成，主要使用的是离子选择电极（ISEs）和离子敏感场效应晶体管（ISFETs）两种技术。

（3）环境温度信息感知

温度传感器能将所感受到的温度转换成可用输出信号。该类传感器品种多样。根据测量方式可分为接触式和非接触式两大类，根据传感器材料及电子元件特性分为热电阻和热电偶两类。电阻温度检测器（RTD）、热电偶和热敏电阻是最常见的温度传感器类型。

（4）环境湿度信息感知

湿度传感器通过将环境中的水分子量转换成可测量的信号来显示湿度。根据与水分子相互作用后物理参数的变化，湿度传感器可以分为多种类型，如电容型、电阻型、阻抗型、光纤型、石英晶体微天平（QCM）型、表面声波（SAW）型、共振型等。

（5）光照强度信息感知

光照强度信息采集主要由光电式传感器完成。光电式传感器是一种用光电元件将光通量转换为电量的传感器，一般由光源、光学通路和光电元件三部分组成。其工作原理是把被测量的变化转换成光信号的变化，借助光电元件进一步将光信号转换成电信号。光电式传感器具有非接触、高精度、高分辨率、高可靠性、反应快等特点，在检测和控制领域获得了广泛的应用。通常有四种工作方式：吸收式、反射式、遮光式、辐射式。

2. 非生物信息感知传感器的历史与现状

传统的非生物信息采样分析周期长、成本高、过程复杂、实时性差、需消耗大量人力物力，很难进行大范围、高频率的信息采集。其采集传感器往往体积较大，功能不完善，应用领域受限，难以满足便携设备、可穿戴设备等下游应用领域不断升级的消费需求。

2000—2020 年间非生物信息检测技术的历史、关键时间点及对应的事件和影响见表 4-5-1 所列、图 4-5-1 所示。

表 4-5-1　2000—2020 年间非生物信息检测技术的历史、关键时间点及
对应的事件和影响

	2000 年前	2001 年	2006 年	2008 年	2009 年	2011 年	2015 年	2017 年
事件	第一代土壤信息快速采集器 Dynamometer	在土壤光谱预测模型中运用多元线性回归、主成分回归、偏最小二乘回归、回归树等方法	土壤光谱库建设	基于氧化锂掺杂的二氧化钛纳米纤维湿度纳米传感器	制成简单石墨烯光探测传感器	农田土壤碳制图	氯化锂-电阻式湿度传感器	微波遥感与光谱遥感的结合
人或单位	英国洛桑试验站的土壤学家	郑昌文	美国国家土壤调查中心	王策	金伍民·帕克（Ji-woong Park）	穆民奥兹（Muñoz）	陈雯雯	皮尔斯（Piles）、科林德（Colliander）
影响	设计与开发了第一代土壤信息快速采集器，作为农田信息采集的开端	促进算法运用到土壤	各国家开始建立土壤光谱库促进信息采集向全球化发展	该传感器性能较好，研究推动传感器的发展	加深对光伏型石墨烯光探测传感器的机理认识	农田土壤环境信息制图向现代化发展	促进新材料被应用于湿度传感器中	提高了土壤水分数据的空间分辨率以满足不同尺度研究的需求

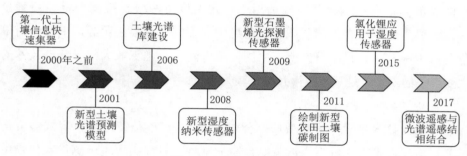

图 4-5-1　历史与现状图

（1）农田环境养分信息感知技术

当前此技术主要分为电与电磁型传感器和机械式传感器，已出现了部分光学与辐射型传感器和电化学性传感器。目前主要适用于田间土壤水分、紧实度、有机质的测量。主要生产企业和科研单位有美国光谱（Spectrum）公司、上海博取仪器和巴西里约热内卢天主教大学电信研究中心等。主要存在的缺点：这些仪器在具体操作过程中会受到许多外界因素的干扰，环境温差、土壤含水量、矿物质组分、黏粒含量等均会对测定产生不同程度的影响。

（2）盐碱度信息感知技术

当前此技术主要分为有电化学和光学与辐射型传感器，其中光学辐射型传感技术近年来正快速发展。目前主要适用于测量温室或者相对恶劣的田间环境中质地、有机质、pH 值、水分、矿物、酸盐和营养元素等，适用于温室或者相对恶劣的田间环境。主要生产企业有瑞典玛拉（MALA）公司等，主要科研单位有中北大学仪器科学与动态测试教育部重点实验室等。主要存在的缺点：该技术易受外界环境的干扰，如环境温度、离子干扰、土壤质地结构，均会影响测量的精度。

（3）环境温度信息感知技术

当前此技术主要分为热电耦式和电阻式传感器，正在向利用集成电路测量温度的方向发展。目前主要作用于是长距离范围内，测量农作物生长环境下的温度测量和控制。其主要适用于一定温度范围或长距离测量和控制温度。主要生产企业有德国科威勒、基恩士（中国）有限公司等，主要科研单位有日本国家材料科学研究所、中国计量学院、合肥工业大学等。该技术的主要存在的缺点：是反应较慢且价格较为昂贵。

（4）环境湿度信息感知技术

当前此技术主要分为场效应晶体管（FET）湿度传感器和电容式湿度传感器，新型技术有光纤型、石英晶体微天平型。目前主要用于测量农作物生长环境下的湿度和大气中的湿度测量，如适用于相对较高的灵敏度、相对较高要求的场景或者较高大气湿度的环境。目前其主要生产企业有瑞士新型传感技术（IST）公司、泰科电子（上海）有限公司等，主要科研单位有东南大学教育部重点实验室等。其主要存在的缺点：易受潮湿环境影响，场效应管易被击穿；传感器特性变化大，稳定性较差灵敏度过高可能产生误判断。

（5）光照强度信息感知技术

当前此技术主要分为光电式传感器，新型技术有光纤型、石英晶体微天平型。目前主要作用是测量农作物生长环境下的光照强度，主要适用于有一定精度要求的农田环境，主要生产企业有美国罗克韦尔公司等，主要科研单位有西安电子科技大学光电子集成技术研究中心等。其主要存在的缺点：电路比较复杂，且光照强度和电阻阻值之间存在非线性关系，两者之间的转化关系比较复杂且容易受到干扰。

3. 非生物信息感知传感器发展趋势与展望

传感器技术作为信息技术的三大基础之一，是进入 21 世纪以来优先发展的顶尖技术之一。信息化、智能化是今后农业学科发展的重点，如何快速有效地获取土壤信息，既是土壤科学的重要研究方向，也是传统土壤理化测试分析向土壤野外实时监测方向发展的重要技术支撑。

非生物信息检测技术的发展现状见表 4-5-2 所列。

表 4-5-2 非生物信息检测技术的发展现状

类别	分类	代表性仪器	作用	适用场景	生产企业	科研单位	优点	不足
农田环境养分信息感知技术	电与电磁型	大地电导率仪Veris3100、时域反射仪、频谱反射仪	测量质地、机质、盐分、水分等	田间	上海博取仪器、德国高美测仪（GMC Instruments）集团	巴西里约热内卢天主教大学电信研究中心	快速、实时性成本较低等	在具体操作过程中会受到许多外界因素的干扰，如环境温度、土壤含水量、矿物质组分、黏粒含量等均会对测定产生不同程度的影响。
	机械式型	指针式土壤紧实度仪	测量紧实度、耐旱力、水分等	土壤属性的测量和数字制图	美国光谱（Spectrum）公司	—	结合光学传感器的实时感应位置的变化，绘制土壤属性空间分布制图	机械式传感器对土壤结构比较敏感，易损，不适合进行大范围的采样研究。
盐碱度信息感知技术	光学与辐射型	光谱仪、探地雷达、激光诱导光谱	测量质地、机质、CEC、pH值、水分、盐分、温度、土壤粗糙度、矿物等	可以在相对恶劣的田间环境	瑞典玛氏（MALA）公司	中北大学仪器科学与动态测试教育部重点实验室	非接触性、不受电子干扰、灵敏度高等	普适性问题尚未很好的解决，必须要有区域典型土壤样本来重建或验校模型使传感器优势得不到很好的体现。
	电化学型	pH计、离子敏感晶体管传感器	测量pH值、硝酸盐、营养元素等	环境干扰比较小的场景	日本TDK株式会社	北方工业大学	体积小、价格便宜、响应快、输出阻抗低、易集成化等	易受外界环境的干扰，如环境温度、离子干扰、土壤质地结构，均会影响测量的精度。

续表

类别	分类	代表性仪器	作用	适用场景	生产企业	科研单位	优点	不足
环境温度信息感知技术	温度传感器	热电偶	测量出介质的温度,而后将温度信息转化成电信号,再经仪表显现出来	可以直接连接到测量仪表,用于准确读数环境	美国欧米伽(Omega)工业测量公司	西安交通大学电子材料科研究实验室	精度高、测量范围广、抗干扰能力强等	信号调理复杂
		电阻温度探测器	温度变化转换成了电压变化	适用于一定温度范围	德国科威勤公司	厦门大学	RTD是最准确并且最稳定的温度传感器,比热电偶和热敏电阻具有更好的线性度	反应较慢、较昂贵
		热敏电阻	自身温度随周温度或者电流引起的自热而变化	在测量、补偿以及控制温度中使用	村田制作股份有限公司(Murata Manafacuring)	日本国家材料科学研究所	体积小、响应时间短、信号输出大、灵敏度高	阻值的变化与温度的变化呈非线性的,得元件的互换性与稳定性较差。
		IC温度传感器	将温度信号变化情况以数字信号的形式输出	适用于长距离测量和控制温度	基恩士有限公司	中国计量学院 合肥工业大学	温度测量误差小、响应速度快、体积小、传输距离长、功耗低	软件开发水平决定智能化水平程度

续表

类别	分类	代表性仪器	作用	适用场景	生产企业	科研单位	优点	不足
环境湿度信息感知技术		场效应晶体管湿度传感器	通过测量石墨烯通道在施加恒定电压下暴露于潮湿环境之前和之后的电流变化来进行湿度检测	灵敏度要求相对较高的场景	瑞士新型传感技术（IST）公司	东南大学教育部重点实验室	灵敏度高和可移植性、小型化	易受潮湿环境影响，场效应管易被击穿
		电阻式湿度传感器	基于吸附在表面的水分子引起的石墨烯材料的电阻变化，通过测量电阻变化来有效确定湿度	通过改变传感材料来检测不同种类的气体	泰科电子有限公司	浙江大学高分子材料科学与工程系	制造方便、操作简单、成本低、可重复使用、驱动功率低、小型化	精度相对较低
		阻抗式湿度传感器	利用阻抗湿度传感器测量各种响应范围：几赫兹~兆赫兹	有效检测各种低浓度气体	华科仪器仪表有限公司，创捷思电子有限公司	北京航空航天大学化学系，浙江大学	准确检测湿度	需要专业的高性能阻抗谱
		电容式湿度传感器	表面吸附水分子时显示质子传导性，质子传导性与环境中的水浓度有关，会引起电容的变化	检测大气中的湿度	法国胡米雷尔（Humirel）公司，华天仪表	哈尔滨理工大学，兰州大学	功耗低，具有线性、响应，易于实现小型化	传感器特性变化大、稳定性较差

续表

类别	分类	代表性仪器	作用	适用场景	生产企业	科研单位	优点	不足
		表面声波（SAW）湿度传感器	通过表面波的调制来检测湿度变化	机械波的任何的变化都反映在电信号中	特里库明特（TriQuint）半导体公司	浙江大学	具有低滞后、短期重复性好、长期稳定性好、热稳定性好等特点	传感器表面的任何物理或化学性质的变化，如质量、电导或黏弹性，会影响声波的速度或衰减
		石英晶体微天平（QCM）湿度传感器	用于分析电极表面的质量、分子膜结构、相互作用和黏弹性变化	可以直接连接到数字控制系统	美国加姆里（Gamry）电化学仪器公司美国阿美泰克	郑州大学物理工程学院	灵敏度高、检测范围宽、响应快	灵敏度过高可能产生误判断
		光纤湿度传感器	检测由水分子引起的光纤内部光学特性变化：功率、介电率、性变化	可在恶劣条件下工作：易燃环境、高温度、高压力环境	江西云沛科技发展有限公司 深圳富巴电子有限公司	西安电子科技大学物理与光电工程学院、国家重点实验室、长飞光纤光缆股份有限公司	抗干扰能力强	光学设备的成本高
光照强度信息感知	光电式传感器	BH175FVI、TSL2550、GY-30	将光学量数值转化成电压、电流等电量数值	有一定精度要求的农田环境	美国罗克韦尔公司	西安电子科技大学、光电子集成技术研究中心	线性范围宽、灵敏度高、光谱响应合适、稳定性高、寿命长	电路比较复杂，光照强度和电阻阻值之间存在非线性关系，两者之间的转化关系比较复杂且容易受到干扰

从以上分析可知，传感器技术在土壤物理性状检测方面发展较快，技术相对较为成熟。而对土壤化学性状特别是养分的检测方面，传感器技术的发展还较为薄弱，其原因不仅仅是传感器技术本身的原因，还与土壤学学科本身的基础研究有关。传统上，判断土壤养分是否充足不是靠土壤养分的全量，而是依据养分的有效性，而后者常常采用化学试剂进行提取与测定的。当采用传感器监测土壤养分时，就存在检测什么替代指标及替代指标是否与植物生长存在相关性的问题。因此，发展适用于传感器检测的替代指标也是土壤传感器研究中不可缺失的重要研究内容。

根据国际传感器发展的状况，可以预测未来土壤传感器的主要增长将来自于光纤传感器、MEMS 微电子传感器、仿生传感器、电化学传感器等新兴传感器见表 4-5-3 所列。同时，随着新工艺与新材料（纳米材料）的运用，土壤检测传感器也会向微型化、仿生、智能、多功能化方向发展，特别是新型传感材料和传感器的不断出现，有可能研发新的稳定性好、灵敏度高、能连续测试的土壤近地传感器。

表 4-5-3　非生物信息感知技术在未来 10 年国内外工业界、学术界和政府管理等方面的趋势

地区	类别	1～3 年	3～5 年	5～10 年
国内	工业界	专用专门化	体积小、精度高、非接触式易于携带	综合轻型化、便携式、高可靠性和商业化
	学术界	信息融合趋集群协作	信息检测多样性功能性	以"传感"为工作重心的无线传感网络
	政府管理	加大力度开发、加大投入	共建共享、在线分析个性化以及可视化服务	发展虚拟现实建模技术，全球协调发展，共同解决全球性问题土壤数字综合制图问题

续表

地区	类别	1～3年	3～5年	5～10年
国外	工业界	多检测模式全量程传感器。具有高精度、抗干扰功能	成本低、易操作	小型化、便携式以及高集成度
	学术界	全球尺度的地球观测系统，发展全球尺度的土壤有机质、地表温、粗糙度等信息的快速提取技术体系	全球协调发展，共同解决全球性问题	多传感技术构建，关键属性信息与地球系统模式之间的多尺度、多物理耦合的协调同化方法
	政府管理	新型低成本、高实用性材料的开发	推进感知信息在安全决策、生态环境保护及风险评估、全球变化和灾害应对以及文化—自然遗产保护与发展等领域的应用、土壤信息化工程建设	基于现代数字地球建设框架搭建大数据平台

　　在农作物生长环境信息的获取中，传统的检测方法不但费时、费力，工作量大，而且覆盖面积小、效率较低、调查成本高、时效性较差，不能很好地满足现代农业精准生产的要求。方便、快捷、准确、可靠地感知农作物环境信息，是实施精准农业最为基本和关键的问题。虽然目前大多数的作物环境信息感知技术的研究还在理论或者是停留在实验室阶段，但随着研究的深入，传感器的软硬件技术的改进和路由算法优化，以及以"传感"为工作重心组建无线传感器网络，针对整体农作物生长环境的土壤温度、土壤水分、光照强度以及土壤养分等信息的采集和传输，开发出一款"用得上，用得好，用得起"的集温、光、湿以及养分的多种测量要素于一体的、面向大众的多功能采集设备将成为现实。同时，提高环境信息对农作物生长的时效性，将使"数字农业"成为现实。

4.5.2 生物信息感知传感器

随着全球人口以每年 1.09% 左右的速度快速增长，对食品、饲料、纤维和燃料的需求也相应增加，这就要求农业产业提供更高的产量。农业正面临着巨大的挑战。几十年来，研究人员和农民一直在努力控制病虫草害，以克服病虫草害带来的挑战。病害和虫害直接损害作物，杂草与作物争夺水、营养和阳光，间接损害作物，如果不对其加以控制，会对作物产量和质量造成不利影响。生物图像信息感知技术，可以监测作物受到的病虫草害在不同发展阶段的空间和时间布局，从而减少农民的作物损失，减少农药杀虫剂的使用，降低作业成本，保护环境。

1. 生物信息感技术

生物图像信息感知技术主要包括图像传感技术和图像分析算法技术。

图像传感技术指通过图像传感器（Image Sensor）对环境进行感知，利用光电器件的转化功能，将其感光面上的光信号转换为与光信号成对应比例关系的电信号——"图像"的一门技术，该技术将光学图像转换成一维时序信号，其关键器件是图像传感器。作物的光谱特征是环境因子（生物因子和非生物因子）影响的结果，因此，可以通过图像传感器感知光谱特征，进而能够感知作物及环境的信息。

图像分析算法技术，主要是通过图像处理算法对图像数据中的生物信息（作物、病虫草害等）进行识别。在农业生产中，以可见光、热近红外、多光谱和高光谱等图像为数据源量化并分析颜色、形状、纹理、反射光谱等特征，结合记忆网络、支持向量机和深度学习图像分析算法理论，形成数据预处理、特征提取、分类识别与图像分割等相关方法。

生物图像信息感知技术是开展农业检测的基础，随着生物图像传感器技术的进步，图像信息的增加、公共数据集的扩展和图像分析算法的改进，在应对复杂背景和环境变化，以及未知样本检测模型泛化等问题时，监测与检测的精度不断取得突破。

　　下文对生物图像信息感知技术的主要技术——图像传感技术和图像分析算法技术，在病虫草自动检测与监测领域的最新研究成果进行了综述。主要围绕图像传感器及图像分析算法监测病虫害技术发展历史、现状、趋势和前沿展开论述，并对未来 10 年的短期、中期和长期发展进行预判。

　　2. 生物信息感知技术的发展历史

　　自 1983 年美国航空航天局（NASA）喷气推进实验室研发了航空成像光谱仪 AIS-1 开始，便成了多光谱成像探测技术的开端。2002 年，美国菲力尔公司发布了革命性的红外热像仪 ThermaCAM P60，并在同年发布了世界上最小的红外热像仪 Omega。2005 年，荷兰探索创新（Quest-innovations）公司发布了世界上的第一台 5 通道多光谱 CCD 相机。2008 年，尼康 D90 面市，从此相机拥有了 DV 机的录像功能。2010 年，三星和索尼联合发布了 APS-C 画幅微单，微单相机在微型小巧的同时开始在画质上超过单反相机，相机开始向小、微型化方向快速发展。2014 年后，微软等公司先后发布了自己的微型多光谱相机，可以在无人机上使用。值得注意的是，2018 年长光禹辰推出了国内首家完全自主研发的业务级 6 通道多光谱相机，产品整体指标处于国际先进、国内领先水平。在农业生产中，利用可见光、热近红外、深度图像传感器、多光谱和高光谱图像传感器快速、无损地获取作物的图像信息，通过图像分析算法量化并分析颜色、形态、纹理、反射光谱等特征，间接监测作物病虫草害，有助于实现农业化、数字化、信息化以及智能化管理作业。

　　生物信息感知技术历史与现状图如图 4-5-2 所示，其历史、关键时间点及对应的事件和影响见表 4-5-4 所列。

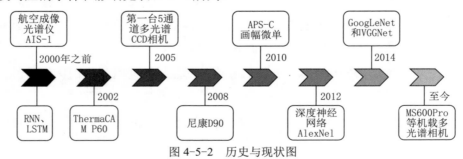

图 4-5-2　历史与现状图

表 4-5-4 生物信息感知技术的历史、关键时间点及对应的事件和影响

时间	2000年之前	2002年	2005年	2008年	2010年	2012年	2014年	至今			
事件	航空成像光谱仪AIS-1问世	ThermaCAM P60问市	多光谱CCD相机问世	尼康D90问世	APS-C画幅微单问世	深度神经网络AlexNet被提出	GoogLeNet VGGNet问世	Sentera QUAD问世	Micasense RedEdge问世	MS600Pro问世	FX系列-FX10问世
人或单位	NASA喷气堆进实验室	菲力尔(FLIR)有限责任公司	荷兰追求创新(Quest-innovations)公司	尼康株式会社	三星集团与索尼公司	Hinton课题组	谷歌公司 牛津大学	美国森特拉(Sentera)公司	微软	长光辰辰卫星技术有限公司	芬兰斯皮姆(SPECIM)公司
影响	开启了多光谱成像探测技术的开端	ThermaCAM P60问世;世界上最小的红外热像仪Omega问世	世界上第一台5通道的多光谱CCD相机问世	相机开始拍摄视频	微单相机反抗衡微型小巧的同时开始在画质上超过单反相机	ImageNet图像识别比赛碾压第二名(SVM方法),也因此CNN吸引到了众多研究者的注意	成为计算效率较高的深层模型基准	微型多光谱相机4波段	微型多光谱相机5波段	微型多光谱相机6波段	高光谱相机400~1000纳米波段

217

近年来，由于深度学习算法的快速发展，许多基于深度学习的算法正逐步地应用于生物信息感知中。如 2012 年深度神经网络 AlexNet 在 ImageNet 图像识别比赛碾压第二名（SVM 方法），也因此 CNN（卷积神经网络）吸引到了众多研究者的注意，图像分析算法进入深度学习的时代。

目前生物图像感知技术在作物、杂草、疾病和害虫等检测和监测任务中应用较多。张小龙等人在普通光照下用可见光相机分别采集包含豌豆苗、土壤背景、杂草（刺儿菜）等的原始图像，分析其颜色模型，根据色差分量 R-B 颜色特征采用 LabVIEW 和 IMAQ Vision 编程实现杂草实时识别。有学者使用佳能 EOS 650 d 采集大豆和多种杂草的图像，在无监督特征学习识别模型的基础上，利用数据预处理后的 K-means 聚类算法实现特征学习，构造特征字典。然后利用该特征字典从标记数据中提取特征，训练分类模型，实现杂草的自动识别。针对温室现场采集的黄瓜霜霉病、白粉病图像中含有较多光照不均匀和复杂背景等噪声的情况，马浚诚等人研发了一种基于卷积神经网络的温室黄瓜病害识别系统。该系统采用了一种复合颜色特征，并结合区域生长算法，实现了温室黄瓜病斑图像的分割和病害识别。马书英等人采用高光谱成像技术采集板栗树健康叶片、受"红蜘蛛"不同程度侵染叶片的高光谱图像及实验区无人机高光谱图像，通过提取各光谱曲线的光谱特征，定量和定性分析各光谱特征对红蜘蛛虫害的响应规律，探究板栗树红蜘蛛虫害的诊断性光谱特征，以期实现利用无人机高光谱遥感技术对红蜘蛛病虫害的早期示警。有学者将多光谱和高光谱遥感结合检测棉花根腐病，验证了利用高光谱遥感检测早期根腐病的可行性。有学者提出了一个系统的开发，该系统可以自动区分受水胁迫的黑斑病感染冬小麦冠层和健康冬小麦冠层。该方法采用了光学多传感器融合的最小二乘—支持向量机分类器。

植物病原真菌可以同时影响植物组织的角质层和气孔导度，从而导致叶片温度的显著改变。不均等文丘菌寄生在苹果叶片的表皮下（皮下），引起结痂病。有学者通过研究不相等叶螨对苹果叶片水分平衡的影响（与病程和结痂严重程度有关），探讨数字红外热成像技术对苹果结痂感测和定量分析的适用性。

3. 生物信息感知传感器的发展现状（见表 4-5-5）

本节阐述相关图像传感器在农业生产信息采集系统中的作用，并分析了其优点和不足：

（1）可见光图像传感器

将可见光作为探测对象，并转换成输出信号的器件。可见光传感器是目前产量最多、应用最广的传感器。可见光波段数码相机最大的优势是成本低、像素数高、操作简单。无人机遥感获取可见光影像对环境要求相对较低，晴天和阴天条件下均可进行数据采集，但对曝光设定有一定的要求，云的遮挡和环境光线的变化易导致图像曝光不足或过度，病虫草检测皆可使用。国外生产企业主要为三星集团（以下简称"三星"）和索尼公司（以下简称"索尼"），国内生产企业为豪威科技，科研单位有长春光机所和西安光机所。

（2）热红外图像传感器

热成像是通过非接触探测红外能量（热量），并将其转换为电信号，进而在显示器上生成热图像和温度值，并可以对温度值进行计算的一种检测设备。目前热红外相机的分辨率较低，传感器测量不受黑夜的影响，但是温漂较大，另外，还需要消除环境温度和风速的影响。主要生产厂家为美国菲力尔（FLIRSYSTEMS）公司、上海巨哥。

（3）多光谱传感器

多光谱传感器是在普通航空照相机的基础上发展而来的。多光谱照相是指在可见光的基础上向红外光和紫外光两个方向扩展，并通过各种滤光片或分光器与多种感光胶片的组合，使其同时分别接收同一目标在不同窄光谱带上所辐射或反射的信息，即可得到目标的几张不同光谱带的照片。目前已小型化并搭载于旋翼无人机用以判断作物长势和病虫害情况，助力智慧农业。生产企业和科研单位有微软、长春光学精密机械与物理研究所等。

（4）高光谱传感器

高光谱传感器在电磁波谱的紫外、可见光、近红外和中红外区域，以数十至数百个连续且细分的光谱波段对目标区域同时成像。在获得地表图像信息的同时，也获得其光谱信息，第一次真正做到了光谱与图像的结合。与多光谱遥感影像相比，高光谱影像不仅在信息丰富程度方面有了极大的提高，在处理技术上，对该类光谱数据进行更为合理、有效的分析处理提供了可能。生产企业和科研单位有德国库佰特（Cubert）公司、西安光学精密机械研究所和光谱成像技术重点实验室等。

表 4-5-5　生物信息感知技术的发展现状

分类	型号	主要参数	作用	适用场景	生产企业	科研单位	优点	不足
可见光相机	EOS1200D	24位RGB通道	可快速获取可见光波段灰度或者彩色图像	杂草、病虫害识别	佳能集团（以下简称"佳能"）	长春光机所、西安光机所、美国豪威科技股份有限公司	成本低、像素数高、操作简单	曝光设定有要求，获取信息不丰富
热红外相机	VarioSCAN-3021ST	热灵敏度高达0.03℃	反映出目标表面的温度信息	病虫害监测	德国英福泰克（InfraTec）公司	美国菲力尔（FLIR）有限公司 上海巨哥电子科技	白天夜间均正常使用	分辨率低、成本高
多光谱相机	Reddge Micasense	重量：0.15千克；光谱波段：蓝绿红、红边、近红外	可快速获取多个波段图像	杂草、病虫害监测	微型计算机软件公司（以下简称"微软"）	长春光学精密机械与物理研究所	提供除可见光外波段的图像信息	成本较高、波段数有限
高光谱相机	S185机载高光谱相机	620个光谱通道，重15千克	可快速获取400～2500纳米全波段图像	杂草、病虫害监测	德国库伯特（Cubert）公司	西安光学精密机械研究所、光谱成像技术重点实验室	可获得任一个谱段的影像信息	成本高昂

4. 生物信息感知传感器的发展趋势与展望（见表 4-5-6）

目前光成像的技术已经相当成熟，但是它只能得到农作物的表面信息，只有在作物的病变或者虫害肉眼可见时才能取得比较好的识别效果。将红外成像和高光谱成像引入其中，可以在作物患病还没有表征的时候，发现被测物的内部结构和化学成分的改变，进行早期判断以实现作物病害的早期检测，在植物病害的防治过程中具有重要价值，有利于实现精准农业。今后用于农作物病虫害的检测的传感器会朝着微型化、综合化、智能化、多功能化以及系统化的方向发展。

（1）1～3 年发展趋势与展望

图像分析算法尤其是深度学习算法会快速落地，用到农业目标的识别，如果实抓取、成品缺陷检测；基于不同目的所开发的 AI 硬件将使得计算速度越来越快。无监督学习支持下视频数据处理应用也将陆续出现；大数据将会被用来提高农业生产精准化、智能化水平，推进农业资源利用方式转变；信息理论技术以及数据分析算法等技术的支持下，传感器系统也呈现出微型化、综合化、智能化、多功能化以及系统化发展的趋势；将会更注重图像分析算法的鲁棒性和效率，而非仅仅是准确性。这些高性能的 CNN 将和 5G 结合引入更多的商业应用；同时将建设大数据平台，通过监测网络、产业 GIS 地图将信息进行采集、汇总和分析。

（2）3～5 年发展趋势与展望

图像数据集将大量扩充，检测算法会足够可靠，农业生物信息感知技术逐步实现商业化；传感器小型化、柔性化、并与农业任务深度结合实现定制化；农业大数据关键技术研发将加快，推动农业资源要素数据共享，贯通底层硬件软件和互联网电商冷链等农业产业链。工业界将为传感器安全、环保、智能等方向的前沿技术做研究，根据客户的需求做一些定制性的修改；计算机的运算能力和运算速度会显著提升以支持深度学习中大规模的矩阵运算，从而使深度学习的应用范围越来越广泛；以规模化农场管理服务和农业生产技术服务为切入点，搭建农业大数据服务平台，提供土地数据、产业数据、产品数据、地理位置数据等实现全面收集、处理、分析和服务，推动农业产业信息化的转型升级。

（3）5～10年发展趋势与展望

深度学习算法将实现大突破，相应的传感器处理器成本也会有较大降低；生物信息感知技术将获得大量的应用推广；大数据的基础设施进一步建设完善，政府掌握的各类涉农大数据，将可供农资企业合理调配生产，并制定针对各区域各品种的农资解决方案；人工智能也不断突破新的极限，部署新的应用，获得快速和普遍的发展；可解释和稳健的 AI 理论，安全、可信、可靠和易扩展的图像分析算法技术被逐步探索，进一步推动生物信息感知技术的创新应用；产业链上游会建立互联网＋连锁农场，保障农产品品质，在中游会建立互联网＋加工冷储中心，实现农产品商品化，在下游会树立品牌、对接渠道，保障销售畅通，全面激活区域资源，显著提高农户收益。

表 4-5-6　生物信息感知技术在未来 10 年国内外工业界、学术界和政府管理等方面的趋势

地区	类别	1～3 年	3～5 年	5～10 年
国内	工业界	将深度学习算法工业化	扩充数据集，提高算法精确度	降低传感器处理器成本
	学术界	提高计算速度	传感器小型化、柔性化、定制化	推广生物信息感知技术
	政府管理	转变农业资源利用方式	推动农业资源要素数据共享	完善基础设施建设，制定农资解决方案
国外	工业界	传感器系统呈现出智能化发展趋势	传感器向安全、环保、智能等方向发展	人工智能得到发展
	学术界	提高算法鲁棒性和效率	计算机运算速度显著提升，深度学习的应用越来越广泛	改进图像分析算法技术
	政府管理	建立大数据平台	搭建农业大数据服务平台推动产业信息化的转型升级	全面激活区域资源显著提高农户收益

4.5.3 农业产量监测传感器

产量作为农田作业效果的直接检验，是产量分布图绘制的基础，也是下一季度进行农作决策的重要依据。作物产量的测量，依托于联合收获机装备的各种传感器和 GPS；联合收获机装备各种传感器后，在收获各种粮食作物的同时，可实时测出作物含水量、区域产量等数据，绘制作物产量图，为进行农作提供决策支持。其关键技术是作物产量的精准测量，并根据实时产量自动控制农机作业速度和喂入量；结合 GPS 定位信息绘制作物产量分布图，以便决策下一季度的种植计划及播种、灌溉、施肥和农药在不同区域的使用量。

作物产量的精准测量作为精细农业实施的重要环节，对我国智慧农业的发展以及国家粮食种植面积和区域分布等宏观指导方面起着至关重要的作用。因此，采用产量传感器进行测产称重是智能农机传感器发展的关键技术之一。

当前，农机产量测产技术在我国仍处于起步阶段，但欧美等国家已得到了广泛的应用。作物产量的测量是智能农机测产的关键技术，本章节围绕该技术所应用到的产量、品质传感器进行论述，并介绍智能农机的产量测量技术的发展历史、现状，最后对该技术的发展趋势进行展望。

1. 农业产量监测传感器发展历史

早在 20 世纪 80 年代，英、美、德、加等国先后开始提出并且开始研制精准农业技术，随着这些发达国家相继投入了大量的人力和物力进行深入研究和开发，对于测产系统有关技术和配套设备的研究已日趋完善。欧美等国早在 20 世纪 90 年代就已开发出多种类型商品化传感器，主要有美国约翰·迪尔公司和 Case IH 的冲量传感器，英国 RDS［现称 TOPCON Technology（拓普康科技公司）］基于容积式光电技术传感器以及应用 γ 射线流量传感器等技术。并实现利用带有差分全球定位系统 DGPS 和产量测量系统的联合收获机逐步进入实际应用阶段，实现测产测重、构建农田产量分布图。

我国测产系统的主要研究起步于 21 世纪，尽管中国农业大学、南京农业大学等团队进行了大量的研究，取得了一定的科研成果和技术积累，我国精准收获技术较以前有了很大的进步，但由于我国半粗放式农业国情及配套产业技术的不完善，目前整体智能农机与国外先进技术仍有近 30 年的差距，目前尚无成熟化规模化的商业测产称重产品。

2. 农业产量监测传感器的发展现状

国际上已经商品化的联合收获机测产系统，主要有 Fieldstar 系统、RDS 产量检测系统、AFS 系统、Greenstar 系统、PF 系统，FarmTRX 系统等。

目前商业化系统中针对谷物产量测产所采用的谷物类产量传感器，主要有四种类型：冲击式流量传感器、光电式或刮板式容积流量传感器、γ 射线式流量传感器和料仓式称重传感器。

（1）冲击式流量传感器

冲击式流量传感器是一种测量冲击质量流量的传感器。该传感器一般是采用电阻应变式传感器，安装在升运器的顶端并且一端固定有一个弯曲冲击板。谷物经升运器运输后以一定速度撞击在弯曲冲击板上使得传感器发生微变形从而产生测量信号，该信号经放大、AD 转换并且现场标定后，可实现谷物质量的实时测量。其系统工作原理如图 4-5-3 所示。

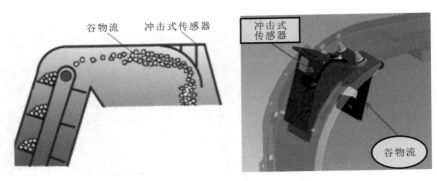

图 4-5-3　冲击式传感器系统操作原理

主要优点：

①实现结构经济型较好，可连续在线测量；

②与光学一体积法相比，不易受到谷物类型、密度和水分的影响而产生误差；

③目前相关技术研究基础较好，科研成果较多。

主要缺点：

①并非所有谷物都可冲击到冲量板上，从而产生计量误差；

②升运器的运转速度影响测量的力，线性差；

③不同的角度、坡度明显影响冲击力计算结果；

④谷物的密度、含水率会对冲击力产生影响；

⑤一种类型的计量校准，无法满足谷物联合收获机的多种谷物的实际使用。

（2）光电式传感器

光电式传感器是将一个光源安置在测产系统的净粮升运器上。光源分光电接收器和光电发射器。当升运器刮板上升时，测量光束被谷物断断续续的遮挡而形成一定时间的脉冲信号，通过脉冲信号即可准确地测量出阻断时间，计算出谷物的体积流量。其系统的原理如图4-5-4所示。

主要优点：

①谷物可以在装满粮仓的同时，直接卸载到拖车上；

②该系统可以由联合收获机制造商或者第三方实施安装；

③有更多的制造商、供应商选择。

主要缺点：

①谷物在提升机每仓的分布是不均匀的，直接影响到测量的体积；

②提升机构运行速度，直接影响测

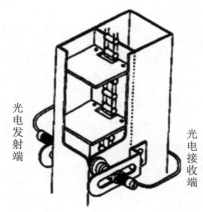

图4-5-4　光电式传感器系统原理示意

量时间，所以必须由另一个传感器测量；

③不同机构运行速度，不同密度和水分将得到不同的测量结果；

④不同种类谷物密度不一样，意味着不同种谷物需要不同的校准；

⑤与冲击/质量流量法相比，该方法具有更大的灵活性，误差也更大。

（3）γ射线式传感器

英国福格森（Massey Ferguson）公司研制的粮食产量传感器，采用透射式γ射线技术，将伽马源和检测器分别安装在升运器的顶端两侧，可以检测出伽马射线的等级。当谷物流过时伽马射线被吸收和阻断，使得检测到的伽马射线等级降低，通过最终伽马射线的强度计算出谷物密度。其工作原理如图4-5-5所示。

主要优点：

①该系统可以由联合收获机制造商或者第三方实施安装；

②精度相对不错。

主要缺点：

①提升机构运行速度直接影响测量时间，所以必须由另一个传感器测量；

②不同机构运行速度，不同密度和水分将得到不同的测量结果；

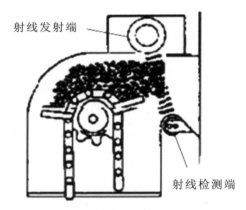

图4-5-5 γ射线式传感器系统原理示意

③不同种类谷物密度不一样，意味着不同种谷物需要不同的校准；

④与冲击/质量流量法相比，该方法具有更大的灵活性，误差也更大；

⑤核辐射原理可能会发生泄漏，出于人员安全和法规考虑不宜推广。

（4）料仓式称重传感器

料仓式称重传感器是一种定位于智能农机而研发的称重传感器，通过将联合收获机的料仓和骨架进行分离，或升运器与骨架分离等形式实现重量称量的传感器。其工作原理如图4-5-6所示。

图 4-5-6　料仓式称重传感器系统原理示意

主要优点：

①谷物可以在装满粮仓后转移，也同时直接卸载到拖车上；

②直接测量谷物重量，与最终地磅等称重方法同源；

③测量精度高，检测精度不受谷物种类、谷物密度、谷物含水量的影响；

④测量精度不受提升机运行速度、拖车行进速度和喂入量影响；

⑤可适用于中小型联合收获机（我国目前需求）；

⑥也可适用于大型联合收获机—拖车并行场景（我国未来需求）。

主要缺点：

①谷仓需与收割器机械分离，传感器安装不便；

②系统需多个传感器，实施价格略高。

本章节介绍了产量传感器的几种形式且列出各个种类传感器对于测产系统的主要优缺点，其商业系统中相关厂家和更多技术细节的列表说明见表4-5-7所列。

表 4-5-7 产量传感器及测产技术发展现状总结表

测产测重方法				
名称	冲击式原理	容积式原理	辐射式原理	称重式原理
典型厂家	美国约翰·迪尔公司 凯斯纽荷兰公司 利康森隆（丹阳）智能机械有限公司	拓普康定位系统公司	美国福格森（Ferguson）公司	利康森隆（丹阳）智能机械有限公司
测产原理	冲击流量换算	体积流量换算	核辐射原理	直接称重
主要影响因数	升运速度、卸粮角度、校准类型、机身振动	升运速度、卸粮角度、校准类型、谷物种类、谷物密度、谷物含水率	谷物种类、谷物密度、升运速度、校准类型	斜坡收割
校准难度	难	难	难	易
精度稳定	差	差	好	好
重复性	差	差	好	好
针对车型	大、中型谷物联合收获机	大、中型谷物联合收获机	中、小型谷物联合收获机	中、小型谷物联合收获机
安装形式	农机厂商预装	农机厂商预装、第三方公司后装	农机厂商预装、第三方公司后装	农机厂商预装
推广性	好	好	不宜推广	好
谷物通用性	中	低	高	高
典型误差	±2%～5%	5%～10%	±2%～3%	±1%～2%

3. 农业产量监测传感器的发展趋势与展望

我国的农业还是以粗放型为主。针对目前商业化系统中针对谷物产量测产所采用的三种主要方法，结合我国实际中小型联合收获机为主的现状、未来的农田规模化及产业发展趋势以及国内外农机装备竞争关系考虑，期望通过进一步试验消化国外现有技术（即冲击流量法或光电体积流量法）的基础上，优先并且着重考虑料仓称重测产称重法的测产系统发展。此方法将使我国未来智能农机避开现有国外的强劲赛道，发展壮大自有体系，实现弯道超车。

第 5 章

新型能源

5.1 导　言

5.1.1 行业现状

1. 国外智能农机新型能源发展现状和趋势

（1）美国

美国的主要政策方向为从各个方面整体提高农村的电气化水平，具体方式是利用联邦资金计划向农场成员或者农村合作社提供激励，赠款或低息贷款。其中一些计划还可以为合作社提供资金，以进行营销和推广活动，并支付能源审核或第三方技术援助的费用。美国农业部有几个计划可以向合作社提供贷款或向农场提供激励措施，以减少设备安装成本或提供低息融资，其中包括：

①农村节能计划（RESP）；

②农村企业发展补助金（RBDG）；

③美国农村能源计划（REAP）；

④环境质量激励计划（EQIP）。

通过联邦资金计划申请资金的时候，以及在进行资金项目管理的时候会出现一种状况就是农民无法正确编写计划，这就对计划的准确实施和专业技术的准确援助提出了要求，当出现这种情况时，联邦资金计划建议农民或合作社与专业的第三方公司共同合作。目前这些计划有如下案例。

特拉华电力合作社（DEC）于2011年发起了一项特别成功的赠款计划，目标是将柴油驱动的电动机转换为电动机。由特拉华州能源效率投资基金资助的DEC灌溉系统转换补助计划提供了高达15000美元的补助，以帮助农场主进行转换。自启动赠款计划以来，在不增加需求的情况下，他们的灌溉总电量增加了 375%，从而增加了负荷系数。

佛罗里达州发起针对农村合作社的能源和水效率实现计划（FEWER），该计划由佛罗里达州农业和消费者服务部资助。该计划的结果是，在 34 个农场中，每年将 790 000 千瓦·时的电力通过柴油到电动刺激泵电机的转换而增加到电网中。这些转换为佛罗里达州的农民节省了近 300 000 美元的年度成本。

佛蒙特电气公司合作实施的一项激励计划是一项更专业的农场经济型电气化计划的例子，该计划旨在使枫糖蒸发器电气化。电动枫糖蒸发器的能耗比燃油蒸发器少 55%，并且每台装置每年可减少约 30 吨的二氧化碳排放。该计划不仅说明了对合作社和农民有利的电气化的双赢主张，而且说明了设备制造商正在意识到为农场特定应用开发创新的电动设备的价值。

（2）日本

日本没有专门的政策支持新型能源在农机中的使用，但早在 1961 年，日本政府就制定了《农业基本法》，旨在鼓励农民发展农业生产，同时提高农民的积极性和生活品质。政府要通过改进农业生产技术来提高生产率，鼓励通过扩大生产规模、合并土地、饲养牲畜和实行机械化来促进农业生产现代化。

从这一时期开始，为了促进农业现代化，农业机械化得到了高度的重视。为此日本政府采取了各种新措施，适当地提倡采用比传统机型具有更高效率和更好性能的机器采取的政策包括：

①建立农业机械化试点。由政府直接指定村子，利用高效农机进行生产试验，每年对其生产的结果进行专门的研究和分析，总结出一套具有指导意义的经验。

②建立农业机械化培训机构。农林水产省的培训机构主要培训地方和其他农业组织从事农业机械化工作的领导人员，以及农业学校中从事农业机械化、农业机械运用、保养和修理方面的师资。各道、府、县都设立有农业机

械化培训机构，由政府补助一半的经费，训练的对象是农民，特别是年轻一代的农民。

③对高效农业机械实行购买补贴。日本从 1960 年开始实施改革农业体制的计划，每年指定几个地区要全面实行土地改良，引进高效机械和先进的设备。政府对购用高效机械和设备实的补贴额为开支的 1/2。另外，还对产品改良计划实行补贴，一般补贴开支的 1/3。

④调整农业机械修理厂。建立配有专门设备的修理工厂，有力地促进了高效农业机械的推广，并制定相应的标准来规范农业机械修理单位。

⑤建立农业机械研究所。随着农业机械技术水准的提高，政府计划专门设立一个与私营企业紧密联系的、由政府和民间合办的机构，把该机构的新规章，包括总则、人员、任务、经费、收益及决算等纳入了《农业机械化促进法》。

（3）相关企业及产品现状

1）大功率电动农机

大功率电动农机主要应用于大田作业，以拖拉机和收获机为主要代表，这类农机对功率要求高，这对于电池技术来说是巨大的挑战。

在这个领域，美国企业表现强劲。美国约翰·迪尔公司基于 SESAM（农业机械可持续能源）理念，于 2016 年推出了一款电动拖拉机，搭载一套 130 千瓦·时的锂离子电池系统，配备了两个 150 千瓦电动机，总输出功率高达 295.67 千瓦。2019 年，美国约翰·迪尔公司还推出了一款名为"GridCON"的电动拖拉机，该车型没有搭载任何储能系统，而是由连接电网的电缆直接供电，最大输出功率超过 300 千瓦，整车质量和传统车类似，但是功率输出能力却是传统车的两倍。爱科集团旗下的芬特品牌在 2018 年推出了 E100 Vario 电动拖拉机，搭载一套 650 伏/100 千瓦·时的锂离子电池系统，输出功率为 50 千瓦，具有两个符合 AEF 标准的电气设备电源接口，短时间可提供高达 150 千瓦的功率，充电一次可持续行驶 5 小时。

欧洲企业表现同样抢眼，白俄罗斯明斯克拖拉机厂推出了型号为 3023 的油电混合拖拉机，该车型配备一个 120.62 千瓦的柴油发动机和 169.16 千瓦的电动机，该制造商声称其电动变速器在耕种过程中可节省多达 15% 的燃料，在运输应用中可节省多达 30% 的燃料，免维护寿命至少为 30 000 小时，该制造商未来还将为 3023（220.65 千瓦）和 3623（257.42 千瓦）两个型号提供电动驱动。英国法门特克（Farmtrac）公司推出的 FT25G 拖拉机，搭载一套 72 伏/300 安·时的镍钴锰锂电池系统，最大输出功率达 21 千瓦，充满电后可工作 5 ~ 7 小时。斯太尔 – 曼利彻尔公司设计了一款名为 "Konzept" 的概念拖拉机，该机型搭载 1 个柴油发动机、1 个发电机和 5 个电动机，其中 4 个都是轮毂电机。德国魏德曼（STW）传感公司在 2017 年展出了一款名为 "SymonE" 的电动多功能拖拉机，搭载一套 650 伏/90 千瓦·时的锂电池系统，电机功率达到 80 千瓦。

在亚洲国家中，印度出现了两家研发企业。新时代自动化（AutoNxt Automation）公司推出的 AutoNxt 拖拉机，采用与锂离子电池不同的化学电池供电，电池设计寿命为 10 年，充电时间为 3 ~ 4 个小时，输出功率达到 22.06 千瓦。另外一家索那利卡（Sonalika）公司推出的 Tiger Electric 拖拉机，搭载一套 25.5 千瓦·时的电池系统，最高时速为 24.93 千米/时，续航时间为 8 个小时。

总体来看，美国企业和欧洲企业在大功率电动农机领域走在了世界的前列，这是由于这些企业长期的技术积累和快速的资金投入决定的；印度作为农业大国同样也对大功率电动农机表现出了迫切的愿望。

2）中小功率电动农机

中小功率电动农机主要应用于园林植保，以微耕机、播种机、运输车为主要代表。

美国通用电气公司的 ELEC-Trak 是世界上第一个进行商业化生产的全电动园林拖拉机，主要在 1969 年和 1975 年之间生产，尽管产量十分有限，但许多 ELEC-Trak 仍在使用中，并且在拖拉机和电动汽车爱好者中有很多追随者。它的开创性设计影响了后来的电动拖拉机。

美国的大猩猩电动车（Gorilla Tractor）公司公司生产的 Gorilla EV，最高时速为 19 千米/时，峰值功率为 6.62 千瓦，采用 3 块铅酸电池供电，重量为 550 磅。加拿大的电动拖拉机（Electric Tractor）公司生产的 Electric OX 是一种用途广泛的拖拉机，可以实现修剪、扫地和犁耕，最高时速为 8 千米/时，使用 6 块铅酸电池供电，重量为 345 公斤，一次充电，最长可使用 24 小时。目前该公司正在开发一款新一代电动拖拉机 Electric OX2，设计用于最大 3.5 吨的拖拽能力。

英国初创公司小机器人（Small Robot Company）公司正在开发可以除草、种植和饲养农作物的农用机器人。

久保田正在推销一款具有 4 个踏板的电动拖拉机。洋马于 2019 年在慕尼黑展示了一款全新的概念车 eFuzion。

3）农业机器人

农业机器人是一种新型的农机，主要针对小功率、大面积、人工效率低下的使用场景，主要执行播种、喷洒、采摘和监测等作业流程。由于其体积小，因此紧凑的电驱动系统成为农业机器人动力系统的主要选择之一。

美国的丰收自动化（Harvest Automation）公司推出的搬运机器人，搭载一套锂电池系统，可工作 4～6 小时，已部署 150 多套。丰产机器人（Abundant Robotics）公司推出的苹果采摘机器人，同样采用锂电池供电。

挪威的萨格机器人（Saga Robotics）公司推出的 Saga 机器人平台是一种可快速实现高定制化的模块化农业机器人，搭载一套 48 伏/70 安·时的锂电池系统，最大输出功率达 2 千瓦。爱科集团旗下的芬特品牌推出的 Xaver 机器人，可以实现自动播种，搭载一套 2.6 千瓦·时的锂电池系统，可以工作约 1.5 小时。英国的小机器人（Small Robot）公司基于农业即服务理念开发的多款除草机器人，可以实现农田的感知和非化学除草，搭载一套锂电池系统。法国的奈奥技术（Naïo Technologies）公司开发有三款分别针对除草、葡萄园和蔬菜园的机器人，全部采用锂电池供电。瑞士的伊可机器人技术公司（EcoRobotix）开发的除草机器人，采用太阳能和锂电池混合驱动，太阳板功率为 1150 瓦，搭载 1 套 3 组 48 伏/75 安·时的电池系统。

日本是研究农业机器人最早的国家之一，早在 20 世纪 70 年代后期，随着工业机器人的发展，对农业机器人的研究工作逐渐启动。久保田推出的梦想拖拉机机器人，采用锂电池和太阳能电池共同组合的电池系统，完全达到零碳要求。

5.1.2 中国智能农机新型能源发展现状和趋势

1. 产业政策

（1）国家层面

2016 年，农业农村部、工业和信息化部、国家发展改革委联合印发了《农机装备发展行动方案（2016—2025）》（以下简称《行动方案》），明确了这 10 年农机工业发展的指导思想、基本原则和行动目标。《行动方案》中已将"清洁燃料与新能源农用动力、电控喷射与新能源拖拉机"列为重点发展主机产品。2017 年，农业农村部、工业和信息化部、国家发展改革委等 10 个部门成立了农机装备制造推进工作组，建立了年度推进工作机制。2017 年 9 月，工业和信息化部在新疆召开全国农机装备发展现场推进会，向地方政府和企业全面部署了产业转型升级发展各项工作。2018 年 3 月，《农业部办公厅 财政部办公厅关于做好 2018—2020 年农机新产品购置补贴试点工作的通知》对开展植保无人机等创新农机产品补贴试点作出全面部署。

2020 年 10 月，工业和信息化部在对第十三届全国人民代表大会第三次会议第 3263 号建议的答复中指出：目前，工业和信息化部正在组织行业制订电动拖拉机、电动拖拉机电动动力系效率测定方法、拖拉机动力换挡传动系统试验方法等标准。工业和信息化部鼓励、支持重点企业、行业专家等积极参与标准制修订工作，共同推进农机装备标准体系建设。下一步，工业和信息化部将充分发挥制造业高质量发展专项等政策引导作用，推动行业加强新能源农机产品、关键零部件和核心技术攻关，不断提升新能源农机研发生产水平、测试检验能力。同时，组织行业企业加强新能源农机急需标准的制修订，支持参与国际标准法规的制定，充分发挥行业组织、检测机构、龙头企业、科研机构、高等院校等作用，着力构建结构合理、衔接配套、覆盖全面、适应新能源农机发展需求的新型标准体系，推动农机装备转型升级发展。

此外，国家在科技投入方面也加大了对智能农机发展的支持。"十三五"期间，在国家重点研发计划"智能农机装备"中设立了"机器作业状态参数测试方法研究"项目，研究农用动力机械、施肥播种机械、植保机械和收获机械等农机装备田间作业过程中关键运动参数、作业状态和质量效果等测试方法及技术，研制系列专用传感器和检测装置，集成开发相应的测试系统。同时，还设立了"智能电动拖拉机开发"项目，研究电动拖拉机能量管理、无级调速、作业机组不同工况下动力匹配及整机集成等关键技术；开发电动拖拉机能量智能管理系统、功率分汇流变速箱；集成创制智能电动拖拉机。在《全国农业科技创新能力条件建设规划（2016—2020年）》中提出布局建立22个农业机械化科学实验基地，提升区域科学试验、实验数据验证、技术集成运用能力。除土建工程和配套设施建设外，主要支持基地购置用于研制农机装备的关键设备，完善作业机械所需的全程化、标准化装置和机器系统，配置测试、监测、野外观测仪器设备等。

（2）地方层面

目前，一些省市已经率先开展电动农机的扶持政策。2016年，山西省政府将电动农机奖补列入十项强农惠农富农政策，并安排5000万元专项资金，在全国率先开展电动农机奖补试点工作。同时，为了推动电动农机研发、生产、使用的顺利起步，山西省出台了《关于推进电动农机发展的实施意见》，鼓励企业对电动农机进行研发、生产，并将电动农机奖补产品范围确定为以电池或电力为主要动力的电动收获机械、电动农用植保机械、丘陵山区小型电动农业机械等。

与此同时，山西省鼓励国内外企业到山西设立电动农机生产基地，在立项、备案、土地、水电等方面给予政策倾斜。鼓励金融机构加大对电动农机产业发展和推广应用的信贷支持，鼓励各类投融资公司以股权投资、融资租赁等形式参与电动农机的市场开发。

（3）相关企业及产品现状

1）大功率电动农机

在大功率电动农机领域，我国只有少量几个公司完成了样机研发和小批量生产，积累了一定的整车集成经验。国家农机装备创新中心于 2018 年发布了"超级拖拉机 I 号"电动拖拉机，该车采用锂电池供电，一次充电可连续工作 5 ～ 6 个小时，并于 2020 年在"超级拖拉机 I 号"基础上发布了型号为 ET504-H 的电动拖拉机，该车搭载由氢燃料电池和锂电池共同组成的混合电池系统，采用以氢燃料电池为主，以锂电池为辅的供电方式，只需 3 分钟即可完成加氢，一次加氢后可续航 4 小时，输出功率为 36.77 千瓦，最高作业时速 30 公里。

国家农机装备创新中心于 2020 年发布了国内首台大功率轮边驱动电动拖拉机概念样机 ET1004-W，输出功率突破 73.55 千瓦，该款农机在理论上可搭载任何能源动力系统。

总体来看，我国跟进大功率电动农机开发的企业不多。

2）中小功率电动农机

在中小功率电动拖拉机领域和微耕机领域我国还鲜有报道，但在电动农用车领域，我国产品已经全面普及电动化。

江苏悦达智能农装公司于 2020 年发布了公司首台纯电动拖拉机 YL254ET，该车搭载一套 72 伏/210 安·时磷酸铁锂系统，主要针对小功率、园艺场景。山西飞象农机制造有限公司的 FX-80D 型小型拖拉机，采用 48 伏供电系统，电机功率 5 千瓦，标准工作时长达 4 小时，适用于园艺、丘陵、山区场景。东风井关农业机械有限公司的 EKDC20 电动微耕机，搭载一套三元锂电池系统，充电时间为 3.5 小时，充满后可以连续工作 60 ～ 80 分钟。

电动农用车主要在山东、河南和江苏等地农业大省生产，年生产规模已达百万级，并衍生出目前争议巨大的低速电动车品类。

3）农业机器人

我国农业机器人发展刚刚起步，少数几家公司开始崭露头角。自大疆无人机切入农业板块，其凭借扎实的技术基础牢牢锁定了植保无人机市场，旗下拥有 AGRAS T20、AGRAS T16、MG-1P、MG-1S 多款机型，以 T16 为例，其搭载 1 套 51.2 伏/17.5 安·时锂电池系统，最大输出功率达 5.6 千瓦。苏州博田公司已开发出果蔬采摘机器人、大田锄草机器人、设施农业机器人、植保机器人等智能农机装备。洛阳履坦公司开发的多功能农业机器人可应用于各种路况复杂的农田播种、喷药、采摘等作业环境。福建省农业科学院与福建新大陆时代科技有限公司组建的数字农业联合实验室可实现农业生产环境的智能感知、实时采集。

5.1.3 关键技术

1. 大功率电动农机

（1）高密度电池技术

高密度电池技术是指在单位空间和单位重量上能获得更大的电池容量和更大的电池输入输出功率的新型电池技术。当前商用化的电池技术还不能满足电动农机的续航时间和动力需求，新型高密度电池技术的研发应用，将提高电动农机的实用化能力。

（2）高效能源管理技术

高效能源管理技术是指通过对能源系统进行精细化和智能化管理，提高能源利用效率的技术。电动农机相较传统农机，不仅改变了驱动方式，而且搭载了更多的电气设备，同时传动方式也变成了轮边直驱的结构，这对能源的合理分配是一个挑战。

（3）轻量化系统集成技术

轻量化系统集成技术是指通过先进的系统耦合设计和平台化设计，降低能源系统的总体质量。电动农机由于自重大、功率高、工作时间长，对能源系统的储能密度、重量和空间要求较高，如果采用简单的组合方式将大大缩减电动农机的性能，因此采用轻量化系统集成技术将提高电动农机的整体表现。

2. 中小功率电动农机

（1）高密度电池技术

中小功率电动农机的发展同样需要高密度电池技术。这类农机本身体积小，在提高性能的同时，还要兼具运输方便、搬运方便的功能。因此，高密度电池技术有助于中小功率农机的推广使用。

（2）能源结构一体化系统集成技术

能源结构一体化系统集成技术是指将电池形态和结构形态融合的技术。由于中小功率电动农机体积小，对能源系统空间要求高，因此，为了达到最大能源载荷采用了能源结构集成的方式，有效降低了农机机身机械重量，提高整体能源密度。

（3）高性价比电池系统集成技术

高性价比电池系统集成技术是指具有低成本、高可靠特点的电池系统集成技术，由于我国地形复杂，应用于非大田地形的中小功率电动农机具有小批量、多型号、低产量的特点，农业生产对农机的价格较为敏感，因此发展高性价比电池系统集成技术能有效降低农机价格，匹配农民的购买能力。

3. 农业机器人

（1）超高密度电池技术

超高密度电池技术相比于高密度电池技术具有更高的电池容量密度和功率密度，由于农业机器人的技术发展方向为小体型、集群化，这将进一步提高电池系统的密度要求。

（2）能源结构一体化系统集成技术

农业机器人的发展同样需要能源结构一体化系统集成技术。在小体型、集群化的发展背景下，采用能源结构一体化的方式提高能源系统的能量密度和功率密度是发展农业机器人的关键所在。

（3）先进能源管理技术

先进能源管理技术是指具有智能化、网络化、海量计算能力的能源管理技术，随着农业机器人的集群化部署作业方式的推行，能源系统的管理模式将从独立单一个体走向多个体协同。采用先进能源管理技术能有效提高农业机器人集群化工作能力，均衡每个农业机器人的作业能力，提高集群整体作业表现。

5.2　主要问题

近年来，随着我国农业机械的不断发展，新型能源逐渐普及，新型能源应用于农机实现了重点突破，但也出现了一些不足。

5.2.1　大功率电动农机的突破与不足

1.先进能源技术应用走向世界前列

随着我国新能源行业全面兴起，我国先进能源技术不断涌现，产业化进程不断加快，这可以有效带动农机行业向纵深发展，可以看到，尽管我国大功率电动农机寥寥可数，但是高性能锂离子电池技术、氢燃料电池技术已经成功应用于试验样机，这为我国大功率电动农机发展奠定了坚实的基础，并通过与电动汽车行业的协同发展，加速我国农机电动化进程。

2.整体水平有待提高，头部企业带动增强

目前，只有中国一拖和清华大学的国家农机装备创新中心在进行研发和试制大功率电动农机，这和朝气蓬勃发展的电动汽车行业并不协调。近年来，随着雷沃重工、中联重工等企业的大幅发展，这一现状有望改变。因此提升我国大功率电动农机整体水平，还有待头部企业加大研发投入，提升技术能力。

3.核心部件供应尚未走向专业化

目前，制约大功率电动农机发展的一大难题在于核心部件供应商和主机厂商尚未协同发展，一方面由于这类产品还未有明确的销售引导，另一方面则是国家的扶持政策还未具体到电动农机行业的各个环节，造成了我国大功率电动农机核心部件市场化相对落后的局面。因此，加大大功率电动农机的销售规模、提升国家政策的精准扶持能力，可以有效加快核心部件的技术水平。

4.配套充电基础设施有待完善

目前，我国农村电网水平相对落后于城市电网，这限制了大功率电动农机的充电能力，也制约了大功率电动农机的推广，随着电动农机的逐渐兴起，电网水平有待完善。在广大农村地区发展新能源，提高农村的电力自给能力，有助于缓解电网缺口的出现，助力实现碳中和，进而实现零碳排放。

5.2.2 中小功率电动农机的突破与不足

1.成本优势凸显，享受电动汽车发展红利

近年来，我国电动汽车行业高速发展，造就了一批电池生产企业，随着电动汽车产业升级，大量电池企业的市场空间被挤压得所剩无几，这部分企业转而向其他行业流动，这为中小功率电动农机市场带来了红利，进一步降低了中小功率电动农机的购置成本，提高了农机的普及程度。

2.品类单一，制约普及推广

随着我国农业全面机械化的推进，农机的品类大大增加，各种功能的农机产品层出不穷，如何在增加农机品类的同时保障产品价格在合理范围已成为中小功率电动农机发展的考验。因此，提高通用性、多功能、集约化一体机的普及，选准适合的品类成为加快中小功率电动农机普及的关键。

3.质量有待提高，全生命周期价值差距较大

我国农机行业长期粗放式发展，大多数农机企业规模小、产品结构单一、技术水平较低，产品的质量较低。现阶段，电池价格尚处于高位，造成部分

厂家为了追求低价，使用便宜的电池，从而降低了产品质量。因此，提高农机的全生命周期价值，增强农民的使用意识，有助于提高中小功率电动农机的应用价值。

5.2.3 农业机器人的不足

1. 作业时间短，高密度电池技术亟待突破

近年来，随着我国无人机技术和工业4.0技术的发展带动了我国机器人产业飞速增长，但由于机器人体积小、搭载的电池容量就不高、当前电池技术发展处于瓶颈期限制了机器人的作业面积，特别是大面积田间作业。因此，发展高密度电池技术成为机器人普及，甚至实现全程机械化作业的关键。

2. 充电频次高，田间充电设施有待完善

我国的农村电网发展相对缓慢，随着更多的机器人部署到田间地头，机器人的快速充电成为难题。使用便携式燃油发电机成为机器人充电可行的解决方案，但这无疑与绿色农田、低碳发展理念背道而驰。因此，发展深入田间地头的充电网络成为未来农业机器人普及的有力保障。

3. 集群作业凸显电池管理系统价值，电池维护水平有待提高

农业机器人往往具有高密度部署特点，通常都是数个机器人同时作业，这增加了电池的使用量，在这种集群作业中，保障各个机器人的电池输出稳定均衡能有效提高机器人的整体作业效率。同时，机器人使用的电池大多是高倍率充放电，且农田作业环境较为恶劣（高热、高湿、农药），导致电池寿命降低，因此，合理科学的维护电池，提高电池维护水平，有利于提高电池的全生命使用价值。

5.2.4 新型能源在农机应用中存在的主要问题

1. 电池成本居高不下

当前，锂离子电池价格已经降至 0.7 元/瓦·时以下，氢燃料电池价格也已降至 3000 元/千瓦以下，但是这个价格仍然难以在农业领域进行推广。在电动汽车领域，电池成本通常和汽油进行比较，但在农业领域，电池还需要和成本更低的柴油进行竞争。因此，需要借助电动汽车的大发展进一步降低电池价格，又需要在农业领域开拓新市场，促进电池价格进一步下降。

2. 农村电网质量参差不齐

我国农村电网多为辐射网，环网供电范围小，负荷转移能力差，事故、检修停电范围大；单主变、单回路供电区域较多，变电站之间转供电能力差；保护配置不全，安全水平与自动化水平都很低；许多线路由于架设时间早，线路交叉跨越多，影响配电线路的安全、经济、可靠运行。因此，在发展电动农机的同时，还需要进一步建设发展配套充电网络。

3. 功率需求失配

农机使用时，通常对速度要求较低，对扭矩要求高，并且农机作为一种作业机械还可能有多个动力输出需求，这对电池的功率特性提出了巨大的挑战。电池功率和电池能量在目前技术水平下很难实现兼顾。

4. 农机类型多样化

我国由于地理环境复杂，拥有平原、丘陵、山区等多种类型的农田，因此我国的农机体系长期处于小规模、多类型、结构单一的状态，并且同质化带来严重的低效竞争，这导致了电动农机很难像电动汽车那样从一点突破，严重制约了电动农机的发展。随着我国农业机械化进程的加快，势必要突破现状，发展通用性高、模块化、多功能的新型农机。

5.3　技术路线图

5.3.1　大功率电动农机发展技术路线图

到 2022 年，技术方面，电动大功率农机综合性能将进一步提升，最大输出功率达 110 千瓦，续航时间超过 4 小时；锂电池系统占据主导地位，以氢燃料电池为代表的燃料电池技术仍维持试制阶段。市场方面，将有超过 5 家企业完成样机开发，1 ～ 2 家头部企业开始进行小规模销售。

到 2025 年，技术方面，电动大功率农机综合性能将接近国际先进水平，新型锂电池技术开始应用；整车质量进一步降低，量产车型最大输出功率达 130 千瓦，续航时间超过 6 小时。市场方面，包含拖拉机和收获机在内的多种机型将完成试制，3 ～ 5 家头部企业年销售量将超过 100 台。

到 2030 年，技术方面，电动大功率农机综合性能达到国际先进水平，新型电池技术开始普及；整车性能进一步提高，量产车型最大输出功率达 180 千瓦，续航时间超过 8 小时。市场方面，3 ～ 5 家头部企业年销售量将超过 1000 台，多家企业开始追赶。

5.3.2　中小功率电动农机发展技术路线图

到 2022 年，技术方面，电动中小功率农机输出功率达到 10 千瓦，续航时间超过 4 小时。市场方面，3 ～ 5 家企业将完成中小型电动拖拉机样机试制。

到 2025 年，技术方面，电动中小功率农机整体性能将接近传统农机性能水平，输出功率达到 15 千瓦，续航时间超过 4 小时。市场方面，3 ～ 5 家企业将进行中小型电动拖拉机的小规模生产，电动微耕机开始普及。

到 2030 年，技术方面，电动中小功率农机整体性能达到国际先进水平，输出功率达到 20 千瓦，续航时间超过 6 小时。市场方面，将出现多种类型的新型农机，中小型电动拖拉机开始普及，偏远农村开始逐步进入农机电气化。

5.3.3 新型能源农业机器人发展技术路线图

到 2022 年，技术方面，基于新型能源的地面农业机器人输出功率将达到 5 千瓦，续航时间超过 4 小时；基于新型能源的空中农业机器人输出功率将达到 5 千瓦，续航时间超过 1 小时。市场方面，低功率、小型农业机器人将全面使用电力驱动系统。

到 2025 年，技术方面，基于新型能源的地面农业机器人输出功率将达到 15 千瓦，续航时间超过 4 小时；基于新型能源的空中农业机器人输出功率将达到 10 千瓦，续航时间超过 1 小时。市场方面，中小功率农业机器人将全面使用电力驱动系统。

到 2030 年，技术方面，基于新型能源的地面农业机器人输出功率将达到 20 千瓦，续航时间超过 6 小时；基于新型能源的空中农业机器人输出功率将达到 10 千瓦，续航时间超过 2 小时。市场方面，绝大部分农业机器人将使用电力驱动系统。

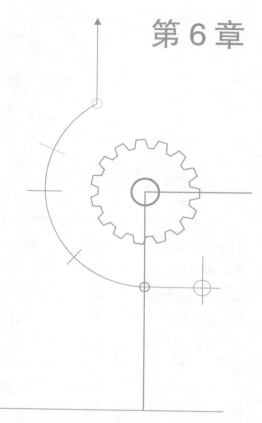

第6章

一体化作业机具

6.1 导　言

6.1.1 背景与意义

农业机械装备是转变农业发展方式、提高农村生产力的重要基础，是实施乡村振兴战略的重要支撑。没有农业机械化，就没有农业农村现代化。2004 年以来，我国农机制造水平稳步提升，农机装备总量持续增长，农机作业水平快速提高，农业生产已从主要依靠人力畜力转向主要依靠机械动力，进入了机械化为主导的新阶段。农业机械化快速发展在推动工业化和城镇化发展，解放农业劳动力、提高农业生产率，支撑农业农村现代化发展，保证粮食安全和促进农业经营主体产业化规模化生产等方面取得了显著成就。

然而，随着我国城镇化进程加快和农村劳动力大量进城务工，农村劳动力出现了季节性和结构性短缺，现在农村中种地的都是妇女和老人。据统计，我国现有农村劳动力中 50 岁以上的占比高达 34.4%，农村妇女约占农业劳动力的 70%。未来谁来种地？已成为我国农业乃至世界农业面临的共同问题。

随着科学技术的发展，物联网、大数据、人工智能、机器人、智能装备制造、5G 等新一代信息技术的不断进步使得机器换人成为可能。无人农场能够实现农业生产、管理全过程的信息感知、定量决策、智能控制、精准投入和个性化服务，进而实现农业生产集约、高产、优质、高效、生态、安全等可持续发展的目标。无人农场是推动现代农业发展的重要举措，能够以现代化、自动化装备提升传统农业产业，实现农业生产和管理全程的无人化，从而大大提高劳动生产效率。无人农场的本质是实现农业生产的机器换人，是未来农业发展的大趋势。

随着物联网、大数据、人工智能等新一代信息技术的发展，英国、美国、以色列、挪威、荷兰、德国、日本等发达国家已经陆续开始构建大田无人农场、无人温室、无人猪场、无人渔场等。2017 年英国哈珀亚当斯大学创建了全球第一家小麦无人农场。2020 年华南农业大学在广州建设成功首个水稻无人场，2020 年 5 月 3 日，无人驾驶的拖拉机自动从机库开出，自动开到田中，在第一行作业的起点将旋耕机放下来，开始作业。在北斗卫星信号和计算机的支持下，精准地完成走直线，调头转弯和对行上线等各个动作，直线行驶误差不超过 2.5 厘米，对行误差不超过 3 厘米，可以保证不漏耕，不重耕。5 月 9 日无人驾驶拖拉机配备水稻旱直播机，采用开沟旱播的方式，准确地将稻种播在田中。水稻生长期间，无人驾驶高地隙喷雾机进行了农药喷施、无人机进行了农药喷施和变量施肥等田间管理作业。8 月 30 日，无人驾驶收获机和无人驾驶运粮车先后自动从机库驶出，组成无人驾驶主从导航收获系统。收获机自动进入田中收获，运粮车则在田边等待。收获机粮仓快满时，立即通过云端服务器向运粮车发出一个"请来接粮"的信号，运粮车收到信号后，立即开到收获机旁边，收获机准确地将稻谷卸至运粮车中。卸完粮后，收获机继续收获，运粮车判断自身粮仓是否装满，若不满则原地等待，继续接收"请来接粮"信号，若满则将稻谷卸至卡车中。从 5 月 3 日旋耕至 8 月 3 日收获，历时 93 天，实现了水稻生产耕、种、管、收全程无人作业。与人工驾驶作业相比，无人作业效率高、作业质量好、作物产量高，为解决谁来种地提供了一条切实可行的途径。

无人驾驶农机是无人农场实现的关键技术之一，作业机具是完成农业生产全过程无人作业的关键，机具高效精准作业也是无人农场生产的保证。在我国农业全程无人化作业试验与推广新形势下，对农机作业机具提出了新需求。因此，本章在分析国内外农机具现状的基础上，分析提出新形势下我国作业机具适应无人农场全程无人化作业的一体化需求，为智能农机装备设计和无人农场研究提供依据，并提出发展构想。

6.1.2 一体化范围定义

　　智能农机是无人农场的关键技术之一，无人农场的智能农机包括无人农场智能装备和机器人。智能装备与机器人能够完成传统农场人工应完成的工作，是无人农场实现机器完全替换人工劳动的关键，通过人工智能与装备技术的深度融合，结合现代信息化技术，满足农场的无人化生产、信息化监测、最优化控制、精准化作业和智能化管理等需求。

　　本章以大田农作物全程无人化生产的作业机具为重点，从作业机具与动力一体化、作业机具一体化和农业机器人三个方面分析一体化作业机具的现状与发展趋势，最后预测发展阶段目标并绘制技术路线图。

　　作业机具与动力一体化主要是指大田农作物生产机械采用拖拉机配备不同作业机具完成生产作业，包括各种作业机具与无人驾驶拖拉机挂接的机械和电气接口一体化，以及作业机具与拖拉机的一体化协同控制。

　　作业机具一体化是指一次完成几项作业及多道工序的多用途多功能联合作业机具，以及行驶动力与作业机具一体化设计的自走式作业机械，包括同步施肥播种机、同步施肥插秧机、自走式喷雾机、联合收获机等强调作业机具自身的一体化。

　　农业机器人是指大田作业的新型专用机器人，如除草机器人和播种机器人。

6.2　作业机具与拖拉机一体化

　　大田农作物生产机械采用拖拉机配备不同作业机具完成生产作业，各种作业机具通过机械接口和电气接口与无人驾驶拖拉机连接，并通过作业机具与拖拉机的一体化协同控制，实现无人作业。

拖拉机和作业机具组成机组系统以各种形式在农业、交通运输业、建筑业和林业等行业广泛应用，完成各种各样的工作，由于拖拉机和作业机具的匹配性能直接影响生产效率和耕作效率，因此须重视机组系统的匹配优化设计。目前，美国、日本、德国、法国等农业机械发达国家，其拖拉机和作业机具的制造业高度发达，采用高新科技提高机组系统的操作方性、可靠性、安全性、经济性和舒适性等性能。我国拖拉机产业飞速发展，但是拖拉机和农具的研制和生产不是作为一个整体，机组系统匹配很不理想，发达国家农机动力与作业机具之比为 $1:3 \sim 1:6$，而我国平均只有 $1:1.6$。

本节重点分析拖拉机与作业机具接口一体化和拖拉机与作业机具一体化协同控制。作业机具与拖拉机连接接口分为机械接口和电气接口，机械接口主要包括悬挂、PTO 动力输出和液压输出阀组，其中悬挂系统主要涉及三点悬挂快速挂接技术和电控液压提升技术，电气接口主要是农机总线接口及相关标准。

6.2.1 一体化接口

1. 机械接口

（1）电控液压悬挂系统

电控液压悬挂（以下简称"电液悬挂"）是拖拉机液压悬挂系统的一种形式，它是电控技术与液压技术综合发展的结果，其可以实现悬挂系统的位置调节、牵引力调节、力位综合调节等。拖拉机电液悬挂系统通过各传感器送来的数据进行分析，驱动液压执行元件实现阻力调节、位置调节和压力调节。为了与拖拉机上的其他电子控制系统进行数据交换，博世（BOSCH）公司开发了 CAN 总线结构，使悬挂系统的所有控制操作均可通过安装于驾驶室内的控制面板完成。

目前，电液悬挂在大中功率拖拉机上的应用非常普遍，带动力换向、动力换挡以及 CVT 的机型几乎全部采用电液悬挂，机械换挡机型则部分采用。就电液悬挂的功能而言，绝大多数系统可实现位置调节、牵引力调节以及力位综合调节；部分电液悬挂系统在提升力位调节的基础上，可在整机控制系统的管理下与其他系统联合动作，实现复合功能，比如，为避免拖拉机在重载作业时因驱动轮过度滑转而导致的土体破坏、轮胎磨损以及驱动能量浪费等，可通过对电液悬挂系统的耕深进行主动控制，改善驱动轮的滑转情况，使拖拉机在田间作业时保持最佳状态，即滑转率控制。

（2）悬挂快速挂接接口

三点悬挂装置是拖拉机与旋耕机、犁、播种机等作业机具连接的装置，可保证作业机具与拖拉机的连接通用性。但由于作业机具移动难、精准对准困难，拖拉机更换作业机具的安装和拆卸较困难，且耗时长，因此提高作业机具挂接效率或实现作业机具自主挂接、快速挂接成为无人化作业的必需步骤。

如图 6-2-1 所示，门式可调节三点快速挂接装置悬挂点为刚性连接，进行挂接时，驾驶员调节好液压装置高度，然后倒车，当农具上销轴与 1 号凸轮板接触并将其推开时自动锁定装置将其锁定。1 号凸轮板锁定后，液压装置提起农具，在农具重力的作用下，农具的下销轴靠近并进入装有自动锁定装置的 2 号和 3 号凸轮板中并锁定，继续提升液压装置完成农具的挂接。当拆卸农具时先打开 2 号和 3 号锁定销，液压装置下降；直到农具由地面支承，打开 1 号锁定销，继续下降便可使悬挂点完全脱开。这种框架式快速挂接器的优点可以一次性完成农具的挂接。

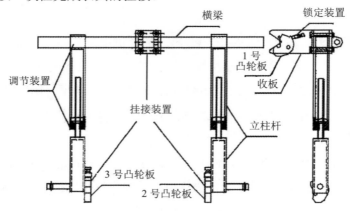

图 6-2-1　门式可调节三点快速挂接装置

依茨公司设计了一种快速挂接器（如图6-2-2），挂接时将固定在拖拉机升降机构上的三角形插入装在犁架上的三角形框内，由锁定销锁定；卸下农机具时，拉绳松开锁定销，即可将三脚架从框中退出。这种三角形挂接器结构简单，操作也很方便，但是对生产厂家的要求比较高，对生产出来的三脚架和三角框的精度要求较高。

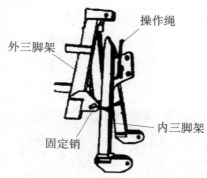

图6-2-2　依茨公司设计的快速挂接器

美国约翰·迪尔公司设计的快速挂接器（如图6-2-3），这种挂接器的主体是一个π字形架，安装在拖拉机悬挂机构上下拉杆的后端。挂接时，农机具悬挂轴将锁定销压下进入挂钩内，销子靠弹簧的弹力复位，从而把悬挂轴卡住完成挂接工作。卸下农机具时，把操作杆提起，销子则缩入槽中；之后降下悬挂机构，悬挂轴即可脱出。

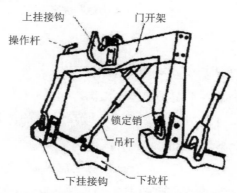

图6-2-3　美国约翰·迪尔公司设计的快速挂接

（3）PTO 动力输出

动力输出装置 PTO 是将发动机功率以旋转机械能的方式传递给需要动力的农机具，通常拖拉机尾部设有花键轴，通常使用可伸缩万向传动轴套接前后两端的拖拉机花键轴与作业农机具动力输入花键轴，实现转速同步传输距离可变的动力传输。传统的动力连接装置安装方式是通过人工进行前后花键轴的套接，再采用销轴进行锁定。目前，国外已实现拖拉机挂接装置和动力输出装置一体化设计与应用，分别将动力输出母头和动力输入公头置于前后挂接架中部腔体内，动力输出母头和动力输入公头随着挂接架的套接配合同步配置至同心位置并自动套接，实现挂接与传动一体化（如图 6-2-4）。

（a）动力输出母头 　　　　　　　　（b）动力输入公头

图 6-2-4　拖拉机动力输出快速连接装置

（4）液压输出阀组

由于作业农机具输入功率及驱动方式存在差异性，36.77 千瓦（50 马力）及以下拖拉机基本不配置液压输出阀，44.13 千瓦（60 马力）及以上液压阀输出组数配置 1 ～ 6 组液压阀组。功率越大的拖拉机配置组数越多，在动力允许的情况下也可选配或扩展液压阀组数。针对使用液压驱动的农机具，一般通过人工将液压软管、农机具与拖拉机输出阀对接。国外在快速挂接与传动一体化的基础上，通过在挂接装置顶端设计多路液压油路对接座（如

图 6-2-5），使农机具与拖拉
机对接的过程中液压油路同步
对接，实现挂接—动力输出—
液压输出一体化。

2. 电气接口

农业和森林机械的信息
化和自动化是农机业的发展
方向，欧洲的农机总线标准
DIN9684 的成功应用体现了农
机数字化、网络化的大趋势，
目前国际上对农机总线的研究
方兴未艾，此时引入农机总线
技术在提升国内农机产品水

图 6-2-5　一体化对接装置

平，为精准农业提供技术支持等方面具有战略上的意义。1988 年德国 LAV（德
国农业机械和拖拉机协会）成立了一个委员会，选择 CAN 总线（CAN1.0）
作为基础制定新的农机总线标准（agricultural bus）——LBS，即 DIN9684 标准。
1991 年，ISO 开始着手农机总线的标准化工作，由 TC23/SC19（第 23 技术
委员会第 19 子技术委员会，负责农业机械电子化工作）以 DIN9684 中 5 个部
分的标准为基础制定新的国际标准。SC19 第一工作组（WG1）专门负责农机
总线国际标准的制定。到 1992 年，TC23/SC19W/G1 决定采用 CAN2.0B 作
为标准的基础，将该标准命名为 ISO 11783（俗称 ISOBUS）。

基于 ISOBUS 标准，每个农机制造商都可以研制自己的 ISOBUS 产品，
如显示终端、机具控制器等，这些产品能与世界任何其他 ISOBUS 产品，甚
至计算机通信。然而，ISOBUS 在应用初期遇到很多困难，农户并没有享受
到预期的便利。

在这个背景下，2008 年 10 月 28 日，7 家国际著名农机品牌（CLAAS、
John Deere、KUHN、CNH、AGCO、SDF 和 POTTINGER）制造商和 2 家行

业协会（AEM、VDMA）共同组建成立非营利性组织——农业产业电子基金
会（AEF），发展至今，已拥有 8 家头部农机制造商和 3 家行业协会作为
核心成员，并有 220 余家会员单位。AEF 的工作围绕"提升不同品牌农机产
品间的兼容性，推行国际标准和鼓励推广新技术实施"开展，旨在提高产品
易用性，降低农户操作门槛，具体包括：

①认证 ISOBUS 产品并将其纳入 AEF ISOBUS 数据库，以公开访问的
形式提高相应产品的公众和市场知名度，从而促进销售和服务；

②提供 AEF ISOBUS 一致性测试工具，加速 ISOBUS 产品开发；

③为 ISOBUS 产品制造商提供技术支持。

图 6-2-6　ISOBUS 的兼容与易用性

ISOBUS 使通信协议、电气接口和软件标准化，农户仅通过简单的"热
拔插"就能实现不同品牌机具与拖拉机间的挂接切换；同时，使所有机具的
管控交互设备简化，仅需一部终端显示屏，如图 6-2-6、图 6-2-7 所示。

（a）用户正将机具 ISOBUS 线缆连至拖拉机　　　　（b）接口实物

图 6-2-7　ISOBUS 标准化硬件接口

AEF 定义了 ISOBUS 功能包（如图 6-2-8），并将其作为 ISOBUS 的独立模组，一般与机具捆绑售出，用以与相应机具进行个性交互。默认的 ISOBUS 功能包仅提供拖拉机共用的常用性功能，如通用终端 UT、辅助控制 AUX-N、任务控制器 TC-BAS、基于地理任务控制器 TC-GEO、任务控制器 - 部分控制 TC-SC、基本拖拉机 TECU、拖拉机实施管理 TIM、独立记录设备值 LOG 和快捷按钮 ISB。这种模块化架构极大便利了农具生产商开发自己的功能包（界面）。同时，AEF 实验室持续提供 ISOBUS 的兼容性认证，并及时更新 ISOBUS 产品数据库。

图 6-2-8　ISOBUS 功能包

　　要使用 ISOBUS，必须同时具备 ISOBUS 显示终端（如图 6-2-9）和 ISO ECU。在欧洲，ISOBUS 能力中心（CCI）推出了 CCI-1200、CCI-800 终端和 CCI A3 外设等产品，并获得 AEF 认证；美国天宝的 GFX-750 和 TMX2050 终端，美国约翰·迪尔公司的 GreenStar 3 终端，以及日本 TOPCON 的 X 系列显示终端，均兼容 ISOBUS ECU 和 ISOBUS 机具。此外，德国、丹麦部分农机具制造厂商提供 ISOBUS 兼容的 ECU 产品。

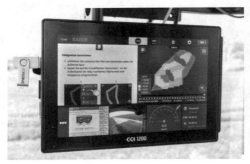

（a）CCI-1200　　　　　　　　　　（b）天宝 GFX-750

（c）约翰·迪尔 Green Star3　　　　　（d）TOPCON X 系列

图 6-2-9 ISOBUS 显示终端

　　华南农业大学和雷沃重工根据自动驾驶和整机线控的集成思路，基于 ISO 11783 和 SAE J1939 拓展制定了高级应用层通信协议。在实现液压转向控制单元（SECU）、发动机控制单元（EECU）、变速箱控制单元（TECU）、电液提升控制单元（HECU）和农机具控制单元（IECU）交互控制的基础上，进一步整合自动驾驶系统的核心装置，如导航控制单元（NECU）、定位装置（PECU）、车载显示终端，实现了农业机械自动驾驶作业系统的有效集成。导航控制单元通过 CAN 总线指令对整车动作实现控制管理，包括发动机调速、机具升降和翻转、动力换挡变速变向、转向角度控制、动力输出 PTO 控制等。通过远程传输模块 T-BOX，实现了自动驾驶作业车辆与维柴雷沃重工车辆网平台的互联互通，其总线作业系统结构如图 6-2-10 所示。

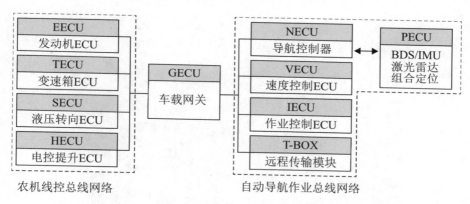

图 6-2-10　ISOBUS 总线的农机自动驾驶作业系统结构

国内企业开发的监控终端大部分没有通过 AEF 认证，对 ISO 11783 标准的兼容性未知，甚至有的企业和单位使用 LabView 等第三方组态软件编写上位机界面实现监控终端的功能。没有实现接口、功能和界面的标准化，没有互换性，不能实现不同企业农机和机具之间的互联互通，未来需要解决的问题是监控终端的标准化问题。

至于 ECU，我国的农机主机控制器主要是来自第三方配套生产，不符合标准，不利于高端智能拖拉机的推广。综上所述，在电气一体化方面，监管部门应鼓励敦促农机制造企业开发 ISOBUS 协议兼容产品，积极参与 AEF 认证；或借鉴欧洲经验，成立行业联盟，负责制定基于 ISO11783 标准的"终端面板-ECU-机具"互换互通协议规范，承担技术推广和兼容性认定职责。

6.2.2 一体化协同控制

拖拉机－作业机具作业系统，是通过牵引或悬挂装置连接在拖拉机后面，由拖拉机动力牵引完成各种作业，常见的有犁耙土地耕整、中耕机、播种机、喷药机、薯类收获机等。然而，牵引方式转弯时，拖拉机转弯半径大，作业机具转弯半径小，如图 6-2-11 所示。悬挂方式作业过程中，由于机械连接结构的原因，直线作业时后方的作业机具左右摆动。机具与拖拉机行驶路径不一致，容易导致作业重叠、遗漏，影响作业精度，降低作业效率，甚至损伤作物。

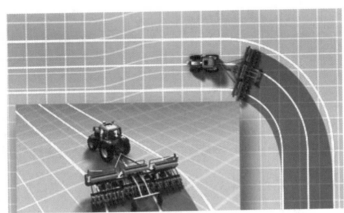

图 6-2-11　转弯轨迹不一

1. 拖拉机－牵引机具路径跟踪

为解决牵引机具路径与拖拉机路径不一致问题，T. Oksanen（T. 奥克萨宁）将拖拉机和牵引机具组合一体化考虑，建模为一个有 6 个状态和 2 个输入的微分方程系统或动态模型，通过对拖拉机速度、加速度、转向轮角、机具夹角、转向角速率的限制，利用最优控制方法研究了拖拉机－牵引机具组合转弯的行为，完成了固定参数场地的转弯试验。

2014 年，比利时研究人员利用一种分布式非线性模型预测控制算法（cDiNMPC），结合非线性运动范围的状态和参数估计，提出了一种自主牵引拖车系统的轨迹跟踪问题（如图 6-2-12）。农机 – 机具之间使用一个长 20cm 的牵引杆，两个 GPS 天线安装在拖拉机后桥中心和拖车中心提供高度准确的位置信息。

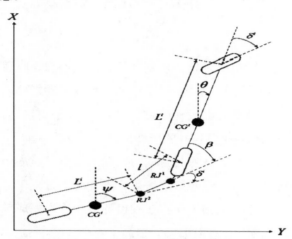

图 6-2-12　自主牵引拖车系统的轨迹跟踪

2. 拖拉机 – 悬挂机具横向偏移补偿控制

　　针对拖拉机的横向摆动导致地后悬挂机具随着拖拉机地偏转造成地伤苗和压苗问题，美国约翰·迪尔公司通过配置在拖拉机和机具上的基于定位技术和 ISOBUS 通信协议的拖拉机 – 作业机具智能控制，使用三点悬挂式机具作业，采用 GNSS 与图像相结合的方式进行路径规划，在机具一侧安装一个液压装置，用于执行机具偏移动作，从而达到路径追踪的目的。

　　孟庆宽研究了基于机器视觉的农业车辆 – 农具组合导航系统，开发了基于机器视觉的农业车辆自动导航系统，提出了基于线性约束系数的作物行直线检测方法、基于直线扫描的作物行直线检测方法和基于改进遗传算法的作物行直线检测方法。开发了农业车辆和农具导航决策控制方法，采用模糊控制算法进行农具控制，将横向偏差和导航速度作为模糊控制器输入，电流量作为模糊控制输出。导航过程中农业车辆、农具不会出现压苗的情况，能够准确地沿着导航路径行走，满足农田机械导航作业要求。

6.3　一体化多功能作业机具

　　一体化多功能作业机具是指在耕整种植、田间管理、收获与秸秆处理生产等过程中一次完成几项作业及多道工序的多用途多功能联合作业机具，以及行驶动力与作业机具一体化设计的自走式作业机械，包括自走式喷雾机、联合收获机等，强调作业机具自身的一体化。

　　一体化多功能作业机具在农村劳动力短缺的形势下发展迅速，在耕整种植方面，复式耕整作业机具已经广泛应用于农业生产过程中，能够一次完成旋耕、灭茬、起浆、平整四项工序；在种植环节一次性完成施肥、喷药、播种和铺地膜等工序，缩短了作业时间，提高了生产效率。

6.3.1　耕整种植

　　国内外的耕整种植多功能装备在经历了一段较长的发展历程后，已经逐渐具有了很多现代化的特征，取得了很多突破。

1. 粮食作物

　　随着国家提升农机化水平及加快农村基础设施建设政策的实施，我国的耕整种植多功能装备得到显著发展，比如在粮食种植中的土地翻耕、播种、田间管理、灌溉、收割、运输等各项作业中全程使用或者基本全程依靠机械动力和电力来完成农业机械化的过程。

　　耕整地机械作为农业机械化的首要和基础环节，在我国传统农业向现代农业转变中发挥着重要作用。水田耕整地机械分为普通犁耕作业和水田复式作业。普通犁耕作业首先使用铧式犁耕翻或使用旋耕机旋耕疏松土壤，之后灌水泡田，再经水田耙田，最后耢平作业以达到待插秧状态；水田复式作业先进行水田浸泡，然后利用复式作业机械一次性完成旋耕、灭茬、起浆、平整四项工序，使水田直接达到待插秧状态。旱田耕整地机械研究多功能联合耕整地技术，打破了过去耕翻、耙磨、起垄等单一整地模式，向深松、旋耕、灭茬、秸秆还田、起垄、施肥等技术集成化方向发展，提高了耕整地质量。保护性耕作机械重点突破秸秆还田、秸秆覆盖、免耕播种、轮作倒茬等关键技术，形成了干旱、半干旱保护性耕作技术体系，该技术具有改善土壤结构、培肥地力、提高抗旱能力、减少风蚀水蚀、节本增效等优点，在北方一年一熟区、北方一年两熟区、黄土高原一年一熟区、东北垄作区和黄淮海水旱轮作区大面积推广应用。

国外的耕整地机械发展较早，其产品已发展到多样化、专业化、系列化的阶段。近年来，随着材料、电子、通信等方面的发展，电子技术、液压与自动控制有效结合，在整地机械上得到了大量应用。

中国水稻机械种植主要采用移栽方式，移栽面积约占机械化种植面积的90%。机械移栽要提前育秧，育秧方式分钵体秧苗和毯状苗，后者的根系连接紧密，移栽时要撕开毯状根系，移栽后有 7 天左右的缓苗期，目前插秧机普遍使用毯状苗。小麦精密播种机械向高速化与智能化方向发展。提升小麦播种机械速度是播种机发展的新方向，将自动化技术应用于小麦精密播种机械，如利用光敏传感器检测播种机的机械故障和播种质量、利用单片机检测播种机的作业速度和播种密度，可及时预防漏播问题的发生，提高小麦精密播种机的工作性能和播种质量。玉米播种机械包括硬茬播种机、机械式精密播种机、中耕施肥机械、玉米联合收获机等。当前，玉米种植机械正朝着大型化、多样化、智能化及自动化的方向发展，通过对不同零件进行组装，可以促进机械适应不同的种植条件和玉米品种。我国玉米种植机械还安装了卫星定位系统、地理信息系统等，可以对玉米种植区进行全方位的监控，保证种植质量和产量。

目前，其最先进的农业播种机械已经可以在很大程度上减少能源的浪费，大大降低了对环境的污染，实现了绿色播种的目标。精密播种机械必将朝着高效化、精准化、智能化的方向发展。

2. 经济作物

随着社会经济的发展，农民收入结构中，粮食及农业收入比重下降，经济作物及非农收入比重提高。油菜、甘蔗等经济作物作为促进农民增收和繁荣农村经济的有效途径，其设施装备和机械化生产的提升是作物高质量发展的重要支撑。因此，针对经济作物面临的问题，需要在经济作物发展方式及耕整种植方式上进行创新和升级。

目前，针对主要经济作物一体化作业机具开展了大量研究。陈浩军等针对现有的甘蔗种植模式，探讨研究了甘蔗种植机械化现状及推广策略。廖庆喜等人针对油菜耕整机具发明了一种驱动型犁旋联合耕整机，机具具有切翻埋茬（草）、旋耕碎土、平整开畦沟等功能，且作业地区沟型特征、平整性、碎土率指标均符合国家标准。刘晓鹏等人针对油菜种植时土壤黏重板结、秸秆量大、播种作业需同步开畦沟的农艺要求，设计了用于油菜播种的驱动圆盘犁对置组合式耕整机，提出了主动式对置犁耕与被动式开畦沟、碎土、平整相结合的联合耕整作业方案并对关键部件进行了设计和仿真分析。王磊等人改进现有气送式播种机集排器供种装置，设计基于调节弹簧调节清种毛刷与外切圆弧形孔轮距离，以控制充种及清种量，实现坡地播种稳定供种的供种装置，使机具在地表坡度变化范围大时提高供种量稳定性，并在此基础上对其工作参数进行了试验优化。

3. 露地蔬菜

蔬菜是必不可少的食物，随着近些年来我国经济的快速发展，蔬菜的需求量逐步增大。国内蔬菜生产模式主要有露地栽培和设施栽培两种，目前国内露天菜地的耕作，配套旋耕机、开沟起垄机具、中耕培土机和地膜覆盖机等都基本实现机械化。

根据蔬菜种类不同，主要的蔬菜生产机械化应用模式有四种。

①叶类蔬菜的机械化生产。小叶类青菜在机械化生产中主要按照机械化施肥、机械化旋耕、机械化起垄、机械化播种、机械化喷灌、机械化植保、

机械化收获的技术路线进行。其中，韭菜生产的机械化路线主要包括机械化整地、一次性完成开沟播种施肥、一体化灌溉、机械化植保、机械化收获、生产后的处理。

②茄科类作物的机械化生产。以茄子、辣椒、西红柿为主的茄科类蔬菜作物在机械化生产中主要采用机械化施肥、旋耕、起垄覆膜、机械化移栽、自动化水肥管理、机械化植保、自动化温度光照调控、机械化收获的方式。

③甘蓝类蔬菜的机械化生产。此类蔬菜机械化生产技术路线主要包括机械化起垄覆膜、穴位育苗、机械移栽种植、自动化水肥管理、机械化植保、机械化收获。

④马铃薯机械化生产。该种蔬菜作物的机械化生产技术路线主要包括机械化施肥、旋耕整地、起垄开沟、机械一次性播种、覆土、覆膜、机械化水肥管理以及植保、机械化收获。

发达国家蔬菜机械化程度高，基本实现了蔬菜种植农艺标准化、水肥药和农机管控精细化与智能化、作业全程机械化。美国的蔬菜产业特征为大生产、大流通；以农场为主体，生产高度专业化，基本实行了产前、产中、产后全方位社会化服务，大规模农场生产。

日本的蔬菜产业特征是小生产、大流通。广泛采用先进的蔬菜栽培技术、良种繁育技术和机械化装备技术，形成了规模化、专业化的蔬菜生产基地，生产趋向设施化、小型配套机械化。

6.3.2 田间管理

水、肥、药是农业生产的关键要素，也是田间农作物管理关键环节。进入21世纪以来，为响应农业现代化发展需求和国家粮食安全战略，我国通过融合现代信息技术，大力发展精准农业技术，在精准灌溉、精准施肥、精准施药等装备研发及技术研究方面取得了一定成果。

1. 精准灌溉

灌溉是田间农作物管理的重要环节，由于我国是农业大国，也是水资源严重短缺的国家，农业用水量占全社会总用水量的比重最大，但农业灌溉水利用率较低，据统计，中国的农业灌溉水利用率低于50%。近年来，我国大力推广节水精准灌溉技术，以此实现节约用水、高效用水。

目前我国常用的田间灌溉技术包括渠道防渗、低压管道输水灌溉、喷灌、滴灌、渗灌、微喷灌、痕量灌溉。目前国内外在原有节水灌溉技术基础上，结合传感器、物联网、GIS、GPS、精准控制等技术，大力发展精准灌溉技术，以实现按需供水、精准灌溉。精准灌溉技术以大田耕作作为基础，按照作物生长过程的要求，通过现代化的监测手段，对作物的每一个生长发育状态、过程以及环境要素的现状实行数字化、网络化、智能化监控，同时运用3S技术（RS、GIS、GPS）以及计算机监控等先进技术实现对农作物、土壤墒情、气候等从宏观到微观的监测预测，根据监测结果确定不同作物在各个生育期间的灌溉用水量及灌溉时间，并结合精准灌溉工程技术（如喷灌、微灌和渗灌等）实时精量灌溉，以确保作物在各个生育期中的需水量，从而达到高产、优质、高效和节水的农业灌溉措施。

目前精准灌溉通常与精准施肥技术融合，集成水肥一体化技术。水肥一体化精准灌溉施肥技术是一项进行精准灌溉施肥的农业新技术（如图6-3-1），也是精准农业的发展趋势。

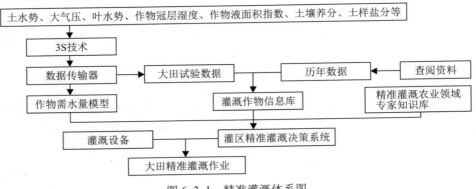

图 6-3-1 精准灌溉体系图

现有的精准灌溉系统主要由作物管理系统、作物监测系统、水处理系统、过滤系统、喷施系统组成。具体包括自动控制器、土壤墒情等传感器、物联网节点模块、水泵/自动增压泵、阀门及配件、喷灌或滴灌设备、管材和附件等。

进入 21 世纪以来，国内外科研单位及公司都对精准灌溉技术开展研究，美国、以色列、德国、英国等国都取得了一定成果，美国作为最早探索精准灌溉技术的国家之一，如今其精准灌溉技术已覆盖 20% 的耕地和 80% 的大型农牧场。在以色列，节水灌溉技术已覆盖整个灌溉农业，各个灌溉区依托计算机控制技术，基本达到了因时、因作物、因地用水和用肥自动化控制，其中喷灌灌溉面积已达到整个灌溉农业的 25%、微灌（滴灌和微喷灌）达到75%、水肥利用效率接近 90%。

国内中国科学院、西北农林科技大学、中国农业大学、江苏大学、中国农业科学院、北京市农林科学院、吉林大学、甘肃农业大学等科研单位针对精准灌溉技术进行了探索性研究。2003 年 3 月，我国第一个节水灌溉型试验点在甘肃省张掖市建成。何新林等根据新疆玛纳斯河流域农田灌区的自身特点，开发研制出了内陆干旱灌区灌溉实时优化调度决策支持系统。安进强等人以甘肃农业大学葡萄园灌溉控制系统作为对象，研发了基于物联网的自动化精准灌溉控制系统，与波涌灌、沟灌相比节约灌溉用水达 50% 以上。

2. 精准施肥

精准施肥是精准农业技术中的核心内容。精准施肥技术是依据土壤养分状况、作物需肥规律和目标产量，调节施肥量、氮磷钾比例和施肥时期，达到提高化肥利用率、最大限度地利用土地资源、以合理的肥料投入量获取最高产量和最大经济效益、保护农业生态环境和自然资源的目的，并实现节约肥料，增加粮食产量，均衡土壤养分。

精准施肥技术主要包含以下三个技术要点：

①基于施肥区域的土壤养分空间变异规律，实现土壤养分获取和作物营养诊断的精准；

②确定适宜的施肥模型，实现施肥决策的合理；

③采用合理的施肥方式，实现肥料施用的精准化。

针对上述精准施肥技术要点，精准施肥可分为基于 3S 技术和基于传感器技术的精准施肥体系。其中，基于 3S 技术的精准施肥技术体系也称为"基于地图的精准施肥"，该技术体系包括地理信息系统（GIS）、全球卫星定位系统（GPS）、遥感技术（RS）和计算机自动控制系统。

基于传感器的精准施肥技术是利用传感器实时测定所需的特性数据，如土壤养分、作物生长等，这些数据信息经过计算机快速处理后，直接控制变量管理机具。

目前国内外在精准施肥机具、作物营养及土壤养分检测设备、精准施肥模型建立、互联网 +GIS+GPS+ 精准施肥等方面开展了大量工作，并取得了一定研究成果。其中，常规智能水肥一体精准施肥机由精确投料、混肥溶解和智能控制部分组成，根据同一作物、同一土壤肥力、同一营养生长期的标准进行农业灌溉，自动控制施肥浇灌机可完成有机肥定时定量投料，自动进行混合溶解；现有研究采用手持养分检测仪对作物叶片进行无损监测，及时获取作物生长过程中的叶片养分含量，构建叶片养分含量（氮素等）与目标值之间的施肥诊断数据库，实现按需定位施肥；现有研究运用"互联网 + 精准施肥技术"，结合"3S"技术，运用地理信息系统 GIS 技术来处理土壤养分、农作物生长情况等相关数据，运用遥感技术获取数据并形成辅助图像，运用GPS 技术实现快速定位、快速查询，通过 Web GIS、微信、智能手机等终端平台对土壤养分、科学施肥方案进行研究，实现随时随地实时了解耕地的土壤养分状况、理化性状、地力等级、完成推荐施肥配方及用量、提出施肥建议、一键下单生产配方肥等信息化成果服务，为农业农村部门指导农业生产、农户科学精准施肥提供便利。

现有精准施肥装备利用北斗导航对行精准施肥，其作业精度可提高到厘米级。

3. 精准植保

进入 21 世纪以来，国内外将自动化技术、信息化技术与新型传感器技术应用于精准植保装备研发领域，实现精准施药，提高农药利用率，减少农药使用量。

精准施药技术是通过传感探测技术获取喷雾靶标，即农作物与病虫草害的信息，利用控制决策系统制订精准喷雾策略，驱动变量执行系统或机构实现实时、非均一、非连续的精准喷雾作业，最终实现按需施药。其主要包括探测技术、施药控制系统及算法、喷雾控制技术等核心技术。

近年来，我国精准施药装备的发展迅速，其中植保无人机、遥控自走式作物喷杆喷雾机、果园自动对靶喷雾机、基于风量调节的果园变量喷雾机、玉米田间自动对靶除草机、可调地隙与轮距的高地隙自走式喷杆喷雾机、自适应均匀喷雾机、循环喷雾机以及仿形喷雾机等新型施药装备纷纷问世，它们实现了农药的精准喷施，大大提高了农药利用率，深受用户欢迎。

国内精准施药装备生产企业主要有深圳市大疆创新科技有限公司、广州极飞科技股份有限公司、山东永佳动力股份有限公司、现代农装科技股份有限公司、泰州樱田农机制造有限公司、山东华盛中天机械集团股份有限公司等公司。另外，华南农业大学、中国农业大学、国家农业信息化工程技术研究中心、吉林大学、南京农业大学、中国农业机械化科学研究院、农业农村部南京农业机械化研究所等科研单位基于中国农业生产实际及自身在农业工程、植保机械、植物保护、农药学和农学等学科交叉领域的优势，融合传感器探测、遥感、机电一体化、卫星导航等多种前沿技术，并联合部分装备制造企业，研发出一系列精准施药技术，创制了一批新型现代化植保装备，并在农业生产中大量推广。

6.3.3 收获与秸秆处理

农业生产各个过程的机械化程度已经有了较好发展，对于其收获与收获后的衍生品——作物秸秆的处理一直是国内外科研团队的重点方向。农作物秸秆利用不合理导致其成为我国农业面源污染的源头之一，国家相关文件多次提出重视秸秆回收再利用问题。研究农作物秸秆资源化利用问题，有利于推进生态农业和绿色农业的进一步发展。通过研究农作物收获与秸秆处理协同一体化作业，能够在实现秸秆合理化利用的同时构建节本高效的农业机械化过程，进而推进农业供给侧结构性改革更好地发展。

国外对于收获与秸秆处理一体化作业机具主要使用于玉米、水稻、大豆等作物，目前来说发展较好的是玉米收获与秸秆处理一体化作业机具。

1. 国外收获与秸秆处理一体化作业机具

（1）玉米穗茎兼收联合收获机

对于玉米来说，目前的收获部分主要分为脱粒和不脱粒两种形式；秸秆处理上主要有切碎还田、收集打包、饲草化三种形式。

在 1921 年，乔治·汉德（George Hand）就开发了世界上首台玉米联合收获机，经过多年的持续研究和发展，发达国家的玉米联合收获机技术日趋成熟，形成了针对不同收获方式的多种机型。

国外的玉米联合收获机主要有两种。一种是在谷物联合收获机上换装玉米收获台，待玉米籽粒含水率降低到一定程度后，采用直接脱粒的收获方式，实现籽粒直收，这种方式适合大地块一年一季的种植模式。目前欧美等发达国家多采用籽粒直收，其中，美国在 1980 年就全部实现了籽粒直收。另一种是专用于玉米果穗的收获机，俄罗斯、乌克兰等东欧一些国家使用较多，由于玉米在收获期籽粒含水率高，不适合直接脱粒，故采用专用的玉米联合收获机收获玉米果穗，其中乌克兰赫尔松联合收获机制造公司的 KCKY-6 型玉米联合收获机可以进行摘穗—青贮联合作业，实现穗茎兼收。

（2）水稻收获与秸秆处理一体化联合作业机

由于水稻收获期间秸秆仍有部分水分且地块湿滑，收获与秸秆打捆一体化机具较少，目前应用较多的是收获后秸秆粉碎还田一体化机具。

应用较为广泛且发展较好的是日本的久保田、洋马等公司生产的全喂入式水稻收获秸秆粉碎一体化作业机具，如久保田 4LZ-2.5（PRO688Q）全喂入履带收获机、洋马 AW70G（4LZ-2.5A）全喂入稻麦联合收获机。

（3）大豆收获与秸秆处理一体化联合作业机

对于国外来说，大豆收获与秸秆处理一体化的过程中多使用收获与秸秆粉碎还田一体化机械，如约翰·迪尔 W80（原 1048）联合收获机，凯斯 4077 轴流滚筒联合收获机（如图 6-3-2）。

图 6-3-2　凯斯 4077 轴流滚筒联合收获机

2. 国内水稻收获及秸秆处理一体化机具

朱岱力等在目前广泛使用的全喂入水稻联合收获机的基础上，安装了秸秆收集打捆装置，使其不仅具有稻谷收获功能，还具有了稻秆回收功能，增加的机构主要包括：秸秆收集机构、传动机构、压缩装置、打捆机构、卸料装置等。

江苏大学李耀明研制了 4L-4.0 型稻麦联合收获打捆复式作业机，解决了秸秆在回收过程中运输、储存等难题。对压缩机构进行优化，使草捆达到高密度中大型方捆，降低运输成本，经试验验证，成捆率达到 98.3%，草捆规则率达到 94.7%，草捆抗捆率达到 90%。

国内各大农机生产厂商加大了对农作物联合收获机的研发力度，在研制的新型联合收获机上，通过在出料口处配置秸秆粉碎均匀抛撒装置并提高整机的动力，在收获的同时便将秸秆粉碎并进行抛洒。另外由于仍在服役的老式联合收获机没有秸秆粉碎抛洒的功能，相关农机厂商设计开发出可加装配套的秸秆粉碎抛撒装置。河北省某农机公司设计开发出一种与稻麦、玉米等全喂入式联合收获机械相配套的秸秆粉碎均匀抛撒装置，该装置配备了液压调节系统，使其对不同地形有较强的适应性，并且具有拆装方便、粉碎均匀、还田效果好、收获后地表不影响后续整地作业等优点；江苏省兴鹏机械制造有限公司研制出与稻麦全喂入式联合收获机组装使用的 4DMQ-354A 型稻麦秸秆切碎抛撒还田机，被粉碎的秸秆段小于 15cm 且抛撒扇面可达 2.3m。此类配置了秸秆粉碎抛洒装置的联合收获机一经投入使用，从根源上解决了由于技术设备的不完善导致的秸秆焚烧问题，提高了现有机具的使用寿命。

3. 国内小麦收获与秸秆处理一体化机具

2014 年，奇瑞重工股份有限公司研发了谷王 T860 型小麦收获秸秆打捆一体机（如图 6-3-3），能够实现在小麦收获的同时进行秸秆收集、处理和打捆输出，有效集约作业次序，减少因秸秆不合理利用造成的环境污染。

图 6-3-3　T860 型小麦收获秸秆打捆一体机

6.4 一体化农业机器人

　　一体化农业机器人是一种新型的智能农业机械装备，它是农业机械、人工智能监测、自动控制、图像识别技术、环境建模算法、感应器、柔性执行等先进技术的集合。它能减轻劳动强度、解决劳动力不足问题，提高劳动生产率和作业质量，防止农药、化肥等对人体的伤害。

　　近年来，随着工业化进程不断加快，我国农业机械化水平显著提高，农业机器人在农业生产中的地位越来越重要。在农业生产中，针对不同地形，移动机器人配有不同载体平台，如履带式机器人、高地隙轮式机器人、步行式和轮履式机器人等；不同的工作类别也对应着不同种类的机器人，如采摘机器人、嫁接机器人、耕耘机器人、施肥以及喷雾机器人和除草机器人等。农业机器人可代替人们进行笨重且烦琐的劳动，提高机械化与自动化水平，实现无人化生产。

6.4.1 农用无人机

　　农用无人机目前主要用于植保、播种和施肥等作业，由飞行平台（固定翼、单旋翼、多旋翼）、飞控、作业机构三部分组成。

1. 农业航空植保作业无人机

　　伊丽丽等研制了一种植保无人机使用的变量喷施喷头装置（如图 6-4-1），该装置一方面通过调节所使用的喷洒外罩的数量来实现喷洒量宏观的变量调控，另一方面通过调速模块控制电机转速改变每个喷洒外罩的喷洒量从而实现喷洒量的微观调节，通过宏观和微观相结合的手段实现施药量的变量精准控制。

图 6-4-1　变量喷施喷头装置

　　鲁京研制了一种农业植保无人机防扩散喷洒装置（如图 6-4-2），无人机在喷洒农药时带动喷洒罩的喷洒口与风力方向相对，便于旋转调节控制使喷洒罩转动与风力方向相反，从而避免风影响喷洒，使喷洒均匀。

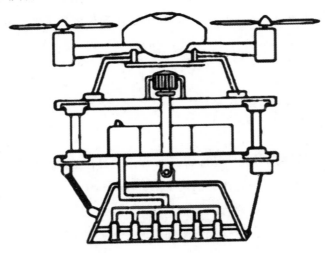

图 6-4-2　农业防扩散植保无人机

2. 农业航空播撒作业无人机

20 世纪 90 年代，日本北海道地区为了节约时间开始尝试使用遥控无人直升机对小块农田进行播种。实际生产作业证明产量和人工播种无太大差距。2000 年,日本农业实验研究中心利用雅马哈公司研制生产的 R50 无人直升机对农田进行撒播颗粒肥,喷撒量可达 300 千克/公顷,实际作业时间效率为 27.70%。2004 年开始,随着无人机播种的优势慢慢展现,越来越多的日本农户开始使用无人机进行生产作业。

2014 年,华南农业大学科研人员在广州市白云区钟落潭农业科学院实验基地率先开展无人机撒播试验,运用自主设计的机载撒播装置进行稻种撒播,试验结果不仅证明了无人机作业的高效性同时也有效证明了无人机进行水稻撒播的可行性。

陈博研制了一种水稻种肥一体精量直播无人机(如图 6-4-3),种子和肥料分别从种子储存仓和肥料储存仓落下进入出射导引管内,通过风力动力源的作用被加速吹射向地面,实现同时播种与施肥,且能保证直播落种点精确度。

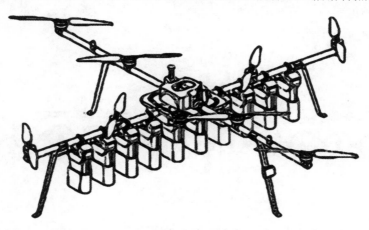

图 6-4-3　水稻种肥一体精量直播无人机

鲁京研制了一种农业无人机使用的播种装置(如图 6-4-4),通过控制种子和配重颗粒混合的效果,增加了种子的重量,在下降过程中增大了下降的速度,避免了正常播种时种子因质量轻,体积较小而在进行播种时由于下落时间过长,容易被风吹散偏离播种位置而导致播种效果差。

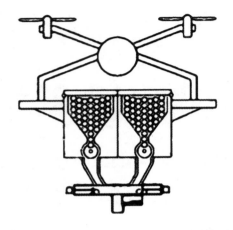

图 6-4-4　一种农业无人机使用的播种装置

黄彰标研制了一种无人机播种装置（如图 6-4-5），在无人机向前飞行时，容器上的甩料口均匀地甩出种子，种子在农田中可达到行与列的分布，达到非常理想的播种效果。

图 6-4-5　一种播种无人机

徐志勇等研制了一种可适应多种环境作业的无人机播种施肥装置（如图 6-4-6），能通过电机使螺旋推进轴配合出种管往复旋转，借此进行均匀播种。同时电机可将液体肥料与水进行充分混合，之后通过水泵喷洒。该无人机可以同时实现均匀播种和施肥，提高了耕作效率。

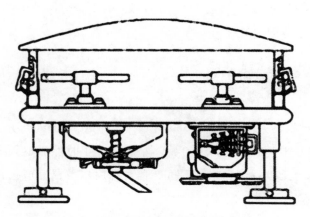

图 6-4-6　一种可适应多种环境作业的播种无人机

　　周志艳等研制了一种农用无人机挂载的物料撒播装置（如图 6-4-7），能够根据农用无人机的高度和前进速度对颗粒流量进行自动控制，实现对物料的连续、精准调节。通过气流将种子吹出，不容易伤种，且落种区形状规整，撒播均匀。

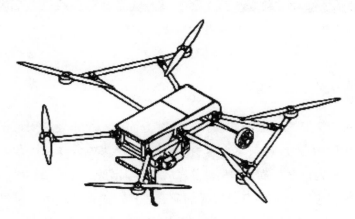

图 6-4-7　一种农用无人机挂载的物料撒播装置

　　综上可知，农用多旋翼无人机具有环境适应能力好、作业效率高和操作灵活等特点，能较好适应南方丘陵山地和水网平湖交织区的农业水田条件。

无人机播种和施肥已在农业生产中应用，通过感知作物长势并进行变量施肥也已开始进行示范应用。

6.4.2 播种机器人

Xaver 播种机器人（如图 6-4-8）单体重量 150～250 千克，种箱容积 25 升，用电量 2.6 千瓦时，功率 980 瓦，播种 1.5 小时然后返回充电。机器人可对位置坐标、土壤湿度、播种密度、播种深度以及已完成播种的时间和播种面积实施监测并且进行反馈。

图 6-4-8　Xaver 播种机器人

6.4.3 除草机器人

除草机器人是精准农业在农作物除草方面的一个重要应用，据不完全统计全世界大约有 3000 种杂草，其中约 1800 种会影响农作物收成。目前除草机器人主要分为化学除草式和机械除草式机器人两种。早在 20 世纪 60 年代，世界各国就已经开始了除草机器人的研究工作。美国加州大学戴维斯学院学者在 1998 年以耕作机器人为平台，成功研制出基于视觉导航的化学除草机器人，该机器人以农作物叶片形状作为提取特征，采用贝叶斯分离函数将作物与杂草区分开来，随后由控制器控制相应喷洒设备对目标杂草进行精准施药。经过多次试验得出结论，机器人在 0.45 米/秒的行进速度下，精准施药率可达 81% ～ 96%。

瑞士 EcoRobotix 除草机器人（如图6-4-9）搭载太阳能板，可实现自动工作，机器人前端的摄像头发现杂草后，可迅速、准确对杂草进行定位并喷洒除草剂或采用割刀除去杂草。

图 6-4-9　EcoRobotix 除草机器人

6.5　重点研究方向与发展阶段

6.5.1　重点研究方向

1. 作业机具与动力一体化

研究电控液压提供装置，研制合适的自动快速挂接技术与装置，包括悬挂点接口、传动接口和液压接口。参考拖拉机挂车插座和 ISOBUS 标准，结合作业机具需求，编制符合我国的接口定义标准，包括物理尺寸、规格、引脚、通信协议标准和电平规范等。研究主机－农具的运动学模型，对主机路径跟踪和机具横向偏移协调控制进行算法研究，以农机主机和牵引式农具为研究对象。

作业机具与动力一体化发展的方向主要是：作业机具与拖拉机连接接口一体化和一体化协同控制。通过优化设计国内拖拉机悬挂系统，尤其是加快推进电液悬挂系统的应用以及与电液悬挂集成的悬挂自动调平技术，结合快速接口创新设计与规范应用，提升接口的通用性，实现作业机具与拖拉机接口一体化，推动全程无人化作业和智慧农业的国际标准化。在单一农机自动导航作业研究基础上，根据机械连接结构优化导航决策控制方法实现农机－机具结合路径准确跟踪，提升作业精度和作业效率。

2.作业机具一体化

研发高性能耕—种—施肥同步、收获－秸秆等联合作业机具，研发作业质量监测技术，如耕深、播种/插秧量、肥量精准施用、测产收获等。同时通过传感器实时感知环境信息，如土壤养分、作物长势等传感器，实现作业机具精准作业。此外，作业机具的物料无人补给也将是重点研究方向。

3.农业机器人

研发一批能承担劳动强度高、适应恶劣作业环境、作业质量好的农业作业机器人。如播种机器人、除草机器人、收获机器人、嫁接机器人以及授粉机器人等。实现耕、种、管、收、储、运等环节无人化操作与精准管理，构建机器人自组织系统与机器人协同管控平台，实现农场无人化作业与管理。

6.5.2 发展趋势

1.1～2年发展趋势

近2年，作业机具一体化程度提升，基本满足高度自动化无人化农场的需求。广泛应用电控提升技术控制作业机具提升与下降作业，甚至实现作业深度自动控制。更多的多功能作业机具与无人驾驶拖拉机配合作业，如同步播种施肥、变量施肥等。

2. 3 ~ 5 年发展趋势

到 2025 年，基本实现作业机具一体化，解决大田农作物薄弱环节机械化作业问题，农业机器人投入农业生产，制定出作业机具与拖拉机对接的标准和操作规范；实现无人驾驶拖拉机自动挂接不同机具，机具作业状态、作业质量等信息与拖拉机通信，并传输至大数据平台。此外，作业机具可感知更多的信息，智能决策实现精准作业，满足无人化农场耕、种、管、收全程智能作业。

3. 5 年以上发展趋势

全面提高作业机具一体化水平，提高农业机具自身与作业智能化，提高智能机具控制及信息采集数据处理水平，实现全程无人化作业。

6.5.3 发展建议路线图

一体化作业机具发展建议路线图如图 6-5-1 所示。

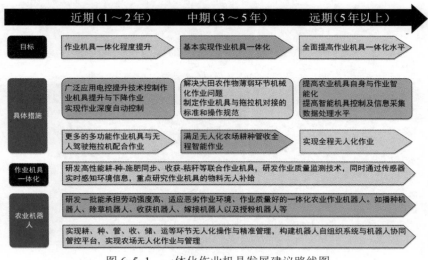

图 6-5-1　一体化作业机具发展建议路线图

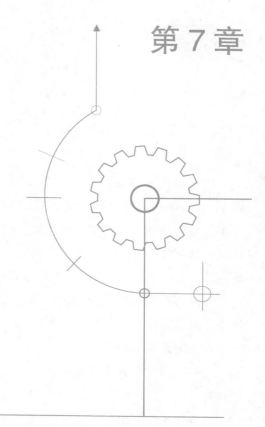

第 7 章

总线、接口和数据传递

7.1 导　言

在信息技术的推动下，人类社会逐渐进入万物互联的新时代，以5G、C-V2X、WI-FI等各类先进通信技术构建的网络已经成为社会经济各个方面不可或缺的基础。大带宽、低时延、高可靠的网络，不但为人类之间的信息传输提供了便利，也为物与物之间的数据交换、利用创造了可能，从而极大地提升了生产效率、产品质量和经营效率。

智能农机作为智慧农业的关键，也是数据和信息网络中的重要节点。其网络架构主要有一下两种。

1. 内部网络架构

内部网络架构存在于智能农机自身，通过总线的方式将各个信息端口进行有效连接，让智能农机各个模块协同一致，从而更加智能、便捷和灵巧。

2. 外部网络架构

存在于智能农机和其他农机、智能农机和终端、智能农机和平台的外部网络架构通过各种通用、专用信息通信网络，实现短程、中程、远程的数据和信息交互。

智能农机内部网络架构和外部网络架构将智能农机的位置信息、授时信息、速度信息、环境信息、作业信息、能耗信息、质量信息、产量信息、排放信息、驾驶员和作业手信息等各类数据无缝衔接，实现输送、贯通、融合。它们使智能农机、终端、平台联合，基于数据和信息的网络，推动智能农机、终端、平台围绕农业作业，以农场为载体，形成一个分工明确、协同高效、积极主动的"智慧圈"和作业闭环，为农业全程无人化作业打下坚实的基础。

信息网络架构正在对物联网时代下的智能农机、智慧农场和智慧农业的发展起着越来越重要的作用，各种功能的网络就像人体的神经系统一样，发挥着不同的作用，并相互连接，推动农业越来越好的发展。

7.2 网络架构

7.2.1 农机内部通信网络

随着农机搭载传感器的数量越来越多，采用点对点的方式进行连接势必会造成导线的数量越来越多，反之，采用总线的方式实现多路传输，形成农机内部网络是一种可靠又经济的做法。当前，农机内部通信网络主要包括低速总线和高速总线两种形式，低速总线包括 LIN 总线、UART 总线等，高速总线包括 CAN 总线等。其中，低速总线主要用于开关量等数据量比较少或者实时性要求不高的总线结构，利用低速总线可以增加传输距离，提高抗干扰性；而动力系统、传动系统、自动驾驶决策系统等相关的通信对实时性要求比较高，传感器组的状态信息需要以广播的形式在高速总线上发布，一般采用高速数据总线。未来，随着智能农机所搭载的智能传感器数量的逐渐增多，搭载的计算平台的算力进一步加强，农机内部数据传输量会显著增加，可能会出现基于以太网技术的农机内部网络结构。

就产业现状而言，国外农机产品由于起步早，技术基础及水平较高，农机本身就设计配置有传感检测单元及相应的总线系统，以及与之配套的车载智能终端，实时监测农机产品的运行状态，方便对其进行管理和操作。主要代表产品有美国约翰·迪尔公司 JDLINK 系统、美国天宝公司网络农场系统、拓普康公司远程资产管理系统等。而国内则由于起步晚，农机产业技术基础及水平较低，相关研究及产品出现较晚，但呈现出快速发展的趋势。例如农业农村部南京农业机械化研究所研制了农机车载智能终端及监管服务系统，其主要功能包括依托全球导航卫星系统和无线通信网络，实现农机的身份识别、地理位置确定、语音通信、网络信息查询、数据传输等，目标是支撑对农机设备运行状态参数及作业环境状况进行在线监测。黑龙江八一农垦大学则研制了一种基于 CAN 总线的农机车载智能终端，可以用于各部件配置了 ECU 及 CAN 总线的大型拖拉机作业监测。

1.LIN 总线

LIN 总线标准主要是由 LIN 联盟定义。LIN 总线采用单线通信，其通信速率通常定义为 19.2Kb/s，是一种面向汽车的低成本、短距离、低速串行通讯。LIN 总线由于采用低成本的单线连接，在从节点中不需要晶振，因此极大地减少了硬件平台的成本。

2.CAN 总线

CAN 总线是为汽车检测、控制系统开发的一种高速串行数据通信协议，其标准主要是由 ISO11898 进行定义。CAN 总线是一种多主总线，通信速率通常定义为 500 千字节/秒。CAN 总线数据段长度 8 个字节，因此不会占用很长的总线时间，从而保证了通讯的实时性。CAN 总线采用了 CRC 校验并提供相应的错误处理功能，保证了数据通信的可靠性。CAN 总线应用于农机的实例网络架构如图 7-2-1 所示。

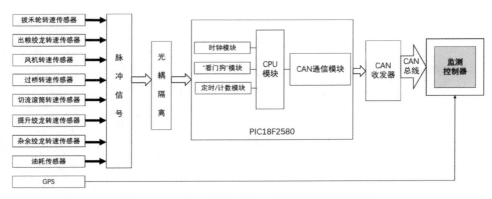

图 7-2-1　CAN 总线应用于农机的实例网络架构

3.车载以太网

车载以太网是面向汽车的一种用以太网连接车内电子单元的新型局域网技术，与传统以太网使用 4 对非屏蔽双绞线电缆不同，车载以太网在单对非屏蔽双绞线上可实现 100 兆比特/秒至 1 千兆比特/秒的传输速率，同时还满足高可靠性、低电磁辐射、低功耗、带宽分配、低延迟以及同步实时性等方面的要求。车载以太网是由单对以太网（OPEN）联盟和电气与电子工程师协会（IEEE）进行标准化，汽车开放系统架构（AUTOSAR）联盟、AVnu 组织按需进行部分定义和补充。

7.2.2 农机与网络平台之间的通信

农机与网络平台之间数据驱动的农业生产组织方式需要完整的覆盖农业上下游的信息系统的支撑。农机与统一集成的大数据平台之间需要实时的数据互动，以满足对作业过程的全程管理。农机与网络平台之间的主要通信架构如图 7-2-2 所示。

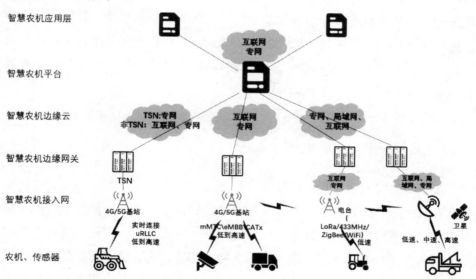

图 7-2-2　农机与网络平台之间的主要通信架构

当前，农机通过两种方式连接数据平台：第一种是农机具备连接广域网的能力，直接连接农机边缘计算网关；第二种是农机具备本地组网能力，但本身不连接广域网，通过先连接到本地网关（电台、集中器、路由器、WiFi AP），本地网关再连接到农机边缘计算网关。

农机连接平台的网络技术类型：

①无线局域网（WiFi）；

②移动通信网（NB-IoT/4G CATx/5G）；

③本地无线通信网（315MHz/433MHz/ZigBee/LoRa）；

④卫星通信；

⑤面向固定农机的现场总线（RS485 等）。

在农机和网络平台的通信过程中，智慧农机边缘计算网关是网络架构的重要组成部分。边缘计算网关的功能主要包括安全管控，农机数据的采集、缓存、存储和预处理，农机的远程控制，农机远程故障检测与告警，数据预处理，视频采集、转码、推流、存储等边缘运算功能。边缘计算网关平台可以与云端平台协同工作，实现完整的智慧农机方案。具体而言，不同类型的边缘计算网关可以执行不同农机业务逻辑，比如插秧机边缘计算网关、收获机边缘计算网关、脱壳机边缘计算网关等。在具体作业过程中，可以根据农机种类、作业类型、网络效率、边缘计算网关负荷等指标，由网络控制器为农机动态分配和连接边缘计算网关。

7.2.3 农机与农机之间的通信

在农机的智能化、网联化转型升级过程中，实现农机之间的配合协同十分重要，提升协同效应对于整体工作效率的提升很有意义。借鉴在智能网联汽车的应用领域，通过蜂窝车联网（C-V2X）直连通信的方式，实现了车和车之间的运行状态的直接互通，完成了碰撞预警、车速提示等应用场景，提升了汽车的运行效率和安全性。当前部分研究机构，例如中国信息通信研究院推动智能农机中 C-V2X 直连通信的技术适配和应用场景的研究，未来通过 C-V2X 直连通信技术支持实现部分智能化应用场景，例如实现不同农机之间的作业状态互通、位置协同、作业流程协同等场景，进而提升整体作业流程的效率。农机之间直连通信的示意图如图 7-2-3 所示。

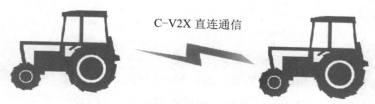

图 7-2-3　农机之间直连通信的示意图

7.2.4　农机定位与导航

在自动驾驶领域中，完成对农机的路径追踪控制是实现农机高精度作业的重要保障。农机作业时依照规划直线路径进行精准作业，当作业路径与规划路径出现偏差时进行实时校正，高精度的路径追踪研究辅助农机实现精准作业行驶。当在农机作业过程中，农机行驶路线与规划路线发生偏差（横向位置差、航向位置差）时，需依靠相应控制算法和转向机构共同作用实现农机自动转向，使农机作业回归规划路径。在当前产业阶段，自动驾驶领域主要采用全球导航卫星系统（GNSS）的导航定位、室内基于超宽带（UWB）的导航定位、惯性导航系统（INS）、激光导航和超声波声纳导航等技术。

1. 全球导航卫星系统

在大田等室外农业领域，主要采用全球导航卫星系统（GNSS）定位。目前全球主流的 GNSS 主要包括美国 GPS、中国北斗、欧洲伽利略、俄罗斯格洛纳斯系统。当前，GNSS 的定位精度一般可以达到米级。为了进一步提升定位精度，可以采用差分定位技术，或者结合惯性导航技术进一步改善 GNSS 的定位准确性。其中，差分定位技术可以利用附近已知的坐标来修正 GNSS

信号的误差，再将误差值加入坐标运算中以获取更精确的定位值。在某些情况下还可以融合惯性导航技术，结合陀螺仪的测量数据增强辅助定位，通过多种定位数据的融合达到更好的定位效果，达到分米级。具体采用何种定位技术，需要结合智能农机作业的定位精度需求，以及作业时客观环境，对技术进行选择。

（1）GNSS 定位定向原理

GNSS 是能够提供全球性、全天候和高精度的定位导航授时的一种服务系统，并且其误差不随时间积累，能够长时间用于导航定位。GNSS 定位基本原理是通过测量四颗或四颗以上已知位置的卫星与 GNSS 接收机的距离通过空间后方交会的方式来确定 GNSS 接收机的位置。GNSS 定位模式主要有单点定位（SPP）、精密单点定位（PPP）、实时动态差分（RTK）、网络 RTK 和研究热点 PPP-RTK 技术。

GNSS 短基线定向测姿技术是利用 GNSS 双天线或三天线，并以主天线为原点形成基线矢量进行定向定姿的方法。常用的 GNSS 定向方式为双天线定向，其基本原理是根据 GNSS 主副天线观测计算出当地水平坐标系中的基线矢量，利用基线矢量值求反三角函数值解算载体航向值。

（2）GNSS/INS 组合导航原理

GNSS/INS 组合导航是一种以卡尔曼滤波方式融合 GNSS 观测量和惯性导航观测数据进行导航定位的方法，主要分为三种：GNSS/INS 松组合、GNSS/INS 紧组合和 GNSS/INS 深组合。GNSS/INS 松组合是以 GNSS 观测位置、速度与 INS 观测信息进行融合的方式；GNSS/INS 紧组合是以 GNSS 原始观测数据与 INS 导航定位信息进行融合的方式，INS 可以辅助 GNSS 的模糊度固定，进一步提升导航性能；GNSS/INS 深组合则是以 GNSS 原始数据与 INS 导航信息进行融合，在 GNSS/INS 紧组合的基础上更进一步，INS 还要用于辅助 GNSS 的信号捕获，是更深层次的组合模式，实现难度也最大。

2.UWB 定位技术

在大棚等室内农业领域，采用 UWB 定位技术可以实现厘米级的定位。

UWB 一般的工作频率为 $3.1×10^3 \sim 10.6×10^3$ 兆赫兹，系统 10 刀字节带宽与系统中心频率之比大于 20% 或者系统带宽至少为 500 兆赫兹。UWB 可以具有很高的定位准确度和定位精度，实践表明超宽带的定位精度可以达到 10 厘米。此外，UWB 具有功耗低、抗多径效果好、安全性高、系统复杂度低等优点。

3. 惯性导航

惯性导航系统包含加速度计、陀螺仪等惯性元件，利用其短时间内单独导航不受外界影响的特性，短时间内精确输出被控农机的位置、加速度、姿态变化信息。但是惯性导航系统得到的速度位置信息由加速度积分而来，加速度计漂移会随时间推移累计较大误差，单独使用时面临很大缺陷，需借助绝对系统进行校正反馈。

4. 激光导航

利用安装在车辆上的激光传感器，并在田间设置一些固定的标志点，通过激光传感器发射出来的直线接触到标志点以后反射回来，把车辆的具体位置确定下来，进而进行路径规划，来实现车辆的自动导航。

5. 超声波声纳导航

声纳回声定位原理与超声波测距基本原理基本相同，镜面反射是声纳传感器一个重要的特点，当且仅当物体表面与声纳位置关系满足物体的表面几乎垂直于声纳的测量方向时，才能测得物体距离。

7.3 网络架构的发展目标

随着高通量植物表型测量技术、人工智能以及传感器等技术的快速发展，信息技术与基因组学、生物信息学、大数据、控制技术等将进一步融合。利用农业遥感、数据建模、组学分析等新技术，对作物基因型—环境—表型关系深入解析，将为系统揭示作物表型形成规律与基因和环境调控机制、构建高效精准分子设计育种体系提供支撑，保障农产品安全有效供给。人工智能技术已成为科技界的中流砥柱，农业智能机器人、小型便携式智能农机、智能语音识别系统等一系列具有自主知识产权的装备和产品将广泛应用到农业全产业链中，大大提高劳动生产率和资源利用率。无人机植保将控制、导航、通信等技术高效集成，形成自动化作业技术体系，实现无人机植保全过程智能作业模式和智能化管理，能够极大地节省劳动力，更好地保护农田生态环境。

7.3.1 农机内部网络

未来随着智能农机所搭载的智能传感器数量的增多，搭载的计算平台算力进一步加强，农机内部数据传输量会显著增加，将会出现基于汽车以太网技术的农机内部网络结构。

7.3.2 农机与平台之间通信网络

在偏远地区的大田农业，因为蜂窝移动通信网络覆盖不足，而卫星互联网的网络覆盖逐渐增强，农机与平台之间通信可能出现基于卫星通信的网络架构。同时，在靠近城市的设施农业中，蜂窝移动通信网络覆盖充分的前提下，基于4G的农机与平台之间的车辆运行数据交互逐渐普及，基于5G的大带宽、低时延特性的农机远程遥控驾驶应用将逐步出现。

"互联网+"模式下的农机跨区作业富有广泛研究前景。智慧农机大数据管理平台采用物联网和精确定位技术实现农机作业的位置、作业状态、作业环境参数等信息的实时采集，运用互联网技术开发的手机App和信息服务管理平台实现农机作业供需信息的无缝对接及农机基础数据的采集，构建基于"互联网+"的农机大数据。

7.3.3 农机与农机通信

蜂窝车联网（C-V2X）直连通信技术不依赖于通信运营商的通信基站部署，十分适合于偏远地区的农业作业，将逐渐应用于智能农机之间的作业流程协作、位置协同等场景，显著提升整体作业效率。

7.3.4 农机定位数据

一方面，在大田等室外农业领域，以 GNSS 的定位技术为基础的差分定位技术、惯性导航技术等定位精度增强技术将进一步普及，并将定位精度提升到厘米级，支持更精确的定位和循迹行驶；另一方面，在大棚等室内农业领域，UWB 技术的应用也将进一步普及，将定位精度提升到厘米级，支持更精确的定位和循迹行驶。

面向精准农业应用领域，以北斗三号为基础，充分利用先进技术和资源优势，立足于提供高精度定位服务和扩大定位服务覆盖范围，根据现有的成熟技术条件，本着突破 PPP-RTK 高精度融合关键技术的同时突破国外的领先技术的目标：PPP-RTK 定位精度水平方向小于 2 厘米、垂直方向小于 5 厘米（95%）、基准站间距大于 100 千米时，单独北斗系统初始化时间小于 3 分钟、PPP-RTK 验证系统具备跨省级服务能力，拟基于北斗三号的 PPP 与地基网络 RTK 技术研制高精度服务系统和原理样机，并建立演示验证系统，PPP-RTK 技术领域的具体发展目标如下。

阶段 1：总体设计、方法研究、设备样机研制和验证阶段。开展北斗三号 PPP 与地基网络 RTK 高精度融合应用的总体方案设计、单个研究内容的设计，完成总体设计报告和各研究内容的实施方案编制与论证；细致深入研究精密单点定位、网络 RTK 定位的理论和方法，突破两者融合增强的关键技术；通过优化设备电路，增加北斗三号新信号的升级，进行模块化和标准化设计，集成 PPP、RTK 及 PPP-RTK 算法及自由切换机制，研制出具有自主知识产权的嵌入式软件及原理样机。

阶段 2：系统研制和集成阶段。研制基于北斗三号的 PPP-RTK 高精度融合服务系统软件，为理论验证和应用提供技术平台；面向实际应用，结合指标需求，搭建北斗三号 PPP-RTK 精密定位演示验证系统，为扩大北斗实时高精度应用领域和市场规模提供创新性技术基础。

阶段 3：技术设备示范应用及产业化推广阶段。选择具有较好前期基础或满足试验条件的领域开展示范应用，发现问题，完善硬件系统、软件系统、算法，直至满足应用系统的各项指标参数。按照国内省级 CORS 升级（21 个省）、北斗三号 PPP 和北斗三号 PPP-RTK 三步走的发展路标，逐步实现全球化 PPP-RTK 目标。

其中，在现有具有自主知识产权的高精度 GNSS 接收机技术的基础上，研制基于北斗三号的 PPP-RTK 高精度融合服务软件、嵌入式软件及原理样机，突破关键技术，产品技术成熟度达到 5 级，并实现产业化生产。

阶段 4：发展高可靠性定位系统。GNSS 信号易受到周围环境干扰，这限制了其在复杂环境中的广泛应用。因此，GNSS 与其他传感器的数据融合，寻求优势互补是技术发展的必由之路。GNSS/INS 组合导航技术是最为常用的组合模式，而 GNSS/INS 组合导航中松组合模式因其实现相对简单较为常见，但是在某些复杂场景下（例如，半遮挡环境），GNSS/INS 松组合难以满足实际应用需求；GNSS/INS 紧组合模式不仅能够在卫星数目少于 4 颗时继续保持高精度定位，提高高精度定位的连续性，INS 还能帮助 GNSS 模糊度固定，进一步提高高精度定位的可靠性。GNSS/INS 紧组合导航系统将依托成熟的 PPP-RTK 技术，融合 INS 数据，为农机工作生产提供在复杂场景下的分米级甚至厘米级的定位精度，进一步提升农机工作效率和全天候工作能力。

7.4 网络架构的发展途径

农机的自动化、智能化将是我国农业发展的必然趋势，也是促进我国发展绿色、高效、节约农业的最重要途径。

农业的需求是不断发展和变化的，对其农机的功能和技术也提出了更高的要求。加大智能农机原创性技术研究和开发的力度是应对农业需求变化的举措之一。比如，种苗的高速栽插和定向精播技术研究，集成一体化的瓜果田间智能化生产，农作物种子智能化筛选加工，瓜果自动化嫁接育苗等装备与技术，粮食、瓜果、蔬菜等农作物生产加工产业链智能装备开发，农作物的规模化绿色生产、农产品智能化分选、低能耗加工和高品质存储等技术装备。

7.4.1 农机内部网络发展预测

2021—2022 年：随着智能农机的应用推广、算力需求提升，农机内部网络将逐步出现嵌入式的通用计算平台，这对车内通信网络提出了新的需求，CAN 总线架构将进一步提升，基于以太网技术的架构开始研发试制。

2022—2025 年：嵌入式通用计算平台应用范围逐步加大，基于以太网技术的架构应用开始推广。

7.4.2 农机与平台之间通信网络发展预测

2021—2022 年：在靠近城市的设施农业中，基于 4G 的农机与平台之间的车辆运行数据交互逐渐普及，基于 5G 的大带宽、低时延特性的农机远程遥控驾驶应用将出现探索。

2023—2025 年：基于 5G 的农机远程遥控驾驶应用将进一步推广，偏远地区基于卫星互联网的通信将逐步出现应用。

当下已步入大数据信息时代，数据作为大数据时代的重要元素，同时也将当之无愧成为现代化农业生产的新兴要素；大数据作为推动全国农业现代化的新动力，更是启动农业生产向智慧型转变升级的助力器，所以加快现代农业大数据建设已成为现代农业发展的新趋势。可以通过积极推动国家大数据综合试验区建设，建立数据创新应用示范区、创新应用先行及全国各种重大数据创新创业基地等；还可以采用物联网技术，卫星定位，RFID，GPS 实时定位等技术获取大数据，构筑智慧农机综合服务平台。

增强智慧农机管理系统对农机作业进行的实时监管，通过系统实现自动生成作业面积、实时测亩、实时定位和轨迹查询；实现内部办公与业务自动化，建立农机监理、农机管理、农机推广和农机化服务等农机业务管理信息系统；培养一支系统性、科学性的农机信息服务队伍，提高社会化质量，将农机业务管理和社会服务完成有效融合。

7.4.3 农机与农机通信发展预测

2021—2022 年：基于蜂窝车联网（C-V2X）的农机与农机协同作业开始测试验证和示范应用。

2023—2025 年：基于 C-V2X 的农机与农机协同作业应用范围进一步扩大。

7.4.4 农机导航定位

2021—2022 年：室外融合差分定位、惯性导航等技术的高精度 GNSS 定位技术，室内 UWB 高精度定位技术逐渐开展测试示范。

2023—2025 年：室外、室内的高精度定位技术应用得到进一步推广。

随着农机作业对导航定位服务精度要求越来越高，定位精度只能达到米级的 GNSS 单点定位模式已不再满足精准农业的应用需求，从一般定位向高精度定位迈进是实现精准农业的必经之路。

1.GNSS 单点定位到 PPP-RTK 定位的升级

实时动态定位 RTK 以及精密单点定位 PPP 是高精度卫星导航定位中应用最为广泛、最具代表性的技术。RTK 由差分定位技术发展而来，其原理是卫星轨道误差、卫星钟差、电离层延迟、对流层延迟等误差对相距不远的 GNSS 站影响接近，因此可以通过站间观测值差分消除，进而实现相位模糊度的快速固定与瞬时厘米级定位。显然，RTK 技术需要架设基站，因此作业方式不灵活，成本也相对较高，而且随着用户与基准站距离的增加，其定位效果显著降低。在扩大 RTK 服务范围方面，得益于网络与无线通信技术的发展，网络 RTK（NRTK）技术应运而生，与常规 RTK 单基站差分不同，NRTK 通过组建连续运行参考站网系统 CORS，结合基线处理与观测值（改正数）内插技术，实现流动站实时动态高精度相对定位。NRTK 技术虽然能提高作业灵活性、降低运行成本，而且一定程度上提高了覆盖范围，但也仅能满足省市级 CORS 高精度定位服务。实际上，采用单向通信也能实现 NRTK。该方法的真正问题在于：一方面，依赖密集基准站资源，当多个 CORS 网间存在覆盖盲区时难以实现连续服务；另一方面，采用"观测值"的形式提供改正数，不同区域"观测值"各异，因此对通信带宽要求高，难以满足星基广播式增强服务需求。相对于 RTK，PPP 是一种全球尺度的定位技术，但 PPP 初始化时间太长限制了其在实际生产中的应用。显然，PPP 与 RTK 两者存在一定的互补性，将 PPP 与 RTK 进行结合（PPP-RTK）不仅能够实现瞬时的厘米级导航定位，而且定位服务覆盖范围也更大，因此，PPP-RTK 高精度定方式将会是满足农业生产需求的一种重要应用手段。

2.GNSS/INS 松组合到 GNSS/INS 紧组合的升级

GNSS 具有能够长时间高精度定位的优势，但 GNSS 信号易受到周围环境的干扰，而惯性导航系统则是具备自主性、不易受外界环境干扰的特点。GNSS 与 INS 进行组合，不但能够克服单一系统的不足，还能将彼此的优势结合进一步提高系统定位的可靠性、连续性。GNSS/INS 松组合模式结构实现相对简单，而 GNSS/INS 紧组合模式较为复杂，但紧组合在复杂场景下的定位性能更为理想。GNSS/INS 组合导航应用方面，考虑到技术实现复杂度及实际应用定位精度、覆盖范围及定位可靠性方面的迫切需求，将逐步实现 GNSS/INS 松组合到 GNSS/INS 紧组合的应用升级。具体到 GNSS 定位模式方面，将实现 RTK/INS 组合导航到 PPP-RTK/INS 组合导航的应用升级。总体上实现 RTK 到 RTK/INS 松组合再到 PPP-RTK/INS 松组合最终到 PPP-RTK/INS 紧组合整个技术发展的应用升级。

　　未来智慧农机和智慧农业平台将是一个可期的使用场景，在这个场景中，一方面，智能农机作为采集运行设备，其运行的主要数据包括传感器数据、发动机数据以及农具耕作的数据、定位数据等。根据不同的数据速率采用不同的数据总线，在农机内部比较适合通过 CAN 总线等低速可靠的数据总线。对于导航系统，由于实时性要求比较高，因此需要用车载以太网或者实时以太网的方式进行数据的搜集和上传。另一方面，智慧农机作为农业智慧平台的终端设备，又要接收智慧平台的耕作信息、协同信息，甚至设备升级等信息，比较适合采用 4G/5G 网络等高速无线网络的方式进行数据传输。

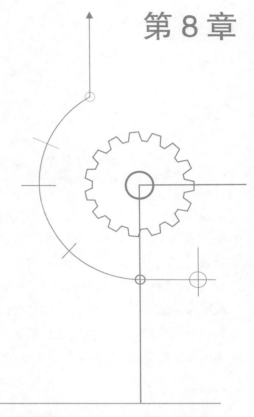

第 8 章

多模协同作业

8.1 导　言

8.1.1 农业全程全面机械化及其发展需求

我国农机化经过几十年的飞速发展，已经取得了一定了成绩：一方面，农机装备总量增加，拖拉机、收获机、插秧机三种典型的农机装备保有量大幅度增加；另一方面，农机作业水平整体提升，农机社会化组织完善有序。尽管当前我国已成为农机制造和使用大国，但与发达国家相比，在农机化水平、农机装备制造水平、产品可靠性、农机作业效率和智能化等方面仍存在很大差距。农机化基础研究与关键技术研究薄弱，技术集成度不高，可持续发展能力差等因素已成为制约我国农业转型升级的短板和瓶颈。

为进一步缩小我国与发达国家之间农机化的差距，提升农机科技创新能力，促进农机化又好又快地发展，罗锡文院士提出了两项发展原则：

第一，全程全面机械化同步推进。全程机械化涉及产前、产中、产后各个环节的生产机械化，其主要指"作物"生产全面机械化、"产业"发展全面机械化和"区域"发展全面机械化。

第二，农机1.0至农机4.0并行发展，同步推进。农机1.0是指"从无到有"，其特点是以机器代替人力和畜力，目前我国在这一阶段已取得了很大的成绩，但仍存在诸多短板和薄弱环节，还需要继续"补课"。农机2.0是指"从有到全"，其特点是全程全面机械化，这是我国现阶段大力"普及"的方向。农机3.0是指"从全到好"，其特点是用信息技术提升农机化水平，在这一阶段我国正处于试验"示范"过程。农机4.0是指"从好到强"，即实现农机自动化和智能化、农机＋互联网，其重点是发展智慧农业和农业机器人技术。

　　农业全程机械化的发展经历了从无到有，从机械化到自动化、信息化和智能化，并正从单机智能走向多机高效协同智能，以实现机械与人，机械与机械、机械与环境、机械与生产资料、机械与农艺等多种模式的融合和协作，最终推动农业向绿色、高质量和可持续性发展。

8.1.2　多模协同作业定义与特征

　　多模协同作业指的是在农业耕、种、管、收不同作业场景，以及各场景之中农机之间、农机与环境、服务资源、管理平台的多维度、多模式的协同作业。按照作业阶段划分作业场景，场景之间存在协同，以衔接不同的作业阶段；从作业场景来看，协同又包括农机之间，农机和土壤、气象、病虫害、生长监测、维修服务等其他关联作业单元之间的调度、协同、合作作业，因此协同作业是多维度、多模式的，即多模协同作业。

　　发展农机化，必须解决好农户一家一户小规模生产和机械化大规模作业之间的矛盾。以联合收获机为代表的农机跨区作业为解决这个难题找到了一条重要的途径。通过跨区作业，开展社会化服务，有效提高了农机的利用率，增加了农机手的效益，满足了农民对农机作业的需求，大幅度提高了机械化水平，解决了"有机户有机没活干、无机户有活没机干"的矛盾。在生产方式上实现了规模化经营，开辟了我国小规模农业使用大型农机进行规模化、标准化、集约化、产业化、现代化生产的现实道路，有效促进了农业稳定发展和农民持续增收。

　　农机跨区作业多模协同主要体现在机械与机械、机械与人、机械与环境之间的交互。

　　①区域作业需求与作业设备之间的协同。区域作业需求包括作业面积、作业时间、作物种类等信息，可以通过跨区作业运维管控平台进行信息发布。作业设备信息包括设备单位时间作业能力、设备当前作业任务完成状态、设

备当前位置信息等。两者协同进行需求和设备之间的动态协同，可以有效提高设备利用率，确保农时抢收。

②作业设备与作业设备之间的协同。主要体现在设备之间单位时间作业能力、当前作业任务完成状态、当前位置信息等信息共享，并基于区域作业需求进行动态设备调度，避免扎堆作业或者作业空缺的情况。

③作业设备和作业服务资源之间的协同。服务资源包括服务站、流动服务车和服务配件。一方面，通过作业设备的分布情况，动态调整流动服务车区位和服务配件投放；另一方面，作业设备可以查看就近服务站信息，包括服务站位置、服务站配件库存信息等，进行作业任务规划的调整。

8.1.3 多模协同作业技术需求

多模协同作业的基础在于信息共享，多模协同作业的核心在于决策和执行。为了实现信息共享，需要满足以下技术要求。

①精确传感器系统，包括位置信息、速度信息、方向信息、作业信息以及故障信息等。

②数据链路系统，具备远距离和近距离无线通信能力，远距离无线通信支持 5G/4G/3G/2G 网络，近距离无线通信支持无线电台通信方式；具备盲区数据存储和补发功能；数据加密传输，确保链路安全。

为了实现优化决策和精准执行，需要满足以下技术要求。

①决策模型系统，针对不同的作业场景，结合农艺知识，建立决策模型，实现作业决策与调度。

②管理云平台，一方面实现农业大数据的清洗和存储；另一方面作为决策模型的载体，基于大数据挖掘分析和知识库，完成决策模型的集成和应用，实现作业决策与调度。

③精准线控系统，农机无人化作业必须实现自动行走和作业功能，精准线控体现在行驶前进、停车、后退自动控制，转向自动控制，发动机启停与

转速调节自动控制，作业装置自动控制，作业质量监控等。控制响应时间应
小于 0.002 秒。

8.2　多模协同作业现状与趋势

8.2.1　农机协同作业试验现状

　　全流程协同机械化作业是农业发展的趋势，国内外很多机构都开展了
农机化过程中协同作业的研究。日本北海道大学野口团队利用高精度卫星定
位、惯性导航、激光雷达、视觉侦测等技术，研发了自动化拖拉机和机群
协同技术，拖拉机从机库出发，进入农田作业到返回机库，实现全程无人
操作。欧盟 ECHORD Plus Plus 项目旨在通过学界与业界之间的合作来促进
机器人制造行业的发展以及研究人员和用户之间的互动，其资助的 MARS
（Mobile Agricultural Robot Swarms）子项目，涉及一种专注于玉米的播种
过程的可移动农业机器人，目的是减少播种过程中对种子、肥料和农药的需
求，其可以实现单独或群体协同工作；由于开发的无人地面作业车辆（UGV）
足够小，高度自动化且易于操作，可以有效避免重型机械带来的土壤压实
和能源消耗等问题，且可以提供多种灵活作业方案。ECHORD Plus Plus 资
助的 SRAA（Swarm Robotics for Agricultural Applications）子项目实现了
多种机器人协作和并行操作等技术，同时配合所开发的少量无人机可以用
来监视和绘制大型甜菜田，以及检测杂草并通过程序安排除草作业。欧盟
的 VineRobot 项目开发了一种能够监测葡萄生长的新型 UGV，便于葡萄园
自动化管理，例如通过葡萄产量、营养生长、水分需要和葡萄种类组成等检
测，来更好管理的葡萄生长以提高葡萄酒品质。欧盟资助的 FOODIE（Farm-

Oriented Open Data in Europe）项目开发了基于云计算的开放平台中心，可以通过对耕作数据（如地图、采样数据、产量和施肥量等数据），为农机化提供支持。

国内在推进农机化过程中，开展了一些有特色的协同作业试验研究。新疆阿勒泰地区主要农作物生产基本实现了全程机械化作业，其中玉米、打瓜、马铃薯生产基本实现了收获作业机械化，机械化水平达95%以上。"北大荒建三江－碧桂园无人化农场"项目从技术上基本实现了农机无人驾驶的路径规划、走直线、地头转弯掉头、农具自动升降起落、PTO自动离合等功能，还初步建设了项目农机管理云平台，实现了农机状态信息、定位信息、作业轨迹等信息的回传与管理，并与当地农场现有农业信息化网络平台相结合，便于共享共用。2020年，植保无人机全年行业销量达6万台，作业面积超过了6666万公顷，植保无人机正在快速取代地面植保机械。

在农机导航方面，2018年湖北省联合中央军委装备发展部，在全国实施北斗导航农业应用示范项目，率先大范围示范推广农机北斗终端，截至2020年10月，湖北全省已累计安装北斗农机终端16 528台，累计监测作业面积11.33万公顷，其中监测农机深松作业2.66万公顷，农用无人机植保作业3.58万公顷。湖南省农科院设计的北斗导航农机作业面积管理系统，基于北斗卫星导航定位系统和北斗地基增强系统，实现了农机作业监控、面积测量、数据统计等功能。通过田间试验，检验管理终端水平定位误差仅为2.7厘米，管理平台作业面积平均测量误差为1.818%。

我国在农机、农艺、环境等方面的协作也开展了很多实验。黑龙江鸡东县采用保护性耕作技术，实施路径包括秸秆粉碎处理、秸秆均匀覆盖、机械化免耕播种、植保作业与田间管理和机械化收割作业，在此农艺路径的循环过程中间隔2～3年实施一次深松作业，以保证最佳的土壤条件，适应机械化免耕播种和收割。江苏东台市以现代农业园区为基础加快发展大棚西甜瓜机械化生产与农艺配合的改进措施，目前大棚西甜瓜生产机械化装备总量和机械化生产水平有了较大幅度的提升，机械使用率从2015年的42%逐步提升到 2020 年的 55%。湖南农业大学的崔克蓉采用水足迹方法研究了 2002—2015 年湖南省水稻生产水足迹，分析湖南省水稻生产水资源的占用情况，做到环境、生产资料和农机协同，提高水稻生产机械化水平及合理施肥。

总体来看，我国农机协作已经在大田种植中开始规模化推广应用，但仍受技术成熟度、决策模型精度、机具质量和使用成本等方面制约。我国自动化农机正处于从单机自动化作业向多机协同智能化作业发展的阶段，无人化农机应用逐渐兴起，但大部分还处于探索阶段，技术成熟度和经济性仍有许多欠缺，距离实现完全的无人化农业还需要经历一个演进过程。

8.2.2 智能农机与无人作业趋势

农机农艺的有效融合是农机化的基础和根本，是建设现代化农业的内在要求和必然选择。农机的性能再优越，如不能适应区域的地形地貌、种植结构和农作物特点，便没有用武之地。农机需要不断地创新设计，朝着多功能、高效率、节能等方向努力。同时，也要积极创新农艺，培育更好的物种、改造目前的农田布局、树立农机农艺融合的理念。美国番茄品种改良，日本水稻种子的处理及种植工艺改良，以及我国的稻麦秸秆还填作业，花生收获一体机等，都很好地体现了智能农机与农艺的协同。奥格尔（Ogle）等人发现作为首选农机的旋耕机辅助的全耕作业可能会破坏土壤结构，导致环境不可持续性。车辆交通造成的土壤压实对关键土壤功能和生态系统服务会产生不利影响。考虑到农机平均重量的持续上升趋势和极端天气事件的预计增加，土壤压实的成本可能会上升，智慧农机的设计以及作业必须考虑土壤固有的机械极限。

未来无人农场需要智能农机和其他作业单元协同作业，对于协同过程中的规划和避碰已经开展了一系列研究。帕尔默（Palmer）提出了一种在减少重叠和遗漏区域的标准下生成预定义野外工作轨迹的方法。布莱恩（Bruin）提出了一种优化田间作业轨迹空间配置的方法，同时修改田间边缘，最小化区域损失。博蒂斯（Bochtis）提出根据不同行驶方向的机械性能评估，在受控交通系统中建立有轨电车线路模型，可以将总种植期运营成本降至最低。奥克萨宁（Oksanen）也得出同样的结论。哈米德（Hameed）提出了一种空间配置方法，用于生成直的和弯曲的野外工作轨迹，在最小化能源需求的标准下提供最佳的现场作业配置。还有学者提出了用于在野外区域的每个子区域内进行野外区域分解和覆盖方向确定以及处理野外区域的三维地形图的方法。

智能农机的管理重点正在转向工业工程方法，结合实时决策支持系统，将为多机械系统合作执行的规划作业提供框架。为了提高农机调度的效率和管理水平，基于大数据云平台系统，需要设计现代化农机协同作业系统。以农机调度为例，对系统进行测试，包括农机调度、作业轨迹显示、海量信息查询效率、农机监控精度和作业效率等，并对测试数据进行统计汇总。在调度方面，农机协同作业的重点正在由纯调度方法转移到顺序调度方法。农业机器人车辆的任务规划将是路线规划工作的逻辑延伸。农机的任务规划已存在多项研究结果，如博蒂斯（Bochtis）呈现了确定性行为农业机器人拖拉机的任务计划，约翰逊（Johnson）提出了基于混合行为（确定性和反应性）的自主拖拉机团队的任务计划。无人机技术在农业中可以用于远程监控和观察，在农业上的使用正在扩大，以帮助耕种者对农场进行监测和决策支持；通过无人机收集有关耕种状况信息，以便将其转化为对农民有利的风险和知识管理信息。

无人农场需要云平台的支持。实时人工智能使计算机程序能够产生丰富的建议和见解，以支持智能农机作业时做出正确的决定，当前已有 13 个代表性的农业决策支持系统，被应用于智能农业的复杂任务中。例如，提高作物疾病检测的准确性，提高自动除草机制的准确性，当季种植产量预测估计。在智慧农业中，众多智能设备产生大量数据，这些数据需要存储和处理。云计算通过其强大的存储和处理功能可以支持智慧农业解决方案的整个基础架构，其主要作用之一是对所有设备进行集中控制，并提供多种服务来支持和扩展功能。

未来的智能农机将是产品和服务的集成组合，为农业价值链带来可持续的利益，同时对环境友好。为了满足这些要求，智能农机的设计需要以可持续发展为导向。受农业精确化作业趋势的影响，现阶段很多农机作业的工序将被整合，农机的功能趋向于集成化。一方面，集成化的农机装备实现了一次性作业完成多道工作任务的要求，使农业生产工作时间明显缩短，复合型作业的生产品质也更容易得到保证；另一方面，复合型农机装备使各个工序之间的匹配效果显著提升，以现阶段广泛应用的联合整地机为例，通过一次性作业能完成灭茬、旋耕、深松、平整、压实等全部传统整地任务，不仅作业后地表质量更符合播种要求，而且减少了机械作业次数，使轮式机械造成的土壤压实问题得到有效缓解。联合作业也将减少能源消耗，降低农民购置多台农机的成本负担，实现节本增效、优质高产。

8.3　多模协同作业系统与场景

8.3.1　多模协同作业系统

多模协同作业系统主要包含：农作物收割作业协同、农资转运作业协同、农作物植保作业协同、农作物种植作业协同以及耕整作业协同。将多种不同的作业模式融合成为一整套协同作业系统以此构成多模协同作业系统，具体包括三部分。

1. 协同通信网

协同通信网主要实现无人驾驶农机之间、有人驾驶与无人驾驶农机之间、所有农机与智慧农业云端系统之间的通信。目前协同作业发展中，最关键的基础部分就是可靠的通信网络，协同的前提是通信，无论是无人自动驾驶农机设备的视觉感知系统，还是无线电台都是通信的一种方式。协同与感知是密不可分的。无人自动驾驶农机应具备被动感知能力在感知到对方后进行通信，也能够主动进行搜索通信。一种基于 5G 技术组建的通信网络为无人农场通信系统建设提供可行的解决方案，依据 5G 高带宽低延时性能其能够采集更多的实时车辆信息和实时农业生产数据。这一显著优势能够为无人农场加速进化提供保障。通信不仅是协同的基础，而且是实现高效农业协同作业生产的可靠保障，也是实现精准农业和数字化农业的基石。

2. 无人驾驶农机设备在线精确测量系统

农场本身的作用就是生产农作物，无人自动驾驶农机必须具备能够精确测量自身农业生产的能力。例如：施肥的位置、肥料的构成和肥料的用量。农药的喷洒位置、农药成分和用量等。依赖在线精确测量系统可以掌握实时务农数据，这些实时数据是无人自动驾驶农机设备相互协同作业实现其本身功能的重要支撑。复杂农作物生产过程中依据这些在线精确测量数据，能够很好地协同指导无人自动驾驶农机发挥最大效率，提高农作物产量。通过不同功能的无人驾驶农机获得的大量数据，采用数据融合算法能够精确地了解农田中的局部粮食产量、局部种植密度、施肥量等一系列农作物种植、栽培和收获的精确信息，能够作为无人自动驾驶农机协同精准生产的可靠数据基础。

3. 无人农场多机协同在线故障诊断及安全监测系统

大型农业设备的运行需要有可靠的安全系统，否则容易造成人员财产损失。无人驾驶农机设备协同作业应具备在线故障诊断与安全监测功能。通过 RTK 测量技术以及环境感知技术，对车辆的运行速度、位置、姿态以及车辆周围情况进行实时监测，当无人农场中存在多个自动驾驶设备协同作业时，需要在线监测本车辆运行区域内的车辆状态。故障诊断系统能够对不同功能不同身份的无人驾驶农机设备的自身状态、生产状态、以及协同对象状态进行实时监测，及时发现故障和定位故障，避免造成农资浪费或引发其它无人驾驶车辆事故。安全监测技术为协同作业运行中的车辆进行动态监测，通过长期的运行数据分析无人驾驶农机可能发生的安全事故，规范和防止无人自动驾驶农机发生安全事故。例如：安全系统能对农田中出现的人和动物进行检测，并实时提示系统是否有安全风险。

以上三部分为实现多模协同作业安全可靠运行的基础，同时，农场运行协同作业时无人农机主要采用以下技术进行实时控制。

①自动驾驶技术。它包括：基于北斗系统的 RTK 定位技术、实时环境感知技术、在线路径规划技术、基于模型的车辆控制技术。导航是多机协同中单台无人农机自动驾驶的关键部分。无人驾驶农机采用基于北斗系统的高精度 RTK 定位技术，其能够以 10 ～ 20 赫兹的更新速率实时测量无人农机的绝对位置，当无人农机安装多个 RTK 移动站时，可以精确测量车辆航向、速度、姿态等信息。这些测量数据能够为无人农机的自动驾驶和协同控制提供可靠的导航数据。无人农机在农场运行时，实时感知环境信息非常重要，需要采用 3D 激光雷达和视觉模组构成无人农机的环境感知硬件系统，使无人农场可以实时感知环境信息。3D 激光雷达获取无人农机前方环境三维信息，视觉模组采用长短焦组合模块采集车辆前方远处和近处的图像信息。通过深度学习算法实时测量环境信息，这些信息为在线路径规划提供可靠的局部目标点，同时为多机协同提供数据。依靠感知信息采用基于快速扩展随机树的路径规划算法，为无人驾驶农机提供实时滚动路径规划，指导无人农机的实时运动。最后，通过对无人农机建立运动学模型，进而设计基于模型的预测控制算法，采用可靠的执行系统对车辆进行实时控制，使得车辆的实时运行能够满足设计需求。

②协同交互技术。多模协同系统中无人驾驶农机必须能够与其他车辆进行实时协同交互。例如：收割转运协同作业时，两个车辆之间保持相同的运动速度和方向。无人转运车需要和收获机之间进行实时交互，确定协同转运车是否满仓，以及两车在什么位置同步，同步后传输带实时输送货物等协同技术。

③在线精确测量技术。协同作业无人驾驶车辆需要实时精确测量农作物生长、播种等信息，动态测量技术需要可靠的测量硬件以及数据处理技术。

依据在线精确测量技术以及位置信息等数据，通过数据融合算法能够精确地了解农田中的局部粮食产量或施肥量。能够作为精准协同控制农业的可靠数据支撑。

④在线故障诊断与安全监测技术。多模协同作业系统内的无人驾驶车辆应具备在线故障诊断与安全监测功能。故障诊断系统能够对协同作业的无人驾驶车自身状态、收割状态、植保状态、耕整状态以及转运状态进行实时监测，及时发现故障和定位故障，避免造成货物泄漏或引发其它无人驾驶车辆事故。安全监测技术为运行中的车辆进行动态监测，通过长期的运行数据分析无人驾驶车辆可能发生的安全事故，规范和防止无人驾驶车辆发生安全事故。

8.3.2 多模协同作业场景

对多模协同场景的描述旨在梳理、分析当前同类农机之间，不同农机之间，农机和土壤、气象、病虫害、生长监测等其他关联作业单元之间调度、协同、合作作业的现状，应用到的关键技术和产品，以及为实现多模协同作业场景需要的管理平台的功能和作用。

在多模协同作业中存在多种协同场景，具体包括农机农艺融合、农机集群作业协同、以及农机各个关键单元之间的协同。如图8-3-1所示，由作物生产模型形成的农机农艺协同可以通过模型和数据生成推荐农艺，结合生产资料形成适合农机集群的作业方案；通过该作业方案进行农机和其他设备单元的协同作业，管理人员可以进行任务分解、农机编组、任务执行等步骤，通过云端服务平台对农场进行整体调控，监控农场内作物生长环境、土壤状态以及所有机具的作业状态，并进行智能实时调控，有效推进作业任务的完成。为实现农机全过程的无人作业，还需要依托农机作业监控平台，实现无人农机的农机监控、作业监控、路径规划、历史轨迹、指挥调度、统计分析和设备预警等功能。

为应对各个场景中可能发生的农机故障，保障农机协同作业效率和质量，需要农机与服务资源进行协同调度。一方面，通过云平台系统的大数据支持和决策方法，综合运用历史故障信息、维护维修记录、实时作业计划、关键功能部件运行状态信息，基于统计学习和机器学习方法，确定历史故障时间分布、累计预测误差、磨损特性等关键点，建立集群故障分布模型和维护服务需求预测模型，合理配置服务资源；另一方面，基于建立的故障模型进行农机作业指导，调整农机种类和作业调度等信息，优化协同作业安排。

结合当前智能农机与无人作业趋势，本次路线图规划重点围绕农机及其关键单元之间的作业协同，按照耕、种、管、收四个阶段定义具体的协同作业场景。

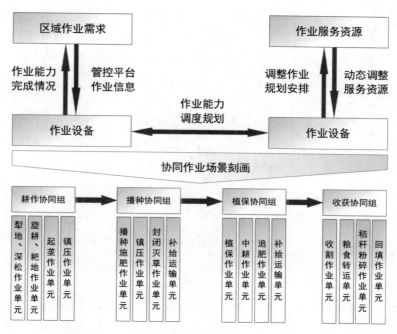

图 8-3-1　不同维度协同总体框架图

1. 耕整地作业场景

耕整地作业包括耕地、耙地、起垄作业三个环节，需按照农业生产有序作业。如图 8-3-2 所示，为耕整地作业主要流程图。

为保证作业质量和作业效率，在秋收作业的同时，智慧农业平台已经按照既定计划，下发命令让耕整地机械进入农田进行耕整地作业，首先是无人驾驶耕地机械从机库驶出，通过平台下发的路径行驶到目标作业区域进行深翻作业，作业质量监控系统实时监控并及时调整作业深度，保证作业深度符合要求并实时回传无人驾驶农机负荷强度、耕深等作业数据为协同联合作业打下基础。车身安全系统可实时感知车辆周围环境，保障设备以及人员安全。在整个作业过程中，无人驾驶耕地机械的健康数据被实时上传平台，通过大数据的处理和预测，为协同作业提供及时可靠的维修保障。

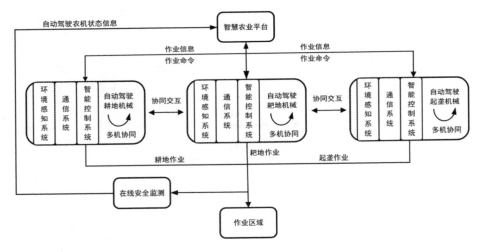

图 8-3-2 耕整地作业场景流程图

耕地机械作业的同时，智慧农业平台下发任务给耙地机械，在耕地作业结束后开始进行耙地作业，并实时上传作业数据，在智慧农业平台的调度下，各类农机协同作业井然有序，避免出现作业冲突。

耙地作业进行的同时，起垄机械在智慧农业平台的调度下在耙地作业结束后开始进行起垄作业，并实时上传实际作业路径数据，为日后的播种作业提供路径信息，智慧农业平台负责调度车辆，让秋整地工作有条不紊的进行。

在耕地作业中应用的关键技术和产品包括农机北斗自动驾驶系统、无人驾驶作业控制系统、多传感器融合的环境感知、农机作业质量监测系统、农机故障监测系统等，其为农机协同作业提供硬件和技术支持。

耕地协同作业离不开服务平台的作用，通过云端的服务平台可以实现耕地农机的编组作业、次序协同、最优任务调度、耕地农机作业效能评估、大数据处理和预测等功能，为耕地农机协同作业提供数据和决策支持。

2. 种植作业场景

土地经深翻平整起垄后已经达到播种条件，无人驾驶播种机械需及时入田进行播种作业，播种车辆接到智慧农业平台任务从机库出发，通过平台下发的路径行驶到作业田块，同时无人运输车从农资库补充种子化肥后也行驶到作业地块。等待无人运输车完成初次种肥加注后，播种机械实时从平台获取耕整地时记录的起垄路径开始播种作业，并实时上传当前作业路径为日后的田间管理工作提供路径信息，系统搭载的环境感知系统能够精准识别周边障碍物并及时做出决策，为播种作业保驾护航，播种监控系统实时监控播种质量并回传智慧农业平台，为产量分析环节提供基础数据。对于播种协同作业中农机的可靠运行，智慧农业平台通过大量的实时数据预测可能发生的故障，提前做好服务车和技术人员的派遣，为播种协同作业农机保驾护航。

无人驾驶播种和无人运输车组成的作业系统能够24小时不间断地在田间作业，在提高作业效率的同时保障作业质量，为春播农忙节约大量劳动力和人工成本。

播种作业的同时，大型无人植保机械已整装待发，在智慧农业平台的调动下，前往已经播完种的地块中进行药剂封闭除草，植保机械能够通过药液补给车补充所需的药液，药液补给车自动地往返于作业地块和植保农资补充站，在平台的协调下有条不紊地对各个地块依次作业，平台还负责协调各个机群作业顺序，使整个春播作业井然有序，避免出现农机作业的相互冲突。种植作业场景的流程如图8-3-3所示。

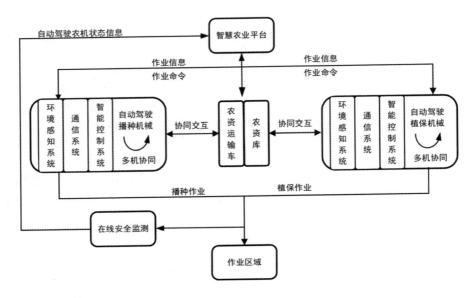

图 8-3-3　种植作业场景流程图

在种植作业中应用的关键技术和产品包括农机北斗自动驾驶系统、无人驾驶作业控制系统、多传感器融合的环境感知、农机作业质量监测系统、无人机自动影像采集、补给协同系统、农机故障监测系统等，为农机协同作业提供硬件和技术支持。

种植协同作业离不开服务平台的作用，通过云端的服务平台可以实现种植农机的编组作业、最优任务调度、种植农机作业效能评估、路径共享、大数据处理和预测等功能，为种植农机协同作业提供数据和决策支持。

3. 植保作业场景

播种作业完成后，需及时进行植保作业避免杂草生长，通过遥感无人机巡田，当作物生长到 3～4 片叶时，在平台的调动下，植保无人机有序地对作物进行除草作业，植保农资补充站早已备好高效除草药剂等待植保机械使用，植保机械根据各地块播种时间顺序依次进行高效植保作业。在作业时，无人驾驶植保机械实时从平台获取播种时记录的作业轨迹，避开苗带，避免对作物的碾压。植保机械能够 24 小时不间断地对作物进行植保作业而不需要人工干预，提高作业效率，节约作业时间，保障作业质量。在长期的植保作业中，智慧农业平台根据种植面积、作业强度等信息，为每个作业区域定期安排植保作业配套的服务资源；同时指导植保作业开展时间，协同调度植保机械和服务资源，保障植保作业高效低成本的进行。植保作业的流程如图 8-3-4 所示。

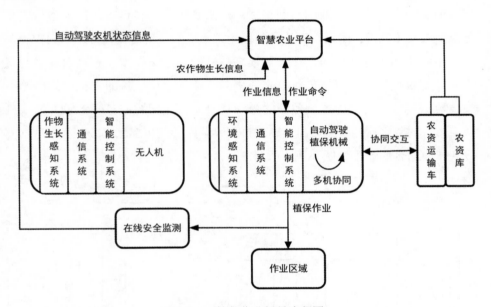

图 8-3-4　植保作业场景流程图

在植保作业中应用的关键技术和产品包括农机北斗自动驾驶系统、无人驾驶作业控制系统、多传感器融合的环境感知、农机作业质量评估系统、无人机自动影像采集、补给协同系统等，其为农机协同作业提供硬件和技术支持。

植保协同作业离不开服务平台的作用，通过云端的服务平台可以实现植保农机的 AI 图像识别、编组作业、最优任务调度、植保农机作业效能评估、路径共享等功能，为植保农机协同作业提供数据和决策支持。

4. 收获作业场景

大型无人收获机械作业效率极高，能够在无人干预的情况下实现 24 小时不间断的收获作业，为秋收农忙节约大量的时间，避免天气因素影响作物产量和收获质量。收获作业时收获机卸粮与接粮车是一个耗费人力的环节，通过无人化的转运车、接粮车能够解决这一问题。收获机在收获作业时，需要一台无人转运车与若干台大型运输车配合，无人转运车负责往返于固定地点停放的运输车和收获作业的收获机之间，负责粮食的转运工作；大型运输车无法适应农田路况，所以在田块外的固定地点停放，负责收集转运车的粮食，运输至粮食加工存储场所。在大规模高强度的收获作业中，智慧农业平台将协同调度农机和服务资源，参与收获协同作业的农机配备的农机故障监测系统将数据实时上传，通过大数据的处理决策，预先配置服务资源，并为农机协同集群调整之后的作业安排，确保协同收获作业的可靠、高效、有序进行。收获作业场景的流程如图 8-3-5 所示。

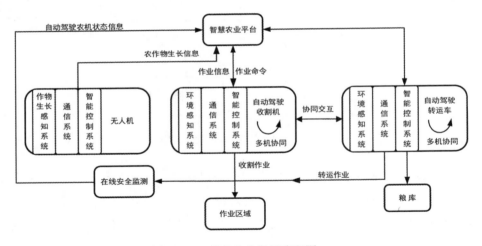

图 8-3-5　收获作业场景流程图

在收获作业中应用的关键技术和产品包括农机北斗自动驾驶系统、无人驾驶作业控制系统、多传感器融合的环境感知、活体识别雷达、农机作业质量评估系统、测产系统、转运协同系统、农机故障监测系统等，为农机协同作业提供硬件和技术支持。

收获协同作业离不开服务平台的作用，通过云端的服务平台可以实现收获农机的编组作业、最优任务调度、农机作业效能评估、最短路径规划、库容分配、大数据处理和预测等功能，为收获农机协同作业提供数据和决策支持。

8.4　趋势研判

随着我国农村人口的减少，未来我国农业作业必将从小户分散田块向规模化合作社以及大型农场转变，农业生产不仅需要实现机械化而且需要向自动化、智能化发展，以适应日益减少的农业人口以及未来大规模农业生产需求，农机多模协同的作业趋势见表 8-4-1 所列。

表 8-4-1　未来农机多模协同作业趋势图

名称	未来 2 年	未来 5 年	未来 10 年
需要攻关的技术	农机状态监测 高效调度 远程运维 作物状态监测	作业环境监控 故障预警 多机协同作业	作物全过程农艺协同
发展的产业应用	自动导航与驾驶辅助	农业生产系统 远程故障诊断 无人机自动作业	作物状态及农田实时感知 作业与服务智能决策 全过程无人自动作业
作业场景	小户分散田块	规模合作社	大型农场

8.4.1 1～2年发展预测

2021—2022年：面向跨区作业的服务协同。

当前我国农机实现自动化、智能化需要以自动导航、自动控制、状态监测以及作物状态监测等技术为基础。在农机改造升级方面，对当前农机推广自动导航与驾驶辅助功能，新产农机应具备作业状态监测、自动控制、自动组网等核心功能；在作业与服务方面，探索适于我国农机跨区作业特点的作业与维护服务协同模式，跨区作业高效调度、作业服务协同等技术研究。

8.4.2 3～5年发展预测

2023—2025年：面向无人作业的协同模式。

在实现农机状态监测、传感及控制的基础上，根据协同作业需求探究不同作业环境下农机自主协同技术，以主要粮食、果蔬、牧草等作物为对象，开展相应作业环境下农机之间、农机与环境、农机与管控系统间协同作业关键技术研究，重点实现适于农机搭载传感器和自动控制系统等关键技术，面向农业合作社推动农机无人自主作业、远程故障诊断、作业规划及任务调度等协同模式的应用示范和产业化。

8.4.3 5～10年发展预测

2026—2030年：基于农艺的农业全过程协同模式。

以合作社、农场的农业生产系统为支点，构建互联互通的农业生产云平台，获取作物、环境、农机等方面大数据，综合利用数据分析、人工智能等技术开展智能化关键技术和产品研制，开展面向不同作物农艺的全过程协作模式研究。推动作物状态及农田环境实时感知、农机作业与服务智能决策，实现耕种管收各环节多种农机的无人化及作业协同。

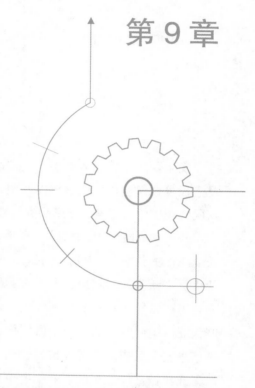

第 9 章

智能农机网络信息安全

9.1 导　言

　　安全，从来都是人类生产、生活的基础和底线。习近平指出：国泰民安是人民群众最基本、最普遍的愿望。实现中华民族伟大复兴的中国梦，保证人民安居乐业，国家安全是头等大事。

　　随着物联网、大数据、人工智能、自动驾驶等技术在农业机械领域的应用，农业生产的信息化、网联化和智能化将不断普及，农机作业对人工操作的依赖程度不断降低。越来越多的农业生产信息可以在农机作业过程中实时获取并且可在云端远程查看。智能农机使我们可以精准化、无人化地进行农业生产作业，但同时农业生产中网络信息安全的风险问题日益突出，智能农机网络信息安全工作的重要性也日益凸显。避免网络入侵或其他原因导致的信息泄露或数据破坏，保证农业生产信息和数据的安全、可靠，就是对国家安全的一种重要的维护。

　　本章以智能农机和智能终端为作业主力的现代农业生产为背景，分析了智能农机面临的网络信息安全风险，提出了网络信息安全防护的关键技术，指出了智能农机网络信息安全发展面临的挑战，对智能农机网络信息安全发展的方向和推动智能农机网络信息安全的发展提出了相关建议。

9.2 智能农机面临的网络信息安全风险

9.2.1 信息泄露及篡改

1. 信息泄露

智能农机精准作业的基础是大量获取农业信息，因此在农机终端存储了较多农业信息，涉及农资、农艺、作物、环境等，并且这些信息通过网络上传至云端数据库进行存储。这些信息中包含某些较为敏感的信息如地理位置、粮食产量、农企农户信息等，若被泄露会对商业合作、农业市场的稳定甚至国家安全造成危害。

例如某些进口的智能收获机械上安装有粮食产量和土壤肥力的检测设备以及高精度 GPS，在收割的同时能够生成精细管理处方图。在这个过程中，收获机会同步采集经纬度、地形、土质等情况，在使用云端服务时收获机需要与国外的服务器进行通信，势必会造成信息泄露，危害国家安全。作物产量数据直接关系到大宗农业市场行情，若某地区的作物产量数据被窃取，并被不法分子利用于期货、对冲基金等方面，将会对农业市场秩序稳定造成影响。在智慧农业系统中涉及管理员及用户信息，这就涉及了农企和农户的隐私信息，若这部分信息被泄露将对农企和农户造成损失。

智能农机精准作业的前提是对获取的数据进行分析和决策，这需要保证数据的真实性和准确性。数据的真实与否也关系到后续各环节的资源调配。

2. 信息被篡改

智能农机作业过程中人为参与较少，农机系统拥有较多权限，智能农机的行为取决于获取数据的情况，若农机被注入错误数据，会干扰正常作业。

如智能施肥机的施肥量预测模型关键参数被篡改，将给作物施用不合适的肥量，直接影响作物生长。若某些关键数据如病虫害数据被恶意篡改并被公布，则会影响到市场秩序甚至社会稳定。

9.2.2 系统攻击

智能农机由车载终端控制车辆行驶和作业，若云端系统被入侵攻击，终端设备被云端控制，可能会发生大面积农机停止作业、设备被操控等，影响农机作业。智能农机系统并非独立封闭的个体系统，而是需要不断与上位机及协同机群进行通信，这使得系统有可能通过网络被攻击。农业工作时效性极强，若在农忙时间系统被攻击发生瘫痪或被锁定，会严重影响农业工作环节，对作物造成损害。若智能农机系统被攻击者完全操控，甚至会对人民生命财产造成损害。

在动态和分布式的网络物理环境中，各种不同的针对智能农机系统的潜在攻击都可能导致严重的安全问题。这些威胁和攻击可能会导致互联业务的严重中断。另外，在高度机械化的农业环境中，智能农业中使用的智能技术和远程管理对操作者来说是全新的技术，其中大多数在智能农机领域的潜在的新威胁和安全漏洞都与其他工业领域密切相关，例如工业控制系统是网络漏洞、数据损毁与丢失均与这些安全威胁相关。此外，由于智能农机大部分为重型机械，因此这些安全威胁和漏洞对智能农机的直接攻击很有可能会导致灾难性后果。

智能农机系统主要面临终端安全威胁、网络传输安全威胁和云端安全威胁。

1.终端安全威胁

（1）物理损坏

智能农机作业环境较为恶劣，尘土、高温、高湿、下雨、刮风等极端环境可能会严重损坏机电设备。智能农机上的传感器和其他车载设备容易因为环境问题出现故障，造成感知信息误差和控制指令紊乱，造成生产事故。同时，在许多情况下，智能农机上的传感器以及网络设备都是物理可访问的。这对于智能农机是一个很大风险。因为任意一个有恶意企图的人都可以对其进行破坏使其无法正常工作。

（2）导航功能被干扰

除了智能农机上的监视器和控制传感器外，智能农机设备都依赖于蜂窝或卫星网络类的射频通信。智能农机通常使用全球导航卫星系统来获取自身位置、航向、速度等信息并与惯性测量单元获取的车身姿态信息相融合。恶意攻击者可以通过部署多个分布式低功耗干扰器来干扰卫星信号接收机和惯性测量单元，干扰智能农机自动导航系统的正常运行。

（3）数据被干扰

在无人作业过程中，智能农机上安装的传感器采集和传输数据也可能给整个系统带来严重的风险。由于现行的智能农机系统主要侧重于数据的自主收集、分析和决策，确保数据完整性和可用性至关重要。故意或无意篡改数据会影响智能农机的决策和控制，导致农业生产中断甚至对作物产生严重破坏，影响产量及农产品品质。

2. 网络传输安全威胁

随着智能农机系统和物联网技术的深度结合，智能农机系统也日渐暴露在各种网络攻击下。常见的网络攻击不仅能使智能农机系统被大规模物理性损坏、破坏农业作业、泄露敏感农业数据，同时也会干扰农业领域大量法规和行业标准的制定。常见的网络攻击方式如下：

（1）内部数据泄露

窃取智能农机数据的方式分为三类：一是通过不合机密性标准的智能应用程序和平台窃取数据，如在智能农机上应用存在后门的程序；二是农业生产相关人员对内部数据进行窃取；三是通过无人机等设备对敏感和机密的农业数据进行侦查获取。

（2）错误数据注入攻击

攻击者根据对于整个系统的了解和认知更改或篡改有助于智能农机系统的重要实时决策数据。如注入关于土壤水分水平的错误信息使智能农机进行过度灌溉，损害农作物。

（3）误报攻击

这种攻击的目的是损害数据的完整性。恶意攻击者基于虚假数据发布信息误导智能农机管理人员。该类错误数据报告是模仿实际发布报告的形式，这需要大量的时间、人员、金钱去论证发布的报告是错误的。

（4）恶意软件注入攻击

当恶意软件启动时，它会在智能农机众多进程中挑选"受害者"进程，将其挂起修改，最后获得由恶意代码覆盖的进程，并以此进行数据篡改。恶意软件将在系统中自行运行并传播。恶意软件造成的损害有多种形式，它会窃取农业数据、阻碍智能农机物理功能、对特定农作物收成或特定农业区域产生破坏性影响。

（5）拒绝访问攻击

在智能农机系统中使用的物联网设备可以用来发起大规模拒绝服务攻击（DDoS）。这些攻击不仅可以破坏单个智能农机中不同模块的正常功能，也可以利用它来中断其他域中的合法网络服务。

（6）僵尸网络攻击

在物联网的框架下，智能农机系统与互联网互联。攻击者通过对智能农机系统中与物联网相关设备的攻击，逐步控制这些设备。这些被恶意中央系统操纵的物联网相关设备被称为僵尸网络。被感染的智能农机联网设备可以很容易通过不同媒介来感染更多的网络，使得农机可能被大范围操纵。

（7）侧信道攻击

侧信道攻击是通过寻找智能农机设备网络漏洞模仿系统执行方式以获取智能农机系统信息。攻击者利用不同的系统执行方式实施攻击。如根据智能农机中的风扇、传感器、声音等系统的执行方式对整个系统进行破坏。

3. 云端安全威胁

农业数据由智能农机系统获取之后将会上传到云数据库进行存储和后续分析，因此，农业数据在云端数据库的保存和使用中面临的安全问题有：农业数据库使用安全、农业数据存储安全和云数据库管理系统安全。

（1）农业数据库使用安全威胁

农业数据库的操作员、管理员的操作和使用的数据库应用程序如果存在相关安全隐患，可能会对农业数据库造成灾难性后果。包括的风险有：

①数据明文传输。数据需求人与云端农业数据库间信息交互和云端农业数据库间信息传递，若使用明文发送，会因云数据库的共享物理和虚拟网络，导致产生敏感数据被监控的风险。

② SQL 注入、缓冲区溢出。农业数据库中存在 SQL 语句的应用程序会被恶意攻击者视为系统安全漏洞，一旦攻破会造成重要数据被删除、泄露等不良后果。

③权限漏洞。恶意攻击者可根据农业数据库权限漏洞或根据数据库管理员的不规范行为盗取数据库权限，并据此入侵农业数据库，窃取或篡改敏感信息。

④数据库审计日志漏洞。现有云端数据库都是通过审计日志回溯网络安全威胁，以此修复系统漏洞。恶意攻击者可根据数据库审计日志保护性弱的特性，攻击数据库的审计日志系统，删除或替换部分或全部的数据库审计文件，致使数据库纠错系统混乱，以此干扰数据库运行。

⑤数据库通信协议漏洞。农业数据库的通信传输协议可能存在薄弱环节，导致敏感数据泄露或被篡改。

（2）农业数据存储安全威胁

云端数据库与本地数据库模式本质区别在于存在共享的物理和虚拟基础设施。恶意攻击者可以依据这些共享设施窥视、篡改、删除敏感数据。

①数据被第三方窃取、篡改。由于共享机制的限制，恶意攻击者可以利用不同云端数据库同一物理基础设施间隔离不完善的漏洞进行敏感数据库的

信息窃取并恶意操作敏感数据。

②云数据库运营商窃取数据。云数据库运营商利用运营带来的便利，可以获取数据库薄弱环节或依据一定的技术手段，入侵敏感数据库，窃取数据信息。

③数据无法彻底擦除。云端数据库可以作为处理、分析数据的临时工具。出于安全考虑会彻底删掉所有数据，但如果云数据库不能彻底擦除痕迹，可能会面临泄露敏感数据的风险。

（3）云数据库管理系统安全

①自身漏洞。云数据库系统程序存在安全隐患，被恶意攻击者突破。

② DDoS 攻击。云数据库会被恶意攻击者进行分布式拒绝服务攻击，通过数据灌入等方式使得数据库基础设施无法提供服务。

③人为损坏。由于云数据库管理人员的不正规操作或恶意操作导致云数据库受损或数据丢失等问题。

9.3　网络信息安全防护关键技术

目前可应用于智能农机网络信息安全防护的技术主要包括防护类、隔离类、实时监测类、检测扫描类、运维管控类等。

9.3.1　防护类

①网络防护。智能农机系统防火墙可对进入智能农机无人作业网络中的数据包进行从 IP 层到应用层的深度分析，建立白名单管理体系，限制对 IP、协议功能码、操作行为等相关资源的访问。

②主机防护。通过构建智能农机主机白名单体系来判断相关软件或应用

是否可以在本系统中运行，阻止不在白名单范围内的软件执行与进程启动。通过构建智能农机主机应用软件的可信体系来对相关软件和应用在本系统中的运行权限进行限制，防止安全性不确定的软件过度获取系统信息。

③数据库防火墙。基于云数据库协议分析构建数据库安全防护系统，解决数据库应用方和管理方的信息传输问题，对数据库的访问、操作、行为审核进行管理控制。现有的防护方式有 SQL 注入检测与防攻击、敏感数据识别与脱敏、细粒度访问控制等。

④数据库安全删除。删除数据运行痕迹时对云数据库底层设施进行格式化操作，彻底抹除数据。

⑤数据加密。对敏感数据进行数据加密。云数据库可依据数据的敏感级别分级对不同数据进行加密，如静态加密、表空间加密和同态加密等。

9.3.2 隔离类

①网闸类。主要采取"2+1"的方式或"3+1"的方式，在两个主机之间通过隔离卡进行通信，或者通过第三主机对两主机来下发策略实现有限的通信。

②正反向隔离装置。内网和外网间建立隔离装置，一次控制网间信息数据流，过滤不安全信息，确保信息传输的安全性。反向隔离装置需要数字证书的认证，有效限制数据流传输。

③隔离网关目前有多种形式，有采用"2+1"的形式，有采用两个防火墙对接的形式，可以有效对 OPC、ModBus、S7 等常用协议警醒过滤和处理，尤其是可以对读取和更改 OPC 的点表做细粒度的控制。

④实例隔离。云数据库的基础是资源共享，必然会带来隔离风险，因此需要进行实例隔离来规避风险。采取的措施有：单个云端数据库占有一个物理实体，不与其他数据库混合使用；一个物理实体内安装隔离措施，安全隔离不同云数据库；在数据库用户使用权限上进行限制，隔离云数据库的使用范围。

9.3.3 实时监测类

①工控审计。通过自定义或者自学习方式来构建通信行为基线，通过对通信行为的判别来发现超出基线行为的异常，对于出现的违背基线行为的操作进行告警并提供相关处置建议。

②智能农机入侵检测系统。通过对数据包的深度解析，基于特征分析和异常检测来发现进入或者潜藏在智能农机无人作业控制系统内的攻击行为，实现对攻击行为的有效感知和监测。

③智能农机监测预警平台。基于对安全日志、网络日志、主机日志的管理和关联分析，同时结合智能农机现场运行的特点来发现和还原智能农机无人作业现场潜在的恶意行为。

9.3.4 检测扫描类

①智能农机系统漏洞扫描可以对智能农机无人作业现场中常见的 IT 操作系统、数据库、智能农机无人作业现场应用软件和控制器等设备和装置进行探测，发现其中潜在的安全漏洞。

②智能农机系统漏洞挖掘主要通过 FUZZ 等技术手段实现对协议健壮性测试，通过发送指定协议的畸形报文，观测被检测设备在处理畸形报文时的异常，发现系统潜在漏洞。

9.3.5 运维管控类

①堡垒机。通过堡垒机技术对智能农机系统运维进行安全审计和身份管理。

②移动运维审计监控现场外部运维人员的操作过程，探测和记录潜在的恶意行为。

9.4 智能农机网络信息安全发展面临的挑战

当前,智能农机领域缺乏相关的国家和行业网络安全管理机制、技术标准、监督管理体系等工作机制和管理体系,一旦智能农机规模化普及应用,安全风险凸显,且传统网络安全防护无法完全满足农业复杂的应用场景需求,亟须有针对性的安全防护措施,保障智能农机安全、稳定运行。

9.4.1 农机网络信息安全管理机制不健全

目前对于农业敏感信息缺少安全等级分类标准,对农机信息安全管理相对薄弱,管理机制不健全,落后于智能农机应用推广的步伐,难以适应当前安全形势。我国农机市场上的品牌众多,同时保有大量国外的农机产品,在对行业和产品的管理上,主管部门在制度建设和法规制定中,亟须探索建立行之有效的工作机制和管理体系。

9.4.2 智能农机网络信息安全隐患凸显

当前的智能农机系统在初始设计、建设、运营过程中大都未考虑网络安全问题,导致系统联网后安全风险严重,相对应的安全建设面临很大挑战。智能农机在发展之初相对封闭和独立,但随着农业作业场景对管理和控制一体化需求的不断升级,以及网络、通信等信息技术应用程度的不断加深,智能农机系统正日益走向开放、互联、互通,导致农机设备、网络、控制、数据等方面的安全隐患充分暴露、风险凸显,安全威胁挑战不断升级。

9.4.3 智能农机安全需求复杂多变

智能农机涉及的物联网终端数量多、资源受限、安全防护弱，对数据传输实时性要求高，在借鉴工业互联网的安全经验的同时，需要考虑控制系统和安全系统间交互需求，农业场景较工业场景更加复杂、更加不可控，对系统的实时性和鲁棒性要求更高，因此农业安全防护手段必须适应系统和场景特点，且应严格保证不会影响农机系统的稳定运行，以免造成系统停机、失控等后果。现有的智能农机系统十分繁杂，很难有统一适用的安全防护方法，需针对各场景和不同农机的特点采取有针对性的安全防护措施。

9.5 智能农机网络信息安全发展方向

智能农机网络信息安全保障框架的构建需要充分考虑到国家、行业的相关规范要求，需要结合不同地域、不同农作物机械化生产模式和自身运行特点以及数据云存储特征，做到技术和管理相结合，逐步完善智能农机无人作业系统和农业数据存储的安全防护，使智能农机无人作业系统安全防护由安全策略的部署向安全能力的部署迁移，逐步实现安全技术能力、安全管理能力、数据存储能力的全面提升，实现管、控、防一体化。安全能力逐步覆盖系统上线、系统运行、系统运维、系统检修、数据存储与维护等各个环节，实现智能农机无人作业系统安全的闭环管控和数据存储。

9.5.1 智能农机网络信息安全保障体系发展方向

1. 智能农机信息分类分级
智能农机作业涉及农资、农艺、作物、环境和生产者等众多信息，其中一些信息关系到生产安全、经济安全，甚至是国家安全，亟须重视与安全防护。如作物信息中的区域总产量关系到国家安全，农药残留关系到社会公共利益，生产者信息涉及生产者隐私。因此根据对不同层级利益的损害，我们初步将智能农机网络信息划分为三个等级，信息敏感度从一级提高至三级。第一级信息遭到泄露后，会对公民、法人和其他组织的合法权益造成损害，但不损害国家安全、社会秩序和公共利益。第二级信息遭到泄露后，会对社会秩序和公共利益造成损害，但不损害国家安全。第三级信息遭到泄露后，会对国家安全造成损害（见表 9-5-1）。

表 9-5-1　智能农机信息分类分级

信息分类		安全等级		
大类	小类	第一级	第二级	第三级
农资信息	农机	种类、型号、发动机功率、挡位、外形尺寸、牵引力、速度范围、各部件功率	自动驾驶算法、数据接口、数据存储格式、通信方式	智能农机数字身份、通信协议
	农具	农具种类、型号、挂接方式、最佳作业速度、外形尺寸、作业行数、适应行距	精准作业算法、数据接口、控制方式	智能农具数字身份
	种子	种子类型、品种、等级、贮存时间	销量	种子来源
	化肥	化肥类型、品种、成分含量	销量、配方	—
	农药	农药类型、品种、成分等	销量、毒性	—
农艺信息	种植信息	地块信息、种植品种、种植密度、行间距、株间距、种植深度	播种时间	总种植面积与种植地块
	管理信息	农资来源、育苗时间、苗龄、施肥喷药记录、采收记录、检测记录	精细管理处方图、农药化肥施用量	专家系统算法、受灾情况

信息分类		安全等级		
大类	小类	第一级	第二级	第三级
作物信息	作物参数	形态学参数、生理学参数	作物生长记录	病虫害信息、基因型
	农产品信息	含水率、品质等级	农药残留	亩产量、区域总产量、产量分布
环境信息	位置信息	农机作业轨迹	电子地图、定位设备信号	敏感区域位置、各作物种植区域统计信息
	土壤信息	土壤类型、有机质含量、营养元素含量、水分、温度、电导率	肥力、酸碱度、盐碱化情况	重金属含量、土壤污染情况
	天气信息	温度、湿度、气压、风力、风向、光照强度、光照时间、降水量、蒸发量	恶劣天气情况	极端天气情况
生产者信息	农业企业信息	企业编码、企业名称、组织机构代码、生产基础情况、生产过程	大批量农业企业信息	—
	农户信息	农户个人身份信息、地块位置、种植作物、种植面积	大批量农户信息	—

2. 智能农机网络信息安全等级保护基本要求

对应三个等级的信息，我们提出了智能农机网络信息安全等级保护基本要求。

（1）第一级

第一级信息应采取基本的信息安全保护措施，能够检测基本安全事件，具有基本的安全响应和维护等能力。

（2）第二级

第二级信息应采取较为全面的信息安全保护措施，能够及时检测安全事件，具有一定安全响应和维护等能力，具有一定抵御风险的能力。

（3）第三级

第三级信息应采取全面的信息安全保护措施，能够全面监测安全事件，具有较强的安全响应和维护等能力，具有较强的抵御风险的能力。

9.5.2 智能农机网络信息安全防护框架发展方向

智能农机网络信息安全防护框架要在整个流程中开展纵深防护，从终端到云端构建多道防线，进行全过程、多样化、多层次的纵深防护，建立智能农机网络的纵深防御体系（如图 9-5-1 所示）。

图 9-5-1　智能农机网络全流程安全防护框架

1. 全流程开展纵深防护

对于网络攻击，应在全流程开展纵深防护，建立智能农机网络信息安全防护系统，从终端到云端构建多道防线，进行全流程、多样化、多层次的纵深防护，在终端、传输过程和云端各环节保障网络信息安全。

开展智能农机纵深防护需要根据不同作业场景和农机具的安全需求和防护策略，综合各项安全防护技术，构建适用于智能农机的纵深防护体系。首先需要对不同地域，不同作业环节、不同农作物等场景下的智能农机系统进行网络信息安全形势分析，对相应的场景和智能农机系统进行定义和规范；其次对智能农机系统进行网络信息安全风险评估，对面临的安全威胁和风险来源进行分析和定级。在此基础上，建立智能农机多层次网络安全防护体系。在智能农机终端层面构建内建防护体系，保障终端自身防护能力，构建边界防护体系加强安全隔离。在网络传输层面，通过身份验证机制和信息加密技术保障信息不被泄露。在云端层面构建服务器安全防护体系，对数据存储进行规范，增强云端安全防护能力。

2. 分层次部署安全防护技术

（1）内建防护和边界防护保障终端安全

基于智能农机系统内的软件代码、通信协议等建立内建防护体系，主要包括智能农机加密和内部数据传输加密。智能农机供货商应自主研发协议栈、控制算法、硬件平台、BIOS 等，对智能农机各组件的嵌入式系统等固件进行加密，提高系统被入侵的难度。通过操作层、网络层、控制层、总线和无线层多层次数据通信加密和防护技术，保证数据的完整性和机密性。

基于智能农机不同层级和不同终端建立边界防护体系。在智能农机网络纵向部署安全防火墙，控制跨层访问数据量并交换数据进行安全性过滤，防止由上到下的网络渗透和攻击。在统一运行网格内的智能农机系统间部署网络防火墙，并以此划分不同的安全运行区域，控制不同区域间的数据传输，减少恶意攻击的扩散和影响。在重点智能农机的前端部署安全防火墙，有效屏蔽恶意或无效访问，对其进行全面的安全防护和审计。

（2）数字身份验证和数据加密保障传输安全

建立智能农机网络传输数字身份验证机制。为智能农机系统各组件建立数字身份体系，各智能设备具有唯一数字 ID，将其与对应访问权限、安全等级、防护标准、传输协议等绑定，数字 ID 由监管部门进行统一监管。

建立智能农机数据传输加密机制。首先，对网络传输信息进行动态加密，系统密钥随着时间或通信事件进行变换，提升加密智能农机的安全系数。其次，为智能设备配备专用安全控制器，对敏感信息进行二次加密，对软件加密的不足进行弥补，进一步保障网络传输安全。

（3）服务器防火墙和数据库加密隔离保障云端安全

构建云数据库防火墙、安全连接和安全组、IP 白名单，降低外部访问的安全风险和威胁。防火墙对外部恶意连接和无效连接进行过滤，对访问者进行身份验证，阻拦网络攻击。

在云数据库进行综合加密，对不同密级的数据进行动态综合加密，对云数据库管理员及用户权限进行不同程度加密。采用安全隔离、痕迹删除等手段加强云数据库的数据管理。

9.6 推动智能农机网络信息安全发展的建议

9.6.1 政策环境建议

1. 建立健全智能农机网络安全和信息安全顶层设计

从国家层面，应明确智能农机发展的战略地位，通过制定相关政策文件、标准指南等指引智能农机安全发展。加强政府监督和指导，规范农业信息采集、分类、加工和发布，持续完善农业信息安全政策制度和标准体系建设。

2. 督促落实智能农机网络和信息安全主体责任

智能农机网络和信息安全保障需要农机企业切实肩负起安全主体责任。组织相关主管部门、行业协会对农机企业开展智能农机网络和信息安全意识和基本技能培训，组织开展智能农机安全检查评估工作，通过第三方评价与政府持续监管相结合，持续推动农机产品和服务的网络安全审查工作。

3. 着力加强智能农机网络和信息安全保障能力

支持国家级网络安全和信息安全领域的专业技术机构，不断强化覆盖智能农机生产和无人作业全生命周期的态势感知、仿真演练、应急响应、信息共享与通报以及综合保障等能力。建设国家农业信息安全综合保障网络，指导地方（行业）技术支撑机构、重点企业建设区域级或行业级的农业信息安全保障分平台或防护分平台，实现与国家级保障平台的信息交互共享，打造威胁风险隐患的群防共治能力。

9.6.2 建议发展的核心技术团队

1. 国家工业信息安全发展研究中心人工智能所

国家工业信息安全发展研究中心是工业和信息化部直属事业单位，是我国工业领域国家级信息安全研究与推进机构。人工智能所围绕国家战略和市场需求，重点推进人工智能、大数据两大业务，以"融合发展、安全应用和数据创新服务"为主线，利用已有基础和自身优势，拓展新兴领域，在人工智能、大数据等领域已经建立完善的跟踪研究体系，拥有丰富的研究成果。

2. 车载信息服务产业应用联盟

车载信息服务产业应用联盟（以下简称"车联"）由工业和信息化部、交通运输部、国家标准化管理委员会三部门于2010年2月4日发起、成立，是一家在民政部门注册、活动范围为全国，致力于将先进电子信息技术应用于移动出行和移动作业等领域的社会团体组织。车联面向智能交通、智能汽车、农业机械和工程机械四个专业领域，以实现其数字化、网联化、智能化，最终无人化为主要工作目标。车联先后发布、立项、在研54项标准，产品成果应用于62个品牌，数百万辆整车。

3. 西安交通大学网络空间安全学院

西安交通大学网络空间安全学院为事业型单位，位于陕西省西安市。它拥有一支具有国际影响、人员结构合理的高水平的研究生指导教师队伍。近年来，该学院紧密围绕网络空间基础设施安全，网络空间大数据处理与内容安全，软件系统安全，信息物理融合系统（CPS）安全以及信息安全法与网络社会治理法学等相关方向开展了深入研究，承担了国家和省部级多项研究课题。

4. 绿盟科技集团股份有限公司

绿盟科技集团股份有限公司成立于 2000 年 4 月，总部位于北京。公司于 2014 年 1 月 29 日在深圳证券交易所创业板上市。它在国内设有 50 多个分支机构，为政府、金融、运营商、能源、交通、教育、医疗以及企业等行业用户提供全线网络安全产品、全方位安全解决方案和体系化安全运营服务。

5. 中联农业机械股份有限公司

中联农业机械股份有限公司是中联重科承接农业装备与农业服务产业的控股子公司，产品涵盖北方旱田作业机械、南方水田作业机械、经济作物机械、收获后处理机械四大系列产品，并积极拓展智能农机、智慧农业、农事服务等现代农业经营模式。

6. 潍柴雷沃重工股份有限公司

潍柴雷沃重工股份有限公司是国内农业装备龙头企业，也是能够为现代农业提供全程机械化整体智能解决方案的自主品牌。业务范围涵盖工程机械、农业装备、车辆、动力科技、金融科技以及网络科技等六大业务板块，拥有完善的核心零部件产业链、整机制造产业链和服务业产业链。

7. 中国一拖集团有限公司

中国一拖集团有限公司创建于 1955 年，拥有拖拉机动力系统国家重点实验室、国家级企业技术中心、OECD 中国官方拖拉机试验站、国家拖拉机质量监督检验中心等多个平台，是国际标准化组织 ISO/TC23 国内归口单位。参与制订和修订国家／行业标准 280 余项，有效专利 700 余项，累计提供拖拉机 360 余万台、柴油机 260 余万台。近年来一直从事拖拉机智能化、信息化的相关研发工作，2017 年其智能化设计平台在大功率拖拉机研发中应用研究、新型节能环保农用柴油机关键核心零部件开发、拖拉机关键部件可靠性检测技术研究与系统开发获科技部支持。

9.6.3 建议开展的项目

1. 建立健全智能农机网络和信息安全顶层设计

从国家层面，应明确智能农机发展的战略地位，通过制定相关政策文件、标准指南等指引智能农机安全发展。加强政府监督和指导，建立智能农机网络和信息安全管理体系，规范农业信息采集、分类、加工和发布，持续完善农业信息安全政策制度。加快农业信息安全标准体系建设，加速国家标准编制与推广。

2. 明确落实智能农机网络和信息安全主体责任

强调网络和信息安全制度的重要性，建立智能农机网络和信息安全管理机制，明确责任分工，落实主体责任。针对智能农机开发和应用的企事业单位，组织相关主管部门、行业协会开展智能农机网络和信息安全意识和基本技能培训，组织开展智能农机安全测试、检查和评估等工作，通过第三方评价与政府监管相结合，持续推动智能农机产品和服务的网络安全和信息安全审查工作。

3. 持续提升智能农机网络和信息安全保障能力

构建智能农机关键信息基础设施安全保障体系，不断强化全天候全生命周期的网络态势感知能力，增强网络安全防御和威慑力。支持国家级网络安全和信息安全领域的专业技术机构，针对智能农机生产和无人作业场景，提供具备态势感知、仿真演练、应急响应、追踪溯源、信息发布等能力的安全服务。建设国家农业信息安全保障平台，并指导地方、行业协会、重点企业建设区域级分平台，实现信息交互共享、群防共治。

9.7 技术路线图

为保障智能农机网络信息安全，确保农业安全生产，需要构建智能农机网络信息安全防护体系，完善农业信息安全防护政策法规。近 5 年的关键技术、产品和政策法规等技术路线图见表 9-7-1 所列。

2021 年：基于现有工控领域安全技术，开展智能农机网络信息安全防护关键技术研究，研发智能农机网络传输加密机制，建立智能农机信息安全等级划分标准和智能农机数据安全传输标准。

2022 年：研发出具有自主知识产权的适用于智能农机作业环境的网络信息安全防护产品，如安全网关、安全控制器等，建立智能农业装备动态数字身份信息系统，建设与智能农机系统对应的农业信息数据库安全防护体系。

2023 年：将智能农机网络信息安全防护关键产品推广应用于安全形势较为紧迫的作业场景。建设针对智能农机细分作业场景的完整的网络信息安全防护系统，构建智能农机网络信息安全防护平台。

2024 年：制定智能农机信息安全管理规范，构建完善的智能农机信息安全管理体系。

2025 年：全面推广智能农机网络信息安全防护平台，施行智能农机信息安全管理规范，全面规范农机市场网络信息安全管理。

表 9-7-1　技术路线图

	一级目录	二级目录	2021	2022	2023	2024	2025
1	产品研发	智能农机网络传输加密机制	√				
		智能农机安全网关		√			
		智能农机安全控制器		√			
		智能农机动态数字身份信息系统		√			
		农业信息数据库安全防护系统		√			
2	系统集成	智能农机网络信息安全防护平台			√		
		智能农机信息安全管理体系				√	
3	推广应用	智能农机网络信息安全关键防护产品推广			√		
		智能农机网络信息安全防护平台推广					√
		智能农机信息安全管理规范施行					√
4	政策法规	智能农机信息安全等级划分标准	√				
		智能农机数据安全传输标准	√				
		智能农机信息安全管理规范				√	

参考文献

CANKAO WENXIAN

［1］代占朝，赵子龙，张建宗，等．智能化收割机的发展思路及展望［J］．拖拉机与农用运输车，2018，45（6）：11-12+15.

［2］郑文钟．国内外智能化农业机械装备发展现状［J］．现代农机，2015（6）：4-8.

［3］李震，常清，刘继柱，等．国内外马铃薯收获机械发展现状及趋势［J］．现代制造技术与装备，2020，56（9）：207-208.

［4］樊秋菊，黄清玲，吴合槟，等．国内外甘蔗收获机械化发展概况与前景［J］．甘蔗糖业，2020，49（6）：1-11.

［5］缪磊，王建军．叶类蔬菜收获机械研发关键技术及发展趋势［J］．江苏农机化，2020（6）：24-26.

［6］杨丽，颜丙新，张东兴，等．玉米精密播种技术研究进展［J］．农业机械学报，2016，47（11）：38-48.

［7］苑严伟，白慧娟，方宪法，等．玉米播种与测控技术研究进展［J］．农业机械学报，2018，49（9）：1-18.

［8］罗欣，张唐娟，姚金岑．玉米播种机研究现状及发展趋势［J］．农业开发与装备，2019（8）：25.

［9］杜佳伟，杨学军，刘立晶，等．小粒种子精量播种机研究现状及发展趋势［J］．农业工程，2017，7（6）：9-13.

［10］李晓冉，张银平，刁培松，等．我国蔬菜生产概况及精量播种机研究现状［J］．农机化研究，2021，43（5）：263-268.

［11］祁亚卓，相姝楠．国内外蔬菜播种机的研究现状与发展趋势［J］.

中国农机化学报，2020，41（1）：205-208.

[12] 何勇，肖舒裴，方慧，等．植保无人机施药喷嘴的发展现状及其施药决策［J］.农业工程学报，2018，34（13）：113-124.

[13] 邓巍，陈立平，张瑞瑞，等．无人机精准施药关键技术综述［J］.农业工程，2020，10（4）：1-10.

[14] 亓文哲，王菲菲，孟臻，等．我国植保无人机应用现状［J］.农药，2018，57（4）：247-254.

[15] 刘春鸽，赵丽伟．我国植保无人机现状及发展建议［J］.农业工程技术，2018，38（12）：39-42.

[16] 罗锡文．对发展丘陵山区农业机械化的思考［J］.农机科技推广，2011（2）：17-20.

[17] 陈伟，朱继平，陈小兵，等．我国坡耕地农业机械化发展现状［J］.农机化研究，2017，39（5）：1-5+11.

[18] 王升升，耿令新．丘陵山区农业机械化发展现状及对策［J］.农业工程，2016，6（5）：1-4.

[19] 姬江涛，郑治华，杜蒙蒙，等．农业机器人的发展现状及趋势［J］.农机化研究，2014，36（2）：1-4+9.

[20] 应雯棋．能源互联网：趋势与关键技术［J］.国际融资，2020（2）：30-32.

[21] 张澍．新能源农机技术动力装置展望［J］.农业机械，2019（2）：67-69.

[22] 郭海鸿．山西省实施电动农机奖补政策的几点体会［J］.农业机械，2019（5）：69-71.

[23] 阎昌挺．电动农业机械研究现状及发展趋势［J］.农机使用与维修，2020（2）：39.

[24] 刘军文．电动农机在农业机械中发展应用前景［J］.现代农业，2017（22）：77+81.

[25] 席尚明.我国电动农机的研究与发展建议 [J].当代农机,2019（2）:74-76.

[26] 刘成良,林洪振,李彦明,等.农业装备智能控制技术研究现状与发展趋势分析 [J].农业机械学报.2020,51（1）:1-18.

[27] 伍赛特.内燃机应用于农业机械领域的前景展望 [J].拖拉机与农用运输车,2019,46（2）:9-11.

[28] 王春华.农机使用中的节油技术 [J].拖拉机与农用运输车,2018,45（1）:54-55.

[29] 赵艳红,吴涛,战祥连,等.石墨烯作为锂离子电池正极导电剂的研究 [J].电源技术,2020,44（7）:945-947+1008.

[30] 田君,金翼,官亦标,等.高电压正极材料在全固态锂离子电池中的应用展望 [J].科学通报,2014,59（7）:537-550.

[31] 爱塞尼.现代电动汽车、混合动力电动汽车和燃料电池车 [M].倪光正,倪培宏,熊素铭,译.北京:机械工业出版社,2008.

[32] 王涵,李世安,杨发财,等.氢气制取技术应用现状及发展趋势分析 [J].现代化工,2021,41（2）:23-27.

[33] 秦振华.浅谈农业机器人移动底盘的分类应用及发展趋势 [J].科技经济导刊,2019,27（19）:18-19.

[34] 刘新星.国内外农业机械与装备的发展浅析 [J].湖南农机,2010,37（11）:21-22.

[35] 王国占,侯方安,车宇.国内外无人化农业发展状况 [J].农机科技推广,2020（8）:8-9+15.

[36] 朱士岑.国外主要农机企业现状及发展趋势 [J].农机市场,2005（3）:14-19.

[37] 邹国仿.平原地区农业机械化发展思路及对策 [J].湖北农机化,2011（1）:20-21.

[38] 刘丹,张鹏,陈欣.播种机械的发展趋势及存在问题研究 [J].江

西农业，2018（22）：115-116.

[39] 李秀青．小麦种植机械化问题及新技术的应用［J］．科学家，2017，5（11）：36-37.

[40] 李全则，李鹏．探讨小杂粮机械化生产技术［J］．中国农业信息，2015（15）：14-15.

[41] 范瑶．高地隙果园动力底盘的研究［D］．保定：河北农业大学，2013.

[42] 朱维才，谭红兵，刘天舒，等．轮式自走联合收割机底盘设计思考［J］．农业机械，2008（28）：66-67.

[43] 王保顺，杨晓雷．加快丘陵山区农业机械化发展的有效途径［J］．河北农机，2009（4）：5-6.

[44] 行学敏，童发展，李科胜，等．农机事故的成因、损害及预防对策［J］．中国农机化学报，2013，34（2）：46-49.

[45] 吴清分．近期国外拖拉机和农用运输车技术发展趋势［J］．拖拉机与农用运输车，2019，46（3）：5-9.

[46] 柳琪．从国际农机展看玉米收获机发展趋势［J］．当代农机，2013（11）：30-32.

[47] 陈志，郝付平，王锋德，等．中国玉米收获技术与装备发展研究［J］．农业机械学报，2012，43（12）：44-50.

[48] 张晓蒙．国内外玉米收获机械发展现状及展望［J］．农机使用与维修，2019（10）：104.

[49] 杜岳峰．丘陵山地自走式玉米收获机设计方法与试验研究［D］．北京：中国农业大学，2014.

[50] 沈跃，何思伟，刘慧，等．高地隙喷雾机自转向电动底盘控制系统设计与试验［J］．农业机械学报，2020，51（11）：385-392+402.

[51] 孟昭宁．美国农机技术的发展趋势［J］．现代农业装备，2008（1）：46.

[52] 王东青，赵传扬．从2019 SIMA展看欧洲拖拉机技术发展趋势［J］.

拖拉机与农用运输车，2019，46（5）：1-5+9.

［53］吴海华，胡小鹿，方宪法，等．智能农机装备技术创新进展及发展重点研究［J］．现代农业装备，2020，41（3）：2-10.

［54］刘金龙，陆祥，陆康．农机智能化及发展趋势［J］．科技与创新，2017（7）：123-124.

［55］唐荣灿．智能农机装备行业分析初探［J］．经济师，2020（6）：277-278+280.

［56］张漫，季宇寒，李世超，等．农业机械导航技术研究进展［J］．农业机械学报，2020，51（4）：1-18.

［57］江发潮．燃料电池技术在农林机械应用分析［J］．林业机械与木工设备，2007（7）：51-52.

［58］李建启．国内拖拉机关键技术发展现状［J］．拖拉机与农用运输车，2018，45（2）：1-4+7.

［59］赵静慧，徐立友，张景全，等．非道路车辆静液压驱动技术研究及应用现状［J］．拖拉机与农用运输车，2018，45（3）：8-13.

［60］谢斌，武仲斌，毛恩荣．农业拖拉机关键技术发展现状与展望［J］．农业机械学报，2018，49（8）：1-17.

［61］徐立友，周志立，张明柱，等．拖拉机液压机械无级变速器的特性分析［J］．中国农业大学学报，2006（5）：70-74.

［62］席志强，周志立．拖拉机自动变速器应用现状与技术分析［J］．机械传动，2015，39（6）：187-195.

［63］胡新燕，董昊，何明斐．无级变速传动技术在中小功率拖拉机上的应用分析与研究［J］．拖拉机与农用运输车，2018，45（4）：25-28.

［64］席志强，周志立，张明柱，等．拖拉机动力换挡变速器换挡特性与控制策略研究［J］．农业机械学报，2016，47（11）：350-357.

［65］马百尚．基于环卫作业车的混合式液压机械复合变速器基础特性研究［D］．重庆：重庆大学，2016.

[66] 王东青，赵传扬．从2019 SIMA展看欧洲拖拉机技术发展趋势[J]．拖拉机与农用运输车，2019，46（5）:1-5+9.

[67] 吴清分．近期国外拖拉机和农用运输车技术发展趋势[J]．拖拉机与农用运输车，2019，46（3）:5-9.

[68] 杜威，赵升吨，高景洲，等．拖拉机动力换挡技术研究现状及发展趋势[J]．汽车实用技术，2020（3）:216-219.

[69] 高辉松，朱思洪，贺亮，等．拖拉机动力换挡变速箱和无级变速箱发展现状与趋势[J]．机械传动，2012，36（8）:119-123.

[70] 刘天豪．机液复合无级变速器的控制系统研究[D]．成都：西南交通大学，2011.

[71] 孙凝晖，张玉成，石晶林．构建我国第三代农机的创新体系[J]．中国科学院院刊，2020，35（2）:154-165.

[72] 国家统计局农村社会经济调查司．中国农村统计年鉴[M]．北京：中国统计出版社，2009.

[73] 赵恩鹏．丘陵山地拖拉机车身姿态自调整机构运动学与动力学分析[D]．长春：吉林大学，2018.

[74] 王望予．汽车设计[M]．3版．北京：机械工业出版社，2003.

[75] 李博．简述车用电控悬架的分类与应用[J]．拖拉机与农用运输车，2019，46（2）:6-8+11.

[76] 崔晓利．车辆电子控制空气悬架理论与关键技术研究[D]．长沙：中南大学，2011.

[77] 陈雨．高地隙喷雾机独立式立轴空气悬架设计方法与特性研究[D]．北京：中国农业大学，2017.

[78] 任戊瑞．基于模糊控制的某SUV阻尼可调型液压互联悬架研究[D]．长沙：湖南大学，2018.

[79] 刘慧军，陈双，薛少科，等．汽车馈能悬架技术研究综述[J]．汽车实用技术，2019（16）:60-61+82.

［80］章新杰，徐仁辉，贺冠杰．主动变结构悬架研究现状综述［J］．汽车文摘，2019（6）：17-21．

［81］夏长高，杨宏图，韩江义，等．山地拖拉机调平系统的研究现状及发展趋势［J］．中国农业大学学报，2018，23（10）：130-136．

［82］左振蛟．可变地隙与轮距拖拉机底盘研究与设计［D］．济南：山东大学，2016．

［83］舒鑫．高地隙植保机转向与调平控制系统研究［D］．长沙：湖南农业大学，2019．

［84］谢斌，武仲斌，毛恩荣．农业拖拉机关键技术发展现状与展望［J］．农业机械学报，2018，49（8）：1-17．

［85］韩艺斐，齐浩男，王金来，等．汽车转向系统发展史及未来展望［J］．时代汽车，2019（11）：97-98．

［86］徐平，郑虎．自动驾驶中的电动助力转向系统［J］．汽车电器，2018（6）：28-31．

［87］林成杰，陈晶艳，胡伟．基于对标数据库的转向系统发展趋势分析［J］．汽车实用技术，2020，45（21）：246-249．

［88］王琳，王炜，王莉芳．一种拖拉机全液压转向系统设计研究［J］．拖拉机与农用运输车，2019，46（1）：37-40+44．

［89］龚艺，谢泽金．低速无人驾驶汽车电子助力转向系统的应用研究［J］．上海汽车，2020（10）：8-11．

［90］许瑶光．汽车电动助力转向系统控制现状探究［J］．内燃机与配件，2018（23）：199-200．

［91］丁希波，王秀松．汽车电动助力转向系统的发展趋势分析［J］．西部皮革，2018，40（10）：160．

［92］朱琳琳，张梦炎，张晓丹，等．自动驾驶汽车的线控转向控制系统［J］．信息技术，2020，44（8）：45-49+54．

［93］赵朝善，刘瑞军，魏浩然，等．无人驾驶拖拉机自动转向系统研

究综述 [J]. 拖拉机与农用运输车，2020，47（2）：1-3.

[94] 陈俐，李雄，程小宣，等. 汽车线控转向系统研究进展综述 [J].
汽车技术，2018（4）：23-34.

[95] 宋效文. 电动汽车线控转向系统的设计与开发 [D]. 合肥：合肥工
业大学，2020.

[96] 李时雨. 基于线控转向系统的无人驾驶技术发展 [J]. 汽车工程师，
2018（3）：14-17.

[97] 黄春香，陆凤祥. 国内农用拖拉机自动转向系统研究现状 [J]. 农
业技术与装备，2020（3）：34-35.

[98] 褚爽，郭广伟，杨振涛，等. 一种拖拉机自动转向系统的装配方
案 [J]. 汽车零部件，2018（3）：64-66.

[99] 李忠利，乔冬冬. 拖拉机电动线控转向系统的控制分析 [J]. 现代
制造技术与装备，2019（4）：40-41.

[100] 翟艳辉. 山地拖拉机电控液压转向系统设计分析 [J]. 农机化研究，
2019，41（11）：249-253.

[101] 赵琳苑. 拖拉机自动驾驶液压转向系统研究 [D]. 大庆：黑龙江
八一农垦大学，2019.

[102] 韩创世. 拖拉机自动转向系统设计及定位导航研究 [D]. 秦皇岛：
燕山大学，2018.

[103] 冯雪. 丘陵山地拖拉机四轮转向系统特性研究 [D]. 长春：吉林
大学，2018.

[104] 岳法，刘春梅. 浅谈电动助力转向系统发展趋势 [J]. 汽车实用
技术，2018（5）：35-37+59.

[105] 孟永刚，罗来军，罗毅，等. 线控转向技术在国内外汽车领域的
应用简介 [J]. 汽车零部件，2017（11）：75-79.

[106] 陈龙浩. 汽车线控转向控制技术综述 [J]. 汽车实用技术，
2020，45（19）：253-257.

[107] 胡伟，林成杰，吴虎强．自动驾驶汽车下电动助力转向发展研究[J]．汽车零部件，2019（1）：81-84.

[108] 徐鹏，王志琴，尤泳，等．农用拖拉机自动转向系统研究现状[J]．南方农机，2020，51（16）：45-46.

[109] 张庭芳，郭劲林，曹铭，等．采用分布式控制单元的线控4WS系统研究[J]．机械设计与制造，2020（6）：134-137+141.

[110] 胡延平，朱天阳，蒋鹏飞，等．线控转向系统路感摩擦补偿研究[J]．合肥工业大学学报（自然科学版），2020，43（5）：584-589+595.

[111] 师根泰，史庆，张涛，等．丘陵山地拖拉机自动转向系统设计[J]．机电技术，2020（2）：2-4.

[112] 刘忠强，李德贵，申慧君．汽车线控转向系统稳定性控制研究[J]．科技与创新，2019（8）：84-85.

[113] 王忠栋．汽车线控转向系统及关键技术研究[J]．时代汽车，2019（18）：122-123.

[114] 于蕾艳，郑亚军，吴宝贵．汽车线控转向系统实验平台开发[J]．实验科学与技术，2019，17（4）：5-9.

[115] 杜明志，孙跃东．线控转向系统前轮主动转向控制策略研究[J]．汽车实用技术，2020，45（17）：38-43.

[116] 杨莉．汽车线控转向系统双向控制及冗余控制算法设计[D]．上海：上海交通大学，2016.

[117] 赵含雪，李芳，吴艳，等．线控转向系统路感模拟与主动回正控制[J]．电工电能新技术，2020，39（4）：64-72.

[118] 柳泓亦．拖拉机电动助力转向系统设计与控制研究[D]．南京：南京农业大学，2018.

[119] 郑平平．无人驾驶拖拉机路径跟踪与转向控制研究[D]．合肥：合肥工业大学，2020.

[120] 丁新红．拖拉机制动系统常见故障原因与排除方法[J]．农机使

用与维修，2020（7）：123.

[121] 赵贺. 农用小四轮拖拉机拖车制动装置探究 [J]. 农机使用与维修，2020（4）：63.

[122] 姜斌. 无人驾驶拖拉机主动制动控制系统开发 [J]. 农业工程，2020，10（1）：31-34.

[123] 凌海东. 拖拉机制动传动装置分类与结构特点 [J]. 农机使用与维修，2019（10）：108.

[124] 杨柯，张丹枫，王鹏，等. 无人驾驶电动拖拉机制动控制系统设计 [J]. 农业开发与装备，2019（5）：114-116+130.

[125] 史云芳，吴海霞，胡亚东. 拖拉机制动系统的优化设计 [J]. 农业装备技术，2018，44（6）：49-50.

[126] 杨巍. 中小型轮式拖拉机挂车制动装置使用调整 [J]. 农机使用与维修，2017（7）：44.

[127] 周云龙. 新能源无人驾驶拖拉机自动变速电控系统设计 [J]. 农机化研究，2021，43（10）：264-268.

[128] 张友乐，李玉刚. 简析我国智能化农业机械应用现状 [J]. 南方农机，2020，51（9）：77.

[129] 潘为华. 田间作业拖拉机无人驾驶技术的开发与应用 [J]. 南方农机，2020，51（1）：64.

[130] 何先文. 时骏 -13HZ 拖拉机制动性能分析及改造 [J]. 农业开发与装备，2017（2）：66-67+79.

[131] 刘保军. 中小轮式拖拉机技术发展趋势 [J]. 农业机械，2013（1）：68+70-72.

[132] 高文杰. 大马力拖拉机机组匹配中拖拉机参数化模型研究 [D]. 洛阳：河南科技大学，2011.

[133] 封金祥. 精准灌溉技术及其应用前景分析 [J]. 新疆农业科技，2005（4）：47.

［134］李福强，张恒嘉，王玉才，等．我国精准灌溉技术研究进展［J］.中国水运（下半月），2017，17（4）:145-148.

［135］贺城，廖娜．我国节水灌溉技术体系概述［J］.农业工程，2014，4（2）:39-44.

［136］江小燕．以色列的农业灌溉技术［J］.广东农机，2000（3）:11.

［137］杨杰．河西绿洲灌区春小麦精准灌溉决策系统研究［D］.兰州：甘肃农业大学，2007.

［138］何新林，盛东，郭生练，等．内陆干旱灌区灌溉调度决策系统研究［J］.中国农村水利水电，2004（7）:12-14.

［139］乐名锋．谈智能精准施肥机的研发与应用［J］.农机使用与维修，2020（11）:27-28.

［140］蒋浩永，周福红．明光市"互联网+"智慧土肥的研究与应用［J］.种子科技，2020，38（15）:76-77.

［141］李永浩．测土配方施肥辅助决策系统的研究与实现［D］.泰安：山东农业大学，2020.

［142］邹建军，曾爱军，何雄奎，等．果园自动对靶喷雾机红外探测控制系统的研制［J］.农业工程学报，2007（1）:129-132.

［143］蔡吉晨．基于二维激光雷达的果树在线探测方法及对靶变量喷药技术研究［D］.北京：中国农业大学，2018.

［144］何雄奎，严苛荣，储金宇，等．果园自动对靶静电喷雾机设计与试验研究［J］.农业工程学报，2003（6）:78-80.

［145］王利霞，张书慧，马成林，等．基于ARM的变量喷药控制系统设计［J］.农业工程学报，2010，26（4）:113-118.

［146］许超，陈永成，李瑞敏，等．高地隙自走式喷杆喷雾机的设计与研究［J］.中国农机化学报，2016，37（1）:51-54.

［147］周海燕，刘树民，杨学军，等．大田蔬菜高地隙自走式喷杆喷雾机的研制［J］.农机化研究，2011，33（6）:70-72.

[148] 刘志刚，李政平，李洪迁，等．高地隙自走式喷杆喷雾机的设计与试验 [J]．中国农机化学报，2019，40（8）:62-67.

[149] YAMASAKI A，YAMAMOTO T，KADOTH A. A Project to Reconstruct a Food Production Area Following the Adverse Impacts of the Great East Japan Earthquake and Tsunami of 2011:Open Field Vegetables[J]. The Horticulture Journal，2019，88（1）:3-12.

[150] WALKER S J，FUNK PA. Mechanizing Chile Peppers:Challenges and Advances in Transitioning Harvest of New Mexico's Signature Crop[J]. American Society for Horticultural Science，2014，24（3）:281-284.

[151]ABDULHAFIZ W A，KHAMIS A. Bayesian approach to multisensor data fusion with Pre- and Post-Filtering. IEEE International Conference on Networking，2013:373-378.

[152]TSAI Y R，CHANG C J. Cooperative Information Aggregation for Distributed Estimation in Wireless Sensor Networks. IEEE Transactions on Signal Processing，2011，59（8）:3876-3888.

[153]SOLTANI M，HEMPEL M，SHARIF H. Data fusion utilization for optimizing large-scale Wireless Sensor Networks[M]. 2014.

[154]YANG M. Constructing energy efficient data aggregation trees based on information entropy in wireless sensor networks. IEEE Advanced Information Technology，Electronic & Automation Control Conference，2015:527-531.

[155]PINTO A R，MONTEZ C，ARAÚJO G，et al. An approach to implement data fusion techniques in wireless sensor networks using genetic machine learning algorithms. Information Fusion，2014，15（1）:90-101.

[156]LI S，LIU M，XIA L. WSN data fusion approach based on improved BP algorithm and clustering protocol. 2015 27th Chinese Control and Decision Conference，2015:1450-1454.

[157]IZADI D，ABAWAJY J H，GHANAVATI S，et al. A Data Fusion Method in Wireless Sensor Networks. Sensors 2015，15，2964-2979.

[158]CHEN H，LIU G，WU X，et al. Optimal Fusion Set based Clustering in WSN for continuous objects monitoring. International Conference on Communications & Networking in China，2014:26-31.

[159]DE S B A，MARTINEZ-DE DIOS J R，Ollero A. Entropy-aware cluster-based object tracking for camera Wireless Sensor Networks. IEEE/RSJ International Conference on Intelligent Robots & Systems IEEE/RSJ International Conference on Intelligent Robots & Systems，2012:3985-3992.

[160]ARULSELVI S，KARTHIK B，TVUK KUMAR. Energy Conservation Protocol for Real Time Traffic in Wireless Sensor Networks. Middle East Journal of Scientific Research，2013，15（12）:1727-1732.

[161]NGUYEN N T，LIU B H，PHAM V T. On maximizing the lifetime for data aggregation in wireless sensor networks using virtual data aggregation trees. Computer Networks the International Journal of Computer & Telecommunications Networking，2016，105（C）:99-110.

[162]CHENG C T，LEUNG H，MAUPIN P. A Delay-Aware Network Structure for Wireless Sensor Networks With In-Network Data Fusion. IEEE Sensors Journal，2013，13（5）:1622-1631.

[163]FU J S，LIU Y. Double Cluster Heads Model for Secure and Accurate Data Fusion in Wireless Sensor Networks. Sensors，2015，15（1）:2021-2040.

[164]RANI S，MALHOTRA J，TALWAR R. Energy efficient chain based cooperative routing protocol for WSN，Applied Soft Computing，2015，35（C）:386-397.

[165] 白浩杰，张涛，林忠，等. 农机车载智能信息终端的研制［J］. 机电技术，2019（6）:15-17.

[166] 董振振．基于多数据融合的农机自动驾驶路径追踪控制技术研究［D］．青岛：青岛理工大学，2019．

[167] 宋春月．无人驾驶拖拉机控制系统设计研究［D］．上海：上海工程技术大学，2015．

[168] 赵春江，李瑾，冯献，等．"互联网＋"现代农业国内外应用现状与发展趋势［J］．中国工程科学，2018，20（2）：50-56．

[169] 张璠，李蔓，常淑惠，等．农机作业路径规划策略研究——基于智慧农机大数据平台［J］．农机化研究，2020，42（12）：17-22．

[170] 刘金龙，陆祥，陆康．农机智能化及发展趋势［J］．科技与创新，2017（7）：129-130．

[171] 周中林．智慧农机发展及其对策探讨［J］．绿色科技，2020（2）：260-264．

[172] 曹雪君，朱培林．阿勒泰地区农业机械化发展现状、存在的问题及建议［J］．新疆农机化，2020（6）：39-40．

[173] 梅永红，大力推进农机智能化、农业（农场）无人化［J］．农机质量与监督，2020（10）：17．

[174] 柳琪，从全国会看拖拉机和联合收获机细分行业发展趋势［J］．当代农机，2020（12）：26-29．

[175] 胡世霞，陈沫，刘建茂，等．湖北省"互联网＋"精准农业融合发展探析［J］．农村经济与科技，2020.31（23）：183-187．

[176] 张良，伍滨涛，谢景鑫，等．北斗导航农机作业面积管理系统设计与试验［J］．中国农机化学报，2020.41（12）：139-146．

[177] 公丕臣，保护性耕作实施农艺路径与农机装备的合理选择［J］．农机使用与维修，2021（1）：29-30．

[178] 袁飞，苏生平，周桂宫，等．东台市大棚西甜瓜全程机械化生产的难点及农机与农艺配合的改进措施［J］．上海蔬菜，2020（6）：67-69．

[179] 崔克蓉，向平安，湖南省水稻生产水足迹及其影响因素研究［J］．

生态科学，2020，39（1）：176-182.

［180］张周莱，论农业现代化过程中农机技术与农艺技术的结合问题[J]. 南京农业大学学报，1980（2），87-90.

［181］杨旭志，陆华忠，吕恩利，等．农机农艺协同融合机制与策略［J］. 湖北农业科学，2016，55（18）：4886-4889.

［182］邓向武，农机农艺协同融合机制与策略研究［J］．南方农机，2020，51（6）：1-2.

［183］OGLE S M，BREIDT F J，PAUSTIAN K. Agricultural management impacts on soil organic carbon storage under moist and dry climatic conditions of temperate and tropical regions［J］. Biogeochemistry，2005. 72（1）：87-121.

［184］PALMER R J，WILD D，RUNTZ K. Improving the Efficiency of Field Operations［J］. Biosystems Engineering，2003，84（3）：283-288.

［185］TIMO，OKSANEN，ARTO，et al. Coverage path planning algorithms for agricultural field machines［J］. Journal of Field Robotics，2009.

［186］HAMEED I A，BOCHTIS D D，JENSEN A L，et al. Optimized driving direction based on a three-dimensional field representation［J］. Computers & Electronics in Agriculture，2013，91：145-153.

［187］HAMEED I A，BOCHTIS D D，SØRENSEN C G，et al.，Automated generation of guidance lines for operational field planning - ScienceDirect［J］. Biosystems Engineering，2010，107（4）：294-306.

［188］JIN，J. TANG L. Optimal Coverage Path Planning for Arable Farming on 2D Surfaces[J]. Transactions of the Asabe，2010，53（1）：283-295.

［189］JIN，J. TANG L. Coverage path planning on three - dimensional terrain for arable farming［J］. Journal of Field Robotics，2011，28（3）.

［190］BOCHTIS D D，SØRENSEN C G，BUSATO P. Advances in

agricultural machinery management: A review [J]. Biosystems Engineering, 2014, 126: 69-81.

[191] 赵培勇, 大数据时代数学教学在农机信息化技术中的应用 [J]. 农机化研究, 2020, 42 (9): 233-237.

[192] BOCHTIS D D, VOUGIOUKAS S G, GRIEPENTROG H W. A Mission Planner for an Autonomous Tractor [J]. Transactions of the Asabe, 2009, 52 (5): 1429-1440.

[193] BOURSIANIS A D, PAPADOPOULOU M S, DIAMANTOULAKIS P, et al. Internet of Things (IoT) and Agricultural Unmanned Aerial Vehicles (UAVs) in smart farming: A comprehensive review [J]. Internet of Things, 2020: 100-187

[194] KONSTANTINOS L, PATRIZIA B, DIMITRIOS M, et al. Machine Learning in Agriculture: A Review [J]. Sensors, 2018, 18 (8): 2674.

[195] ZHAI I, JF MARIÍNEZ, BEITRAN V, et al. Decision support systems for agriculture 4.0: Survey and challenges [J]. Computers and Electronics in Agriculture, 2020: 170.

[196] BANERJEE, S. PUNEKAR R M. A sustainability-oriented design approach for agricultural machinery and its associated service ecosystem development [J]. Journal of Cleaner Production, 2020: 264.

[197] 卢秉福, 韩卫平, 朱明. 农业机械化发展水平评价方法比较 [J]. 农业工程学报, 2015, 31 (16): 46-49.

[198] 李海涛. 国内外智能化农机的发展现状 [J]. 农家参谋, 2020 (6): 93.

[199] 郑文钟. 国内外智能化农业机械装备发展现状 [J]. 现代农机, 2015 (6): 4-8.

[200] 刘成良, 林洪振, 李彦明, 等. 农业装备智能控制技术研究现状与发展趋势分析 [J]. 农业机械学报, 2020, 51 (1): 1-18.

［201］张冰，董宏伟，魏月娥．互联网＋精准农业的网络安全威胁及应对［J］．中国电信业，2018（11）:40-43.

［202］张真．农业4.0时代须重视地理信息安全［J］．农机市场，2017（3）:14.

［203］徐义鑫，李凤菊，徐磊，吕雄杰，钱春阳．当前农业物联网安全面临的问题［J］．天津农业科学，2020（10）:74.

［204］刘冬，程曦，杨帅锋，等．加强我国工业信息安全的思考［J］．信息安全与通信保密，2019（8）:24-35.

后 记

HOUJI

　　习近平反复强调：中国人的饭碗任何时候都要牢牢端在自己的手上，农业要振兴，就要插上科技的翅膀。对于我们这个人口大国而言，农业是实现国家安全的基础，也是实现中华民族伟大复兴的基石，要实现农业的长治久安，科技必不可少。

　　2018年，《人民日报》头版头条报道了在我国百强县市、国家粮食生产标兵县市——江苏省（泰州）兴化市举办的农业全程无人作业试验，这是一次前所未有的创新实践，标志着中国农业开始进入以智力和数据为核心要素的新纪元。随着试验深入开展，各类智能农机装备市场不断扩大，提质、降本、增效效果凸显，得到广大农民和用户的喜爱。尽管新的困难和挑战不断出现，但是有一路相伴、支持信赖的人们，我们对未来充满信心。

　　回首往昔，我们深深感谢工业和信息化部、农业农村部、财政部、国家标准化管理委员会、国家自然科学基金委员会、中国工程院、工业和信息化部装备工业发展中心、国家工业信息安全发展研究中心、中国农业机械工业协会、中国农业机械学会、全国农业机械标准化技术委员会、中国信息通信研究院、国家农机装备创新中心、中华人民共和国驻欧盟使团、中华人民共和国驻俄罗斯联邦大使馆、中华人民共和国驻莫桑比克共和国大使馆、中华人民共和国驻索马里联邦共和国大使馆等国家有关部门、行业组织和驻外机构对我们的悉心指导，深深感谢江苏、吉林、黑龙江、河南、山东、浙江、内蒙古、安徽、四川、湖南、广西、广东、福建、江西等省及新疆生产建设兵团，深深感谢兴化、建三江垦区、汝阳、农安、安溪、无锡、内江、哈尔滨、佳木斯、南京、南通、常州、盐城、镇江、宿迁、潍坊、淄博、德州、许昌、开封、芜湖、岳阳、抚州、柳州、南充、牙克石、双峰、武义、增城、三水、潼南等地方党政领导和同志们对于我们的大力支持。我们也特别感谢中国一拖集团有限公司、潍柴雷沃重工股份有限公司、常州东风农机集团有限公司、中联农业机械股份有限公司、兵器地面无人平台研发中心、上海联适导航技术股份有限公司、上海华测导航技术股份有限公司、江苏沃得农业机械有限公司、丰疆智能科技股份有限公司、南通富来威农业装备有限公司、苏州久富农业机械有限公司、广西柳工机械股份有限公司、徐工集团工程机械有限公司、无锡卡尔曼导航技术有限公司、长春三合通科技有限责任公司、山东华盛中天机械集团有限公司、福建司雷植保技术有限公司、北京中科原动力科技有限公司、利康森隆（丹阳）智能机械有限公司、北京博创联动科技有限公司、东风井关农业机械有限公司、山东五征集团有限公司、北京德邦大为科技股份有限公司、苏州博田自动化技术有限公司、黑龙江惠达科技发展有限公司、黑龙江泰多植物保护有限公司、江苏常发农业装备股份有限公司、山东超星智能科技有限公司、黑龙江重兴机械设备有限公司、湖南省湘源实业有限公司、湖南省农友机械集团有限公司、北京渠道科技有限公司、北京履坦科技有限公司、黑龙江德沃科技开发有限公司、山东中意机械设备有限公司、新疆天鹅农业机械装备有限公司、中国铁建重工集团有限公司、新疆钵施然智能农机股份有限公司、江苏大学、南京农业大学、扬州大学、华南农业大学、中国农业大学、同济大学、电子科技大学、北京理工大学、清华大学、北京航空航天大学、吉林大学、山东理工大学、福建农林大学、河南科技大学、华中农业大学、吉林农业大学、石河子大学、塔里木大学、西安交通大学、惠州工程职业学院、农业农村部南京农业机械化研究所、广东省现代农业装备研究所、黑龙江省农垦科学院、江苏省农业机械技术推广站、吉林省农业技术推广总站等参试企事业单位和中央电视台、新华社、人民日报社等媒体机构的领导、伙伴和兄弟姐妹们，是他们和我们一路同行、披星戴月，为试验提供了大量人力物力的支持，为我们创新创业工作提供了坚强的后盾。

在本书编撰过程中，得到了国家农机装备创新中心、兵器地面无人平台研发中心、中国农业大学、南京农业大学、电子科技大学、华南农业大学、中国信息通信研究院、北京理工大学、国家工业信息安全发展研究中心等章节牵头组长的大力支持和辛勤付出，得到全程无人化作业技术推广（江苏）有限公司、中国一拖集团有限公司、中联农业机械股份有限公司、潍柴雷沃重工股份有限公司、上海联适导航技术股份有限公司、东风井关农业机械有限公司、北京中科原动力科技有限公司、利康森隆（丹阳）智能机械有限公司、北京德邦大为科技股份有限公司、上海华测导航技术股份有限公司、山东五征集团有限公司、绿盟科技集团股份有限公司、北京博创联动科技有限公司、长春三合通科技有限责任公司、苏州博田自动化技术有限公司、北京思特奇信息技术股份有限公司、北京履坦科技有限公司、山东超星智能科技有限公司、西安交通大学、吉林大学、南京理工大学、苏州大学、浙江理工大学、福建农林大学、吉林农业大学、河南科技大学、塔里木大学、惠州工程职业学院等参与编制单位的积极参与、大力协助和辛勤劳动。同时，我们也诚挚感谢为此书出版付出努力的电子科技大学出版社全体编审老师！

本书立足全国农业全程无人化作业试验，组织来自农业、农机、农艺、车辆、电子、通信等领域的龙头企业、骨干科研单位和重点高校聚焦信息化、网联化、智能化的新型农机装备，首次系统分析了智能农机整机、底盘、动力、感知、机具、总线、能源、网络安全等重要板块产品现状和技术趋势，对未来可能出现的关键技术和时间节点进行了判断与总结，对于农业作业由全程机械化向全面智能化转变具有重要的意义。未来，我们将继续深入推动农业全程无人化作业试验，打造信息化、网联化、智能化的新兴农业作业机械，培养新质生产力和生产资料，构建新型生产关系，为伟大的美丽乡村建设和中华民族的伟大复兴奠定坚实的基础！

时间荏苒，一晃四年。2018年中共兴化市委、兴化市人民政府以敢为天下先的勇气和魄力与车载信息服务产业应用联盟（TIAA）共同开创的农业全程无人作业试验，对于推动我国农业科技创新和乡村振兴功不可没，其浓墨重彩的一笔将永远载入史册！

编 者